高职高专"十三五"规划教材

安全技术与管理系列

安全检测与控制技术

ANQUAN JIANCE YU
KONGZHI JISHU

第二版

张斌　黄均艳　主　编
蔡艳　张丽珍　副主编

化学工业出版社
·北京·

本书共十章，从安全检测用传感器、粉尘检测、有毒有害物质检测、噪声检测、振动检测、放射性检测、雷电与静电的检测与控制、生产装置的无损检测、火灾参数检测与自动灭火系统、联动控制系统与自动保护等方面对企业安全检测的设备、原理、标准和方法以及自动控制与保护系统进行了阐述；通过二维码介绍了常用检测仪器的使用方法、性能以及发展趋势；为了适应应用型人才培养的需求，安排了相关技能训练项目。

本书可作为高等职业技术院校安全技术与管理类专业的教材，也可供从事企业安全管理的技术人员及操作人员参考。

图书在版编目（CIP）数据

安全检测与控制技术/张斌，黄均艳主编. —2版. —北京：化学工业出版社，2018.9（2022.8重印）
（安全技术与管理系列）
高职高专"十三五"规划教材
ISBN 978-7-122-32323-1

Ⅰ.①安… Ⅱ.①张…②黄… Ⅲ.①安全监测-高等职业教育-教材②安全监控系统-高等职业教育-教材 Ⅳ.①X924

中国版本图书馆CIP数据核字（2018）第161698号

责任编辑：窦 臻　王海燕　　　　　　装帧设计：王晓宇
责任校对：王 静

出版发行：化学工业出版社（北京市东城区青年湖南街13号　邮政编码100011）
印　　装：北京七彩京通数码快印有限公司
787mm×1092mm　1/16　印张16½　字数431千字　2022年8月北京第2版第6次印刷

购书咨询：010-64518888　　　　　　　　售后服务：010-64518899
网　　址：http://www.cip.com.cn
凡购买本书，如有缺损质量问题，本社销售中心负责调换。

定　　价：42.00元　　　　　　　　　　　　　　　　　　版权所有　违者必究

FOREWORD 前 言

  本教材自 2011 年出版以来，适逢国家经济大发展，新的技术不断进步，新的标准不断推出，先进的仪器、仪表纷纷面世。为了适应时代的发展，紧跟时代步伐，我们对教材进行了修订，这次修订，主要做了以下几方面工作：

  1. 吸收新技术。在教材原有内容的基础上引入了新投入使用的仪器仪表和检测方法等内容，并通过二维码增加了部分拓展、延伸内容。

  2. 引用新标准。对部分国家已废除的检测检验标准和检测检验方法及时用新标准新方法予以替代，以适应发展要求。

  3. 为了适应应用型人才培养的需求，使学生能更好地学以致用，部分检测方法增加了相关技能培训项目。

  本修订教材由南京科技职业学院张斌和重庆安全职业技术学院黄均艳担任主编，南京科技职业学院蔡艳、重庆安全职业技术学院张丽珍担任副主编。

  由于编者水平有限，不妥之处在所难免，欢迎广大读者批评指正。

编 者
2018 年 3 月

FOREWORD 第一版前言

经过近几年各层各级的齐抓共管，我国的安全生产形势已有所好转。但是由于目前我国仍属于发展中国家，将来较长的一段时间内经济仍处于高速发展期，受生产力发展水平和从业人员素质等多方面因素的制约和影响，安全生产基础仍然比较薄弱，生产安全事故特别是一些重大恶性事故仍时有发生，安全生产形势依然严峻。

通过安全生产法律法规的完善和规章制度的健全等管理措施，固然能提高各级各类人员搞好安全生产工作的自觉性；但是要从根本上改变目前的安全生产状况，还要从装备和技术上做文章。努力保持生产装置的正常运行和生产作业环境达到标准要求，以减少事故发生的可能性，需要加强安全检测。不仅要检测装置本身以及附属设施和安全保障设施是否良好，还要检测其排放的粉尘、有毒有害物质、噪声等危险有害因素是否符合要求。只有生产装置本身以及职工工作的生产环境都安全了，才能从根本上杜绝生产安全事故的发生。

全书共分为十章，内容主要包括安全检测用传感器、粉尘检测、有毒有害物质检测、噪声检测、振动检测、放射性检测、雷电与静电的检测与控制、生产装置无损检测、火灾参数检测与自动灭火系统、联动控制与自动保护等，较为全面地介绍了企业安全生产中需要检测的相关因素。旨在通过检测达到保证生产装置安全稳定运行的目的，以控制生产安全事故和职业病的发生，为企业的安全发展添砖加瓦。

本书可作为高等职业技术院校安全专业的教材，也可供从事企业安全管理的技术人员及操作人员参考。

本书由南京化工职业技术学院张斌担任主编，徐宏、陆春荣担任副主编。张斌编写了第一章～第四章，徐宏编写了绪论和第五章，陆春荣编写了第六章和第九章，江苏双昌肥业有限公司的蔡艳编写了第七章、第八章和第十章，重庆化工职业学院张旭也参与了教材的编写并对部分章节进行了修改。全书由重庆化工职业学院的张荣教授主审。

由于编者时间和水平有限，不妥之处在所难免，欢迎广大读者批评指正。

编　者

2011 年 6 月

FOREWORD 目 录

绪论		1
一、	安全检测的目的、作用与意义	1
二、	安全检测技术研究的主要内容	2
三、	我国安全检测的技术标准与政策法规	2
四、	安全检测技术的发展趋势	3

第一章 安全检测用传感器 5

学习目标 5
第一节 概述 5
    一、传感器的基本概念 5
    二、传感器的分类及要求 7
    三、常用传感器 8
第二节 温度传感器 8
    一、膨胀式温度传感器 8
    二、热电偶温度传感器 10
    三、热电阻温度传感器 12
    四、半导体热敏电阻 13
第三节 压力传感器 14
    一、应变式压力传感器 14
    二、压电式压力传感器 16
    三、电容式差压传感器 16
第四节 流量传感器 17
    一、差压式流量传感器 18
    二、电磁式流量传感器 20
    三、涡轮式流量传感器 21
    四、超声式流量传感器 21
第五节 物位传感器 23
    一、音叉式料位传感器 23

  二、电容式料位传感器 ·································· 24
  三、超声式料位传感器 ·································· 27
  四、微波式及γ射线料位传感器 ······················ 30
 第六节　气体传感器 ·· 30
  一、接触燃烧式气体传感器 ····························· 32
  二、热线式热传导率气体传感器 ······················ 32
  三、半导体气体传感器 ·································· 32
 第七节　传感器的选用原则 ···································· 35
 技能训练　温度传感器使用实训 ····························· 36
 复习思考题 ··· 37

第二章　粉尘检测　38

 学习目标 ·· 38
 第一节　粉尘的来源、分类及其危害 ······················ 39
  一、粉尘的来源 ·· 39
  二、粉尘的分类 ·· 40
  三、粉尘的危害 ·· 41
 第二节　粉尘物性检测 ·· 41
  一、粉尘密度检测 ··· 41
  二、粉尘比电阻检测 ······································ 42
  三、粉尘的可燃性及爆炸性检测 ······················ 45
 第三节　粉尘颗粒检测 ·· 47
  一、显微镜法 ··· 47
  二、惯性分级法 ·· 48
 第四节　粉尘浓度检测 ·· 54
  一、作业场所粉尘浓度检测 ····························· 55
  二、作业者个体接触粉尘浓度检测 ··················· 57
  三、管道粉尘浓度检测 ·································· 58
 第五节　粉尘的游离二氧化硅检测 ························· 66
  一、焦磷酸重量法 ··· 66
  二、碱熔钼蓝比色法 ······································ 66
  三、X射线衍射法 ··· 66
  四、红外分光光度法（比色法） ······················ 67
 第六节　作业场所生产性粉尘危害级别评定 ············ 67
 复习思考题 ··· 68

第三章　有毒有害物质检测　69

 学习目标 ·· 69
 第一节　概述 ·· 71
 第二节　有毒有害物质的检测方法 ························· 72
  一、化学分析法 ·· 72
  二、仪器分析法 ·· 73

第三节　水中有毒有害物质的检测 ·· 76
　　　　一、pH 值的检测 ··· 76
　　　　二、非重金属类有毒有害物质的检测 ·· 78
　　　　三、重金属类有毒有害物质的检测 ·· 79
　　　　四、非金属有毒有害物质的检测 ·· 82
　　　　五、有机污染物的检测 ··· 86
　　　　六、挥发酚类的检测 ··· 88
　　　　七、矿物油的检测 ·· 89
　　　　八、污水综合排放标准 GB 8978—1996 ·· 90
　　第四节　大气中有毒有害物质的检测 ·· 93
　　　　一、二氧化硫的检测 ··· 93
　　　　二、氮氧化物（NO_x）的检测 ·· 96
　　　　三、一氧化碳的检测 ··· 98
　　　　四、光化学氧化剂和臭氧的测定 ·· 99
　　　　五、总烃及非甲烷烃的检测 ·· 100
　　　　六、苯及苯系物的检测 ·· 101
　　　　七、总挥发性有机物的检测 ·· 102
　　　　八、氟化物的检测 ·· 103
　　　　九、车间空气中有害气体的最高容许浓度 ·· 103
　　第五节　企业常用安全分析 ·· 105
　　　　一、安全分析的分类、级别 ·· 108
　　　　二、安全分析取样及要求 ·· 108
　　　　三、安全分析方法 ·· 110
　　　　四、安全分析相关事宜及注意事项 ·· 115
　　技能训练　水样 pH 值的测定 ·· 116
　　复习思考题 ·· 118

第四章　噪声检测　　119

　　学习目标 ·· 119
　　第一节　概述 ·· 119
　　第二节　噪声的物理量度和主观量度 ·· 120
　　　　一、噪声的物理量度 ·· 120
　　　　二、噪声的主观量度 ·· 122
　　第三节　噪声频谱 ·· 126
　　　　一、等百分比频程 ·· 127
　　　　二、等带宽频程 ·· 128
　　第四节　常用噪声测量仪器 ·· 128
　　　　一、声级计 ·· 128
　　　　二、积分平均声级计和积分声级计（噪声暴露计） ·· 131
　　　　三、噪声统计分析仪 ·· 132
　　　　四、滤波器和频谱分析仪 ·· 132

五、实时分析和数字信号处理……………………………………………… 133
第五节　噪声测量要求……………………………………………………………… 133
　　一、测点的选择………………………………………………………………… 133
　　二、噪声测量场所和环境影响………………………………………………… 134
　　三、传声器的布置方向………………………………………………………… 134
第六节　噪声测量方法……………………………………………………………… 134
　　一、作业场所噪声测量………………………………………………………… 135
　　二、城市区域环境噪声测量方法……………………………………………… 135
　　三、工业企业厂界噪声测量方法……………………………………………… 136
　　四、铁路边界噪声测量方法…………………………………………………… 137
　　五、建筑施工场界噪声测量方法……………………………………………… 137
　　六、机场周围飞机噪声测量方法……………………………………………… 137
　　七、内燃机噪声测定方法……………………………………………………… 137
　　八、噪声的频谱分析…………………………………………………………… 137
第七节　噪声作业级别评定………………………………………………………… 138
　　一、分级方法…………………………………………………………………… 138
　　二、工作场所噪声允许标准…………………………………………………… 138
第八节　噪声控制…………………………………………………………………… 139
　　一、声源控制…………………………………………………………………… 139
　　二、传声途径的控制…………………………………………………………… 139
　　三、接收者的防护……………………………………………………………… 139
　　四、控制措施的选择…………………………………………………………… 140
　　五、隔声罩……………………………………………………………………… 140
　　六、吸声与隔声的基本概念…………………………………………………… 142
　　七、吸声材料…………………………………………………………………… 142
　　八、消声器……………………………………………………………………… 144
技能训练　学校区域噪声检测实训………………………………………………… 145
复习思考题…………………………………………………………………………… 146

第五章　振动检测　148

学习目标……………………………………………………………………………… 148
第一节　概述………………………………………………………………………… 148
　　一、常见的振动作业…………………………………………………………… 149
　　二、振动对人体的不良影响及危害…………………………………………… 149
　　三、振动病……………………………………………………………………… 149
　　四、振动的防护措施…………………………………………………………… 150
第二节　振动测量的类型…………………………………………………………… 151
　　一、简谐振动…………………………………………………………………… 151
　　二、周期振动…………………………………………………………………… 152
　　三、脉冲式振动………………………………………………………………… 152
　　四、随机振动…………………………………………………………………… 153

第三节　振动测量的基本原理和方法 ………………………………………………… 153
　　一、振动测量原理 ……………………………………………………………… 153
　　二、振动运动量的测量 ………………………………………………………… 155
第四节　拾振器 …………………………………………………………………………… 157
　　一、压电式加速度计 …………………………………………………………… 157
　　二、磁电式速度计 ……………………………………………………………… 159
　　三、拾振器的合理选择 ………………………………………………………… 160
第五节　振动允许标准 …………………………………………………………………… 161
　　一、人体振动标准 ……………………………………………………………… 161
　　二、环境振动标准 ……………………………………………………………… 161
　　三、环境振动测量方法 ………………………………………………………… 162
第六节　手持式机械作业防振要求 ……………………………………………………… 162
　　一、使人暴露于手传振动的常见机械（或工具）和工艺 …………………… 162
　　二、减少手传振动暴露的方法 ………………………………………………… 163
　　三、通过工作任务的再设计减少振动危害 …………………………………… 163
　　四、通过产品的再设计减少振动危害 ………………………………………… 164
　　五、通过工艺的再设计减少振动危害 ………………………………………… 164
　　六、选用低振动机械、防振系统和个体防护用品 …………………………… 165
　　七、手持式机械（或工具）振动参数的说明 ………………………………… 165
　　八、控制手传振动危害的管理措施 …………………………………………… 166
　　九、培训 ………………………………………………………………………… 167
　　十、减少振动暴露的时间 ……………………………………………………… 167
复习思考题 ………………………………………………………………………………… 167

第六章　放射性检测　　168

学习目标 …………………………………………………………………………………… 168
第一节　概述 ……………………………………………………………………………… 169
　　一、基本知识 …………………………………………………………………… 169
　　二、放射性的分布 ……………………………………………………………… 169
　　三、放射性度量单位 …………………………………………………………… 172
　　四、放射性检测对象、内容和目的 …………………………………………… 173
第二节　放射性检测仪器 ………………………………………………………………… 174
　　一、放射性检测仪器 …………………………………………………………… 174
　　二、放射性检测实验室 ………………………………………………………… 176
第三节　放射性样品的采集和预处理 …………………………………………………… 177
　　一、放射性样品采集 …………………………………………………………… 177
　　二、样品的预处理 ……………………………………………………………… 178
第四节　放射性检测方法 ………………………………………………………………… 179
　　一、环境空气中氡的标准测量方法 …………………………………………… 179
　　二、水中放射性检测 …………………………………………………………… 181
　　三、土壤中放射性检测 ………………………………………………………… 181

四、生物样品灰中锶-90的放射性化学分析方法（离子交换法） …………… 182
　复习思考题 ………………………………………………………………… 182

第七章　雷电、静电的检测与控制　183

　学习目标 …………………………………………………………………… 183
　第一节　雷电的形成及危害 ……………………………………………… 184
　　一、雷电的形成 ………………………………………………………… 184
　　二、雷电危害的类型 …………………………………………………… 185
　　三、雷电的危害方式 …………………………………………………… 185
　第二节　静电及其危害 …………………………………………………… 186
　第三节　油库的防雷安全检测 …………………………………………… 187
　　一、金属油罐防雷安全要求 …………………………………………… 187
　　二、非金属油箱的防雷安全要求 ……………………………………… 187
　　三、人工洞石油库防雷要求 …………………………………………… 188
　　四、油库电源系统防雷电波入侵的安全要求 ………………………… 188
　　五、油库输送系统的防雷安全要求 …………………………………… 188
　　六、油库可燃性气体放空管必须设防直击雷装置 …………………… 188
　第四节　油库的防静电安全检测 ………………………………………… 188
　　一、防静电的接地要求 ………………………………………………… 188
　　二、防静电的工艺技术要求 …………………………………………… 189
　复习思考题 ………………………………………………………………… 189

第八章　生产装置安全检测——无损检测　190

　学习目标 …………………………………………………………………… 190
　第一节　概述 ……………………………………………………………… 191
　　一、无损检测的目的 …………………………………………………… 191
　　二、无损检测技术的发展 ……………………………………………… 192
　第二节　射线照相法（RT） ……………………………………………… 193
　　一、射线照相法的原理 ………………………………………………… 194
　　二、X射线检测的应用 ………………………………………………… 194
　　三、射线照相法的特点 ………………………………………………… 195
　第三节　超声波检测（UT） ……………………………………………… 196
　　一、超声波的发生及其性质 …………………………………………… 196
　　二、超声波检测的原理和方法 ………………………………………… 199
　　三、超声波测厚仪 ……………………………………………………… 201
　　四、超声波检测的特点 ………………………………………………… 202
　第四节　磁粉检测（MT） ………………………………………………… 202
　　一、磁粉检测的原理 …………………………………………………… 202
　　二、磁粉检测的操作要点 ……………………………………………… 205
　　三、磁粉检测的特点 …………………………………………………… 207
　第五节　渗透检测（PT） ………………………………………………… 207
　　一、渗透检测的原理 …………………………………………………… 207

二、渗透检测的优点 ……………………………………………………………… 208
　　三、渗透检测的缺点及局限性 …………………………………………………… 208
　第六节　涡流检测（ET）………………………………………………………………… 208
　　一、涡流检测的原理 ……………………………………………………………… 208
　　二、涡流检测的操作要点 ………………………………………………………… 209
　　三、涡流检测的特点 ……………………………………………………………… 210
　第七节　红外检测（TIR）……………………………………………………………… 210
　　一、红外检测的原理 ……………………………………………………………… 210
　　二、红外检测的基本方法 ………………………………………………………… 211
　　三、红外检测在设备诊断中的应用 ……………………………………………… 211
　　四、红外检测的特点 ……………………………………………………………… 212
　第八节　声发射检测（AE）…………………………………………………………… 213
　　一、声发射检测的原理 …………………………………………………………… 213
　　二、声发射检测的方法 …………………………………………………………… 213
　　三、声发射检测的特点 …………………………………………………………… 214
　第九节　无损检测方法的应用选择 …………………………………………………… 215
　　一、压力容器制造过程中无损检测方法的选择 ………………………………… 215
　　二、检测方法和检测对象的适应性 ……………………………………………… 215
　复习思考题 ……………………………………………………………………………… 216

第九章　火灾参数检测与自动灭火系统　　217

　学习目标 ………………………………………………………………………………… 217
　第一节　火灾探测与信号处理 ………………………………………………………… 217
　　一、火灾现象 ……………………………………………………………………… 218
　　二、火灾探测方法 ………………………………………………………………… 218
　第二节　火灾自动报警系统 …………………………………………………………… 219
　　一、火灾自动报警系统的组成 …………………………………………………… 219
　　二、火灾报警控制器的功能要求 ………………………………………………… 220
　　三、火灾自动报警系统的设计形式 ……………………………………………… 221
　第三节　自动灭火系统与防排烟系统 ………………………………………………… 223
　　一、火灾控制 ……………………………………………………………………… 223
　　二、水灭火系统 …………………………………………………………………… 224
　　三、泡沫灭火系统 ………………………………………………………………… 232
　　四、气体自动灭火系统 …………………………………………………………… 236
　　五、干粉灭火系统 ………………………………………………………………… 238
　　六、通风排烟 ……………………………………………………………………… 241
　复习思考题 ……………………………………………………………………………… 241

第十章　联动控制系统及自动保护　　243

　学习目标 ………………………………………………………………………………… 243
　第一节　联动控制及自我保护的基本概念 …………………………………………… 243
　　一、联动控制 ……………………………………………………………………… 243

二、自动保护 …………………………………………………………… 245
第二节　锅炉自动保护 …………………………………………………… 247
　　一、超压报警装置 …………………………………………………… 248
　　二、水位报警装置 …………………………………………………… 248
　　三、超温报警装置 …………………………………………………… 249
　　四、熄火保护装置 …………………………………………………… 249
　　五、停电自锁装置 …………………………………………………… 249
复习思考题 ………………………………………………………………… 250

参考文献　　251

绪 论

一、安全检测的目的、作用与意义

在工业生产过程中,各种有关因素,如烟、尘、水、气、热辐射、噪声、放射线、电流、电磁波以及化学因素,还有其他主客观因素等,会对生产环境产生污染、对生产产生不安全作用、对人体健康造成危害。查清、预测、排除和治理各种有害因素是安全工程的重要内容之一。安全检测的任务是为安全管理决策和安全技术有效实施提供丰富、可靠的安全因素信息。狭义的安全检测,侧重于测量,是对生产过程中某些与不安全、不卫生因素有关的量连续或断续监视测量,有时还要取得反馈信息,用以对生产过程进行检查、监督、保护、调整、预测,或者积累数据,寻求规律。广义的安全检测,还包括安全监控,是指借助于仪器、传感器、探测设备,迅速而准确地了解生产系统与作业环境中危险因素与有毒因素的类型、危害程度、范围及动态变化的一种手段。

安全检测是劳动者作业场所有毒有害物质和物理危害因素的检测,安全监控是对生产设备和设施的安全状态和安全水平进行监督检测。安全工程中各种安全设备、安全设施是否处于安全运行状态;职业卫生工程中的防尘、防毒、通风与空调、辐射防护、生产噪声与振动控制等工程设施是否有效;作业场所的环境质量是否达到有关标准要求。这些安全基础信息都需要通过安全检测来获得。使生产过程或特定系统按预定的指标运行,避免和控制系统因受意外的干扰或波动而偏离正常运行状态并导致故障或事故,这属于安全监控的内容。因此,可以认为安全检测与安全监控是安全学科的先导和"耳目"。没有安全检测与监控技术,安全工程不能成为一门独立的学科;离开了安全检测与监控,安全管理也只是"空中楼阁"。

安全检测的目的是为职业健康安全状态进行评价、为安全技术及设施进行监督、为安全技术措施的效果进行评价等提供可靠而准确的信息,达到改善劳动作业条件、改进生产工艺过程、控制系统或设备事故(故障)发生的目的。

二、安全检测技术研究的主要内容

工业事故属于工业危险源,后者通常指"人(劳动者)-机(生产过程和设备)-环境(工作场所)"有限空间的全部或一部分,属于"人造系统",绝大多数具有观测性和可控性。表征工业危险源状态的可观测的参数称为危险源的"状态信息"。状态信息是一个广义的概念,包括对安全生产和人员身心健康有直接或间接危害的各种因素,如反映生产过程或设备的运行状况正常与否的参数、作业环境中化学和物理危害因素的浓度或强度等。安全状态信息出现异常,说明危险源正在从相对安全的状态向即将发生事故的临界状态转化,提示人们必须及时采取措施,以避免事故发生或将事故的伤害和损失降至最低程度。

为了获取工业危险源的状态信息,需要将这些信息通过物理的或化学的方法转化为可观测的物理量(模拟的或数字的信号),这就是通常所说的安全检测和安全监测,它是作业环境安全与卫生条件、特种设备安全状态、生产过程危险参数、操作人员不规范动作等各种不安全因素检测的总称。不安全因素具体包括如下几种。

① 粉尘危害因素。如浓度、粒径分布;全尘或呼吸性粉尘;煤尘、石棉尘、纤维尘、岩尘、沥青烟尘等。

② 化学危害因素。如可燃气体、有毒有害气体在空气中的浓度和氧含量等。

③ 物理危害因素。如噪声与振动、辐射(紫外线、红外线、射频、微波、激光、同位素)、静电、电磁场、照度等。

④ 机械伤害因素。人体部位误入机械动作区域或运动机械偏离规定的轨迹,造成人员伤亡。

⑤ 电气伤害因素。如触电、电灼伤等。

⑥ 气候条件。如气温、气压、湿度、风速等。

前三种危险因素的检测是安全检测的主要任务。

担负信息转化任务的器件称为传感器(sensor)或检测器(detector)。由传感器或检测器及信号处理、显示单元便组成了"安全检测仪器"。如果将传感器或检测器及信号处理、显示单元集于一体,固定安装于现场,对安全状态信息进行实时(real time)监测,则称这种装置为安全监测仪器。如果只是将传感器或检测器固定安装于现场,而信号处理、显示、报警等单元安装在远离现场的控制室内,则称为安全监测系统。将监测系统与控制系统结合起来,把监测数据转变成控制信号,则称为监控系统。

安全检测方法依检测项目不同而异,种类繁多。根据检测的原理机制不同,大致可分为化学检测和物理检测两大类。化学检测是利用检测对象的化学性质指标,通过一定的仪器与方法,对检测对象进行定性或定量分析的一种检测方法。它主要用于有毒有害物质的检测,如有毒有害气体、水质和各种固体、液体毒物的测定。物理检测利用检测对象的物理量(热、声、光、磁等)进行分析,如噪声、电磁波、放射性、水质物理参数(水温、浊度、电导率)等的测定均属物理方法。

三、我国安全检测的技术标准与政策法规

安全检测涉及许多领域的知识,所使用的方法也很多。为了得到准确可行、可比性强的检测结果,最好采用标准的检测方法,没有标准检测方法的检测项目,可采用权威部门推荐的方法,或能被广泛认可的检测方法。检测所应用的规范要求是判断检测项目是否合格的准绳,必须严格执行国家标准和有关法规,所使用的检测报告书应经法定机构(如上级职业安全检察机构或技术监督局)的审批,以保证全国范围内的相对统一。我国颁布了许多车间空气中粉尘、有毒物质、噪声和辐射的卫生标准,包括最高容许量(浓度)和检测方法,这些

是进行安全检测的依据。

对于各生产行业，国家或地方政府出台了相应的安全检测技术规范（标准）。如《防雷装置安全检测技术规范》，其适用于防雷装置的检测。该标准规定了防雷装置的检测项目、检测要求和方法、检测周期、检测程序和检测数据整理。当然，目前还有许多新兴行业、新设备的安全检测需要制定相关的安全检测技术规范（标准），这部分的工作还相当艰巨。

在作业场所空气的尘毒检验中，常常需要进行定量分析，几乎所有的化学分析和现代仪器分析方法都可以用于空气理化检测，但是每种分析方法都有其各自的优缺点，至今尚无能适用于各种污染物的万能分析方法。目前，空气尘毒检测常用的分析方法有紫外可见分光光度法、气相色谱法、高效液相色谱法、薄层色谱法、原子吸收光度法、电化学分析法、荧光光度法以及滴定分析等分析方法。对于待测的空气污染物，选择分析方法的原则是尽量采用精度高、选择性好、准确可靠、分析时间短、经济实用、适用范围广的分析方法。

根据居住区大气和车间空气中有害物质的最高容许浓度，全国环境空气质量卫生监测检验方法科研协作组和车间空气监测检验方法科研协作组经过多年的标准化、规范化和实际应用，总结出版了《车间空气监测检验方法》（第三版），提出了168个毒物项目，203种分析方法，有的已成为国家标准方法，《环境空气质量监测试验方法》提出47种有害物质，95种分析方法，在工作实践中可以作为参考。

四、安全检测技术的发展趋势

安全监测与控制常简称为安全监控，它具有监测和控制的综合能力。在安全检测与控制技术学科中所称的控制可分为两种。

① 过程控制在一体化生产中，一些重要的工艺参数大都由变送器、工业仪表乃至计算机来测量和调节，以保证生产过程及产品质量的稳定，这就是过程控制。在比较完善的过程控制设计中，有时也会考虑工艺参数的超限报警、外界危险因素（如可燃气体、有毒气体在环境中的浓度，烟雾、火焰信息等）的检测，甚至停车等连锁系统。然而，这种设计思想仍然着眼于表层信息捕获的习惯模式。

② 应急控制在对危险源的可控制性进行分析之后，选出一个或几个能将危险源从事故临界状态拉回到相对安全状态，以避免事故发生或将事故的伤害、损失降至最低程度。这种具有安全防范性质的控制技术称为应急控制。监测与控制功能合二为一称为监控，将安全监测与应急控制结合为一体的仪器仪表或系统，称为安全监控仪器或安全监控系统。

从安全科学的整体观点出发，现代生产工艺的过程控制和安全监控功能应融为一体，综合成一个包括过程控制、安全状态信息监测、实时仿真、应急控制、自诊断以及专家决策等各项功能在内的综合系统。这种系统既能够对生产工艺进行比较理想的控制，从而使企业受益，又能够在出现异常情况时及时给出预警信息，紧急情况下恰到好处地自动采取措施，把安全技术措施渗透到生产工艺中去，避免事故的发生或将事故危害和损失降到最低程度。

监控技术的发展主要表现在：①监控网络集成化。它是将被监控对象按功能划分为若干系统，每个系统由相应的监控系统实行监控，所有监控系统都与中心控制计算机连接，形成监控网络，从而实现对生产系统实行全方位的安全监控（或监视）。②预测型监控。这种监控即控制计算机根据检测结果，按照一定的预测模型进行预测计算，根据计算结果发出控制指令。这种监控技术对安全具有重要的意义。

预警（early-warning, pre-warning）一词用于工业危险源时，可理解为系统实时检测危险源的"安全状态信息"并自动输入数据处理单元，根据其变化趋势和描述安全状态的数学模型或决策模式得到危险态势的动态数据，不断给出危险源向事故临界状态转化的瞬态过程。由此可见，预警的实现应该有预测模型或决策模式，亦即描述危险源从相对安全的状态向事故临界状态转化的条件及其相互之间关系的表达式，由数据处理单元给出预测结果，必要时还可直接操作应急控制系统。

报警（alarm）和预警区别甚大，前者指危险源安全状态信息中的某个或几个观测值分别达到各自的阈值时发出声、光等信号而引人注意的功能。达到阈值之前或之后的变化通常是未知的，即使有的检测报警系统具有记录检测值的功能，或者设定两个以上的阈值，试图判别观测值的趋势，但此观测值都是相互独立的，难以描述危险源状态转化的全过程。后者在一定程度上是对危险源状态的转化过程实现在线仿真。二者的本质区别在于有无预测模型或模式。

锅炉、压力容器、压力管道等特种设备安全检测技术的发展趋势是：开发检测新技术和电子监控等先进的安全控制技术和产品，实现检测监控设备的数字化、智能化、小型化，积极推进检测监控仪器的国产化，重点发展新材料的研究推广使用，加强设计、制造、安装等环节的监察，提高特种设备本身的安全性能和安全防范能力。

目前，网络与信息安全越来越受到人们关注。网络安全检测技术主要包括安全扫描技术和实时安全监控技术。安全扫描技术（包括网络远程安全扫描、防火墙系统扫描、Web网站扫描和系统安全扫描技术）可以对局域网络、Web站点、主机操作系统以及防火墙系统的安全漏洞进行扫描，及时发现漏洞并予以修复，从而降低系统的安全风险。实时安全监控技术主要是通过硬件或者软件对网络上的数据流进行实时检查，并与系统中的入侵特征数据库的数据进行比较，一旦发现有被攻击的迹象，立刻根据用户所定义的动作做出反应。这些动作可以是切断网络连接，也可以是通知防火墙系统对访问控制策略进行调整，将入侵的数据包过滤掉。

网络安全检测技术基于自适应安全管理模式，这种管理模式认为任何一个网络都不可能安全防范其潜在的安全风险。它有两个特点：①动态性和自适应性，这可以通过网络安全扫描软件的升级以及网络安全监控中入侵特征库的更新来达到。②应用层次的广泛性，可以应用于操作系统、网络层和应用层等各个层次网络安全漏洞的检测。

网络安全自动检测系统和网络入侵监控预警系统的开发为网络信息资源的安全提供了预防和防范攻击的有效措施，不断发现、总结，及时抽象、概括最新的攻击方法，将其纳入系统，可增强系统的识别和防范能力。

我国煤矿安全检测技术也有较大进步，主要表现在：①煤矿安全检测技术理论更加成熟，开发出更先进更实用的检测设备。②煤矿安全检测设备的生产逐渐进入正规化，设备操作更简便，数据分析处理更直观。③在硬件、软件和检测理论发展基础上，开发出矿井安全预警系统，保障矿井的安全生产。

在工程安全检测方面，先进的地球物理技术和无损检测技术得到了广泛应用。如探地雷达技术、光纤技术、红外技术等已成功应用于桥梁、隧道、房屋建筑、地下工程、大坝等工程安全检测之中。

我国食品与农产品安全检测技术的发展趋向于高技术化、智能化、速测化、动态化、便携化。

第一章 安全检测用传感器

学习目标

1. 了解传感器及其特性、功能。
2. 熟悉安全检测常用的温度传感器、压力传感器、流量传感器、物位传感器和气体成分传感器。
3. 了解传感器的选用原则。

第一节 概 述

一、传感器的基本概念

在安全检测中,为了对各种变量进行检测或控制,首先要把这些变量转换成容易比较且便于传送的信息,这就要用到敏感元件、传感器、变送器和信号转换器。传感器通常由敏感元件、转换元件和测量电路构成。传感器、变送器和信号转换器是相互联系,功能相近但又略有区别的三种器件。

1. 敏感元件

顾名思义,敏感元件是能够灵敏地感受被测变量并做出响应的元件。例如铂电阻能感受温度的升降而改变其电阻值,阻值的变化就是对温度升降的响应,所以铂电阻就是一种温度敏感元件。又如弹性膜盒能感受压力的高低而引起形变,形变程度就是对压力高低的响应,因此,弹性膜盒是一种压力敏感元件。

为了获得被测变量的精确数值,不仅要求敏感元件对所测变量的响应足够灵敏,还希望不受或少受环境因素的影响。也就是说,敏感元件的输出响应最好只取决于输入的被测变量。例如,铂电阻的阻值除受温度影响外,也受压力的影响,这就要求用适当的工艺消除应力。弹性膜盒的形变除取决于压力外,也和环境温度有关,必要时应采取温度补偿措施。

敏感元件的输出响应与输入变量之间如果是线性的正比或反比关系,当然最便于应用。即使是非线性关系,只要这种关系不随时间而变化,也可以满足使用的基本要求。

2. 传感器

传感器是将检测到的信号转换成便于分析、计算和处理的另一种信号的器件。从字面上分析可知传感器就是传递感觉的器件,所谓感觉就是人所能感觉到甚至是感觉不到的信号。在工业领域有一种约定俗成的定义是传感器就是将非电量转换为电量,也就是将非电信号转换为电信号的器件。

此外,人们从其功能出发,形象地将传感器定义为:所谓传感器,是指那些能够取代甚至超出人的"五官",具有视觉、听觉、触发、嗅觉和味觉等功能的元器件或装置。这里所说的"超出"是因为传感器不仅可应用于人无法忍受的高温、高压、辐射等恶劣环境,还可以检测出人类"五官"不能感知的各种信息(如微弱的磁、电、离子和射线的信息,以及远远超出人体"五官"感觉功能的高频、高能信息等)。

从字面上不难看出,传感器不但应该对被测变量敏感,而且具有把对被测变量的响应传送出去的功能。也就是说,传感器不只是一般的敏感元件,它的输出响应还必须是易于传送的物理量。例如,上述弹性膜盒的输出响应是形变,是微小的几何量(位移),不便于向远方传送。但如果把膜盒中心的位移转变为电容极板的间隙变化,就成为输出响应是电容量的压力传感器。倘若再通过适当的电路使电容量的大小变为振荡频率的高低,就演变成输出响应是频率值的压力传感器。电容量和频率值都可以用导线传送到别处测量,尤其是频率更适合远距传送。

某些敏感元件的输出响应本来就能够传送到别处测量,例如铂电阻的阻值、应变电阻的阻值和热电偶的电动势等,因此把这类敏感元件称作传感器也未尝不可。

由于电信号最便于远传,所以绝大多数传感器的输出是电量的形式,如电压、电流、电阻、电感、电容和频率等。也有利用压缩空气的压力大小传送信息的,这种方法在抗电磁干扰和防爆安全方面比电传送要优越,但气源和管路上的投资较大,而且传送速度较低。近来利用光导纤维传送信息的传感器正在发展,其在抗干扰、防爆和快速性方面都有突出优点。总之,传感器的输出物理量不拘一格,其数值范围也没有限制,只要便于传送,而且其他仪表易于接收其所传送的信息,就可以满足安全检测的应用。

3. 变送器

变送器是从传感器发展而来的,凡能输出标准信号的传感器就称为变送器。标准信号是物理量的形式和数值范围都符合国际标准的信号:例如,直流电压 0~10V、直流电流 4~20mA、空气压力 20~100kPa 都是当前通用的标准信号,我国还有不少变送器以直流电流 0~10mA 为输出信号。无论被测变量是哪种物理或化学参数,也不论测量范围如何,经过变送器之后的信息都必须包含在标准信号之中。

有了统一的信号形式和数值范围,就便于把各种变送器和其他仪表组成检测系统。无论什么仪表或装置,只要有同样标准的输入电路或接口,就可以从各种变送器获得被测变量的信息。这样,兼容性和互换性大为提高,仪表的配套也极为方便。

4. 信号转换器

在自动化控制系统中对各种工业信号进行变送、转换、隔离、传输、分配的仪表统称为信号转换器。

输出为非标准信号的传感器,必须和特定的仪表或装置配套,才能实现检测和控制功能。为了加强通用性和灵活性,某些传感器的输出可以靠信号转换器把非标准信号转换成标准信号,使之与带有标准信号的输入电路或接口的仪表配套。例如,频率转换器就能把交流频率或脉冲频率转换成直流电流 4~20mA 或 0~10mA。

不同的标准信号也可以借助于信号转换器互相转换。例如利用气/电转换器,能把 20~100kPa 的空气压力转换成 4~20mA 的直流电流,反之,电/气转换器则可反方向转换。直流电流标准信号中的 4~20mA 与 0~10mA 也可以利用转换器相互转换。

二、传感器的分类及要求

1. 传感器的分类

传感器种类繁多,目前常用的分类有两种:一种是以被测量来分,见表1-1;另一种是以传感器的工作原理来分,见表1-2。

表 1-1 按被测量分类

被测量类别	被 测 量
热工量	温度、热量、比热容;压力、压差、真空度;流量、流速、风速
机械量	位移(线位移、角位移)、尺寸、形状;力、力矩、应力;重量、质量;转速、线速度;振动幅度、频率、加速度、噪声
物性和成分量	气体化学成分、液体化学成分;酸碱度(pH值)、盐度、浓度、黏度;密度
状态量	颜色、透明度、磨损量、材料内部裂缝或缺陷、气体泄漏、表面质量

表 1-2 按传感器的工作原理分类

序号	工作原理	序号	工作原理
1	电阻式	8	光电式(红外式、光导纤维式)
2	电感式	9	谐振式
3	电容式	10	霍尔式(磁式)
4	阻抗式(电涡流式)	11	超声式
5	磁电式	12	同位素式
6	热电式	13	电化学式
7	压电式	14	微波式

以被测量来分类时,使用的对象比较明确;以工作原理来分时,传感器采用的原理比较清楚。

2. 传感器的一般要求

由于各种传感器的原理、结构不同,使用环境、条件、目的不同,其技术指标也不可能相同,但是有些一般要求却基本上是共同的。

① 足够的容量。传感器的工作范围或量程足够大;具有一定的过载能力。

② 灵敏度高,精度适当。即要求其输出信号与被测信号成确定的关系(通常为线性),且比值要大;传感器的静态响应与动态响应的准确度能满足要求。

③ 响应速度快,工作稳定,可靠性好。

④ 使用性和适应性强。体积小,重量轻,动作能量小,对被测对象的状态影响小;内部噪声小而又不易受外界干扰的影响;其输出力求采用通用或标准形式,以便与系统对接。

⑤ 使用经济。成本低,寿命长,且便于使用、维修和校准。

⑥ 可靠性。通常包括工作寿命、平均无故障时间、保险期、疲劳性能、绝缘电阻等指标。

当然，能完全满足上述性能要求的传感器是很少的。我们应根据应用的目的、使用环境、被测对象状况、精度要求和原理等具体条件做全面综合考虑。

三、常用传感器

在化工生产过程及安全检测中，为了对各种工业参数（如温度、压力、流量、物位和气体成分等）进行检测与控制，首先要把这些参数转换成便于传送的信息，这就要用到各种传感器。把传感器与变送器和其他装置组合起来，组成一个检测系统或控制系统，完成对工业参数的安全检测。安全检测常用的传感器有温度传感器、压力传感器、流量传感器、物位传感器和气体成分传感器。

第二节 温度传感器

温度传感器按照其感温元件是否与被测介质接触，可分为接触式与非接触式两大类。常见的接触式温度传感器主要有将温度转化为非电量和将温度转化为电量两大类，见表1-3。

表1-3 温度传感器

温度传感器	转化为非电量	热膨胀式	液体膨胀
			固体膨胀
			气体膨胀
	转化为电量		热电偶
			热电阻
			热敏电阻

一、膨胀式温度传感器

根据液体、固体和气体受热时产生热膨胀的原理，这类温度传感器有液体膨胀式、固体膨胀式和气体膨胀式三种。

1. 液体膨胀式温度传感器

在有刻度的细玻璃管里充入酒精或水银而构成温度计，这是久已为人熟知的测温仪表。然而它只能就地显示温度，还不能算传感器。如果在水银温度计的感温泡附近引出一根导线，在对应某个温度刻度线处再引出一根导线，当温度升至该刻度时，水银柱就会把电路接通。反之，温度下降到该刻度以下，又会把电路断开。这样，就成为有固定切换值的位式作用温度传感器。这种既有刻度可供就地显示，又能发出通断信号的温度计，称为电接点水银温度计。

倘若所封入的导线是顺玻璃管轴插入的，而且在玻璃管外能灵活调整导线的长度，使其下端可以处在任意温度刻度线位置，就能改变切换值，如图1-1所示。

在液体膨胀式温度计的玻璃管里，液柱以上的空间只允许有该液体的饱和蒸气压，不允许存在大气压力，所以玻璃管上端必须密封，这就为调整导线插入长度带来极大困难。在图1-1中，利用巧妙而简单的办法使难题迎刃而解。在上半段玻璃管里封入了可以转动的细长螺钉1，其椭圆形螺母2下悬挂着细导线3，导线下端插入下半段玻璃管中，以便与水银接触。因为上半段玻璃管的内壁横截面呈椭圆形，所以螺钉转动时螺母只能沿着玻璃管上下移动，不能旋转。这样，就能通过转动螺钉的办法改变导线下端的高低，从而调整切换值。关键是如何在不破坏密封的条件下使管内螺钉转动，此处利用了磁传动方法。在玻璃管顶部的外面套上磁铁4，转动磁铁时，管内螺钉上端的扁平铁块5被吸引，使螺钉随着转动。

在水银柱下端靠近感温泡处的管壁上装有另一根导线6，使水银柱成为电接点的一极。上述螺钉、螺母、悬挂在螺母下的细导线是另一极，它由螺钉上部的导电轴承处封装的导线7引出。

为了便于观察切换值，在上半段玻璃管里有标尺，根据螺母和标尺上的刻度可知细导线下端的位置，这个标尺和下半段的温度读数标尺有同样的刻度。

电接点水银温度计常用在恒温水槽、油槽及空调控制中，实验室经常需要改变加热或冷却切换值的装置用的就是可变电接点方式，工业生产中可以用固定电接点方式。

电接点水银温度计的主要缺点是脆弱易碎，破碎后水银溢出对环境有污染，作为传感器来说，它只能提供开关信号，不能连续作用。

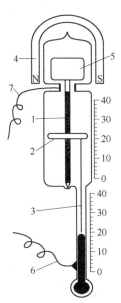

图 1-1 可变电接点水银温度计示意图
1—螺钉；2—螺母；
3,6,7—导线；
4—磁铁；5—扁平铁块

2. 固体膨胀式温度传感器

典型的固体膨胀式温度传感元件是双金属片，它利用线膨胀系数差别较大的两种金属材料制成双层片状元件，在温度变化时将因弯曲变形而使其一端有明显位移，借此带动指针移动而构成双金属温度计，带动电接点实现通断就构成双金属温度开关，后者也就是位式作用的温度传感器。双金属敏感元件通常用下列材料制造。

（1）高锰合金 这是锰、镍、铜的合金（含 Mn72%，Ni10%，Cu18%）。这种材料受热后膨胀十分明显，在 25~150℃ 间线膨胀系数 α 约为 $27.5\times10^{-6}/℃$。

（2）殷钢 这是铁和镍的合金（含 Fe 64%，Ni 36%），经研究证明，这种成分比例下的合金线膨胀系数 α 极小，在 0~100℃ 间约为 $1\times10^{-6}\sim3\times10^{-6}/℃$，即在同样温度变化范围之内其膨胀程度仅为高锰合金的二十分之一左右。

将这两种材料轧制成叠合在一起的薄片，其中 α 大的材料为主动层，α 小的为被动层。把这种复合材料剪切成条，使其一端固定，另一端自由。受热后将向被动层一侧弯曲，受冷则向主动层一侧弯曲，恢复到原有温度则仍平直如前。

将双金属条卷绕成平面螺旋形（蚊香形），内端固定，外端安装指针，就成为简单实用的室温计，如图 1-2 所示。

将双金属条卷绕成螺旋管，一端固定，另一端带动指针轴，并用导热套管保护起来，就成为工业用的双金属温度计，如图 1-3 所示。

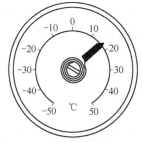

图 1-2 双金属温度计示意图

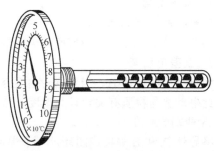

图 1-3 工业用双金属温度计示意图

双金属温度计的测温范围和玻璃管液体膨胀式温度计相同或相近，但双金属温度计精确度稍差。由于玻璃管液体膨胀式温度计比较脆弱，刻度微细不便读数，所以在有振动和容易受到冲击的场合，以及安装位置离观察者稍远的情况下，双金属温度计则更为适用。

3. 气体膨胀式温度传感器

气体膨胀式温度传感器是利用封闭容器中的气体压力随温度升高而升高的原理来测温的，利用这种原理测温的温度计又称为压力式温度计，如图1-4所示。温包、毛细管和弹簧管三者的内腔构成一个封闭容器，其中充满工作物质（如氮气），工作物质的压力经毛细管传给弹簧管，使弹簧管产生变形，并由传动机构带动指针，指示出被测温度的数值。温包内的工作物质也可以是液体（如甲醇、二甲苯和甘油等）或低沸点液体的饱和蒸气（如乙醚、氯乙烷和丙酮等），温度变化时，温包内液体受热膨胀使液体或饱和蒸气压力发生变化，属液体膨胀式的压力温度计。压力温度计结构简单，抗振及耐腐蚀性能好，与微动开关组合可作温度控制器用，但它的测量距离受毛细管长度限制，一般充液体可达20m，充气体或蒸气可达60m。

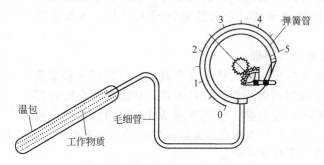

图1-4　压力式温度计结构简图

二、热电偶温度传感器

热电偶是科学研究和工业生产自动化应用最广泛的温度传感器，它是利用不同材质的两根导线互相焊接起来，将此焊点置于被测温度下，两导线的另一端便可出现电动势，其值与被测温度有确定的关系，这种温度传感器就称为热电偶。热电偶的特点是：结构简单，所选择的两根导线材质适当时可以测量高达1000℃以上的高温；它本身尺寸小，可用来测小空间的温度；动态响应快；电动势信号便于传送。这些都是膨胀式温度传感器所无法比拟的优点，所以热电偶在工业生产自动化领域得到了普遍应用。

热电偶所提供的信号为"热电动势"，它是至多不过几十毫伏的微小直流电动势。由两种物理效应所形成。

1. 接触电动势

两种不同导体A和B，其自由电子密度不等，在焊点处有电子扩散现象，因而产生接触电动势。此电动势不仅与材质有关，且与温度有关，可表示为$e_{AB}(t)$。

2. 温差电动势

同一材质的导体A，当两端存在温度差时，自由电子的分布不均匀，会出现温差电动势。此电动势与材质有关，且与温度t和t_0有关，可表示为$e_A(t,t_0)$。此处，t和t_0代表导体A两端的温度。

将导体A和B焊接成闭环，一个焊点在温度t之下，另一焊点在温度t_0之下，就会在环形电路中出现四个电动势，如图1-5(a)所示。这四个电动势分别为$e_{AB}(t)$、$e_{AB}(t_0)$、

$e_A(t, t_0)$、$e_B(t, t_0)$。它们的代数和不等于零,记为 $E_A(t, t_0)$。

以上各电动势及其代数和都和导体的粗细及长短无关,只要知道导体 A 和 B 的性质及温度 t_0 的数值,就能根据 $E_A(t, t_0)$ 判断被测温度 t。

通常用热电偶测高温,所以一般 $t > E_A(t, t_0)$,因此,把 t 处的焊点称为热端,也叫工作端,把 t_0 处的焊点称为冷端,也叫参考端。

在图 1-5(a) 的闭合回路中的总电动势 $E_{AB}(t, t_0)$ 究竟有多大无法知道,必须把它断开,接入仪表才能测出总电动势值。所接入的仪表是另外一种材质 C 所构成的导体,其电路如图 1-5(b) 所示。

闭合回路中出现了除 A、B 以外的第三种导体 C 之后,总电动势会有什么变化呢?根据热电偶的第三导体定则可知,只要第三导体 C 的两端温度相等,就对 $E_{AB}(t, t_0)$ 的大小毫无影响。既然如此,把冷端焊点打开,接入仪表,并保持其两端都在冷端温度 t_0 之下,如图 1-5(c) 所示,就能测出总电动势。生产中实际使用的热电偶如图 1-6 所示。

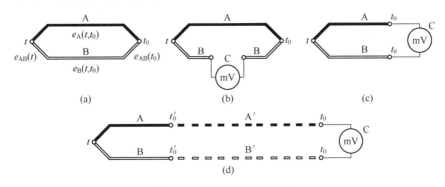

图 1-5 热电偶电路的构成

导体 A 和 B 的材质选定之后,还必须保证 t_0 已知,并且稳定不变,才能根据回路的总电动势判断温度 t。为此,首先应使冷端远离热端,以免受高温影响而引起波动,然后用适当方法把 t_0 测出。如果导体 A 和 B 是廉价材质,可用与 A、B 同样材质但包有绝缘层的导线,把冷端引到远处,这种导线称为延长导线。如果 A 和 B 是贵重金属,就必须用价格便宜的专用导线 A'和 B'接在 A 和 B 上,把冷端从温度不稳定的 t_0' 处移到温度稳定的 t_0 处,如图 1-5(d) 所示,这种专用导线 A'和 B'称为补偿导线。它必须与热电偶的材质 A 和 B 有相同的热电性质,但因工作在非高温区,不必考虑其耐热性。补偿导线和延伸导线都是用规定的合金制成的,为了便于敷设,常采用柔软的多股芯线外包绝缘层的形式。

图 1-6 热电偶实物图

延长导线和所接的热电偶材质相同,其效果等于把热电偶接长,冷端当然被远移。补偿导线虽然和所接热电偶材质不同,但因在非高温区具有同样的热电性质,两者连接之后等于在热电动势 $E_{AB}(t, t_0)$ 的基础上又增加了补偿电动势 $E_{A'B'}(t_0', t_0)$。而 A、B 和 A'、B'的性质相同,所以,总电动势 E_{AB} 和整支长热电偶效果一样,因此有补偿导线这个称呼。

如果被测温度很高,例如 1000℃以上,冷端温度在室温范围,则 t_0 的波动引起的相对误差不十分严重。反之,被测温度接近室温时,t_0 的影响绝不能忽视。

三、热电阻温度传感器

热电阻温度传感器是利用导体或半导体的电阻值随温度变化而变化的原理进行测温的。热电阻温度传感器分为金属热电阻和半导体热电阻两大类,一般把金属热电阻称为热电阻,而把半导体热电阻称为热敏电阻。热电阻广泛用于测量-200~+850℃范围内的温度,少数情况下,低温可测量至1K,高温达1000℃。标准铂电阻温度计的精确度高,并作为复现国际温标的标准仪器;热电阻传感器由热电阻、连接导线及显示仪表组成,如图1-7(a)所示。热电阻也可与温度变送器连接,将温度转换为标准电流信号输出。

用于制造热电阻的材料应具有尽可能大和稳定的电阻温度系数和电阻率,R-t 关系最好呈线性,物理化学性能稳定,复现性好等,目前最常用的热电阻有铂热电阻和铜热电阻。热电阻实物图见图1-7(b),M1-1简单介绍了热电阻传感器的适用范围。

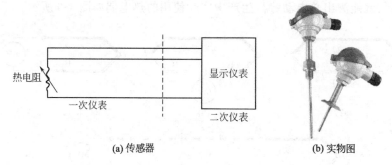

(a) 传感器　　　　　　　　(b) 实物图

图1-7　热电阻

1. 铂热电阻

铂热电阻的特点是精度高、稳定性好、性能可靠,所以在温度传感器中得到了广泛应用。按国际电工委员会(IEC)标准,铂热电阻的使用温度范围为-200~+850℃。

铂热电阻的特性方程为:

在-200~0℃的温度范围内

$$R_t = R_0[1 + At + Bt^2 + Ct^3(t-100)] \qquad (1\text{-}1)$$

在0~850℃的温度范围内

$$R_t = R_0(1 + At + Bt^2) \qquad (1\text{-}2)$$

式中　R_t,R_0——t℃和0℃时的铂电阻值,Ω;
　　　A——常数 3.9083×10^{-3}/℃;
　　　B——常数 -5.775×10^{-7}/℃^{2};
　　　C——常数 -4.1883×10^{-12}/℃^{4}。

M1-1　热电阻传感器应用简介

从上式看出,热电阻在温度 t 时的电阻值与 R_0 有关。目前我国规定工业用铂热电阻有 $R_0 = 10\Omega$ 和 $R_0 = 100\Omega$ 两种。它们的分度号分别为 Pt_{10} 和 Pt_{100},其中以 Pt_{100} 为常用。铂热电阻不同分度号亦有相应分度表,即 R_t-t 的关系表,这样在实际测量中,只要测得热电阻的阻值 R_t,便可从分度表上查出对应的温度值。

铂热电阻中的铂丝纯度用电阻比 W_{100} 表示,它是铂热电阻在100℃时电阻值 R_{100} 与0℃时电阻值 R_0 之比。按IEC标准,工业使用的铂热电阻的 $W_{100} > 1.3850$。

2. 铜热电阻

由于铂是贵重金属,因此,在一些测量精度要求不高且温度较低的场合,可采用铜热电阻进行测温,它的测量范围为-50~+150℃。

铜热电阻在测量范围内其电阻值与温度的关系几乎是线性的，可近似地表示为

$$R_t = R_0(1 + \alpha t) \tag{1-3}$$

式中，α 为铜热电阻的电阻温度系数，取 $\alpha = 4.28 \times 10^{-3}/℃$。铜热电阻的两种分度号为 $Cu_{50}(R_0 = 50\Omega)$ 和 $Cu_{100}(R_0 = 100\Omega)$，铜热电阻线性好，价格便宜，但它易氧化，不适宜在腐蚀性介质或高温下工作。

四、半导体热敏电阻

与金属热电阻相比，半导体热敏电阻具有灵敏度高、体积小和反应快等优点，它作为温度传感器已得到实际应用。

大多数半导体热敏电阻具有负温度系数，称为 NTC（Negative Temperature Coeffcient）型热敏电阻，其阻值与温度的关系可用下列公式描述

$$R_T = A e^{B/T} \tag{1-4}$$

式中 T——温度，K；

R_T——温度为 T 时的阻值，Ω；

A，B——取决于材质和结构的常数，其中 A 的量纲为 Ω，B 的量纲为 K。

用曲线表达上述关系，则如图 1-8 中的曲线Ⅰ所示。即温度越高，阻值越小，而且有明显的非线性关系。

按照电阻温度系数 α_T 的含义，不难写出 NTC 型热敏电阻的温度系数应是

$$\alpha_T = \frac{1}{R} \frac{dR}{dT} = \frac{1}{A e^{B/T}} \frac{d(A e^{B/T})}{dT}$$

$$= \frac{1}{A e^{B/T}} A e^{B/T} \left(-\frac{B}{T^2}\right) = -\frac{B}{T^2} \tag{1-5}$$

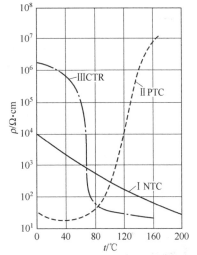

图 1-8 半导体热敏电阻特性

由此可知，电阻温度系数并非常数，它随温度 T 的平方而减小。也就是说，低温段比高温段更加灵敏。

常数 B 可通过实验，先测出在温度 T_1 和 T_2 之间的阻值 R_{T_1} 和 R_{T_2}，根据式(1-4)有

$$R_{T_1} = A e^{B/T_1}$$

$$R_{T_2} = A e^{B/T_2}$$

将两式相除得

$$\frac{R_{T_1}}{R_{T_2}} = e^{B\left(\frac{1}{T_1} - \frac{1}{T_2}\right)} = \exp\left[B\left(\frac{1}{T_1} - \frac{1}{T_2}\right)\right]$$

即得

$$\ln R_{T_1} - \ln R_{T_2} = B\left(\frac{1}{T_1} - \frac{1}{T_2}\right)$$

故

$$B = \frac{\ln R_{T_1} - \ln R_{T_2}}{\frac{1}{T_1} - \frac{1}{T_2}} \tag{1-6}$$

常用 NTC 型热敏电阻的 B 在 1500～6000K 之间。

因为有式(1-6)的关系，有时把 NTC 型热敏电阻的规律写成

$$R_T = R_0 \exp\left(\frac{B}{T} - \frac{B}{T_0}\right) \tag{1-7}$$

式中　　T_0——0℃的温度 273.15K；

　　　　R_0——0℃时的阻值，Ω。

半导体热敏电阻也可以制成具有正温度系数 PTC（Positive Temperature Coefficient）型的元件，如图 1-8 中的曲线Ⅱ所示。该元件是以 $BaTiO_3$ 和 $SrTiO_3$ 为主的成分中加入少量 Y_2O_3 和 Mn_2O_3 构成的烧结体，其特性曲线是随温度升高而阻值增大，并且有斜率最大的区段。通过成分配比和添加剂的改变，可使其斜率最大的区段处在不同的温度范围内。

如果用 V、Ge、W、P 等金属的氧化物在弱还原气氛中形成烧结体，还可以制成临界型，即 CTR（Critical Temperature Resistor）型热敏电阻，其特性为图 1-8 中的曲线Ⅲ，它是负温度系数类型，但在某个温度范围内阻值急剧下降。曲线斜率在此区段特别陡峭，灵敏度极高。

第三节　压力传感器

测量压力的仪表一般可分为四大类：液体式压力计、弹性式压力计、负荷式活塞压力计和电气式压力计。

液体式压力计：以流体静力原理为基础。

弹性式压力计：根据弹性元件受力变形原理并利用机械机构将变形量放大。

负荷式活塞压力计：基于作用在活塞上的力与砝码重力相平衡的原理测量。

电气式压力计：通过弹性元件制成测力传感器将被测压力转换成电阻量、电容量、电感量、频率量等各种电学量测量。

一、应变式压力传感器

目前测压仪表绝大多数利用弹性元件的变形，或利用其有效面积提供的力而工作，靠前一种原理构成的压力传感器有以下几种。

图 1-9　电接点压力表

1. 电接点压力表及压力开关

电接点压力表（图 1-9）是在弹簧管式压力表上附加电接点而构成的位式作用传感器。指示部分的结构与普通压力表完全相同，但增加两对电接点分别提供上、下限报警信号。上、下限的压力值可以调整。当指针到达报警上限压力时，上限电接点动作，发出报警信号，压力超过报警上限时，电接点保持在报警状态，而指针仍然能指示压力。下限电接点的动作原理也一样。这种电接点压力表将指示和位式信号功能结合在一起，比较方便实用。电接点压力表的实际应用参看 M1-2。

压力开关也称压力信号器，是不带指示的位式压力传感器。通常由波纹管的变形位移决定电接点的通断，其效果与继电器相似，故也有压力继电器之称。压力开关只有一对电接点，只能在一个设定的压力值下动作，设定值是可以调整的。

2. 电远传压力表式传感器

电远传压力表生产历史较久，它是在普通弹性元件构成的压力表内附

M1-2　电接点压力表应用简介

加电远传部件，使之除就地指示压力之外，兼有信号远传的功能。甚至将指针标度尺去掉，以电远传为惟一用途，实质上已成为纯粹的压力传感器。

(1) 电位器式　在弹簧管压力表内安装小型滑线电位器，其滑点由弹簧管自由端带动。如果只利用电位器的滑点和电阻的任意一端，就成为以可变阻值输出的压力传感器，与任何一种测电阻的仪表相连便可测量压力。如果将电位器的电阻两端和滑点用三根导线引出，并在电阻两端接稳定的直流电压，则滑点和电阻的任意一端之间的电压将取决于滑点位置，也就是取决于被测压力。这样便可与测直流电压的仪表相连而反映压力值，这种电远传方法比较简单，具有很好的线性。

电位器式压力传感器的原理，如图 1-10(a) 所示。

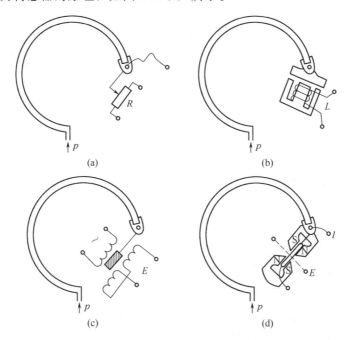

图 1-10　电远传压力表式传感器原理示意图

(2) 电感式　电感式电远传可以避免滑动触点，它利用弹性元件的变形带动衔铁，改变铁芯线圈的气隙，从而改变线圈的电感。在交流电路里，感抗可以很容易地变换成电压。如需要输出直流信号，可加整流滤波电路。电感式压力传感器的原理如图 1-10(b) 所示。

(3) 差动变压器式　差动变压器是专门为位移测量用的传感器，在可移动的铁芯周围有三组线圈。其中一个是变压器的原边，供交流电。另外两个匝数相等的线圈，按同名端极性反向串联而成为副边。当铁芯处于中央位置时，两组副边上的感应电势大小相等，因为反向串联而使输出为零。铁芯偏离中央位置后，副边将出现交流电压。偏离越远，输出交流电压越高。铁芯位移的方向不同，输出交流电压的相位相反，其原理示意如图 1-10(c) 所示。

(4) 霍尔元件式　霍尔效应是磁电效应的一种，这一现象是美国物理学家霍尔 (A. H. Hall, 1855～1938) 于 1879 年在研究金属的导电机构时发现的。当电流垂直于外磁场通过导体时，在导体的垂直于磁场和电流方向的两个端面之间会出现电势差，这一现象便是霍尔效应。这个电势差也被称为霍尔电势差。

半导体的霍尔效应已在小位移测量中得到实际应用，图 1-10(d) 即为压力电远传的方法之一。

在弹性元件的自由端安装半导体霍尔元件，并使霍尔元件的两端处于永久磁铁的磁极间隙中，而且两端的磁场方向相反。倘若压力为零时处于方向相反的两对磁极间隙中的面积相等,即使在霍尔元件上通以电流,也不会产生霍尔效应。但压力升高以后,两面积不等,在与电流方向垂直并且也垂直于磁场的方向上就会有电势出现。电流和磁感强度皆为常数时,压力越大,两面积之差越大,输出电势也越高,这就是霍尔效应。

用霍尔元件构成的电远传压力表或压力传感器,可与任何测直流电压的仪表相配。

二、压电式压力传感器

某些物质在压力作用下能产生电荷,称为压电效应。利用这一原理构成的传感器可测变化很快的动态压力。

最早发现压电效应的物质是沿某种晶向切割成的天然石英片,由于天然石英太贵,而且其压电系数很小,现在实际使用的压电元件绝大多数为人工制作的压电陶瓷。

压电元件内阻极高,必须防止表面漏电。通常采用两片相同的元件,使其极性反向相叠,由夹在中间的铜片作为一个电极,最外面的两个表面作为另一电极。这样,中央电极处于悬空状态,可用有良好绝缘性的导线引出。

压电式压力传感器的结构原理如图 1-11(a) 所示。为了使预紧力均匀地分布在压电元件上,用螺钉 6 通过钢球 5 和有凹坑的压板 4,紧压在压电元件 3 上。钢球和压板上的凹坑有自动找平的作用,避免受力不均。压电元件 3 和 1 极性为正的一面通过铜片 2 引出,极性为负的一面经由壳体相连并引出。压电式压力传感器常用于动态压力的测定,其实物图见图 1-11(b)。

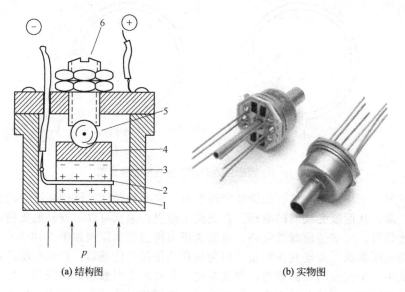

(a) 结构图　　　　　　　　　　(b) 实物图

图 1-11　压电式压力传感器

1,3—压电元件;2—铜片;4—压板;5—钢球;6—螺钉

三、电容式差压传感器

电容式差压传感器的结构如图 1-12(a) 所示。将左右对称的不锈钢基座 2 和 3 的外侧加工成环状波纹沟槽,并焊上波纹隔离膜片 1 和 4。基座内侧有玻璃层 5,基座和玻璃层中央都有孔。玻璃层内表面磨成凹球面,球面除边缘部分外镀以金属膜 6,此金属膜层有导线通向外部,为电容的左右定极板。左右对称的上述结构中央夹入并焊接弹性平膜片,即测量膜片 7,为电容的中央动极板。测量膜片左右空间被分隔成两个室,故有两室结构之称。其实物图见图 1-12(b)。

第一章　安全检测用传感器

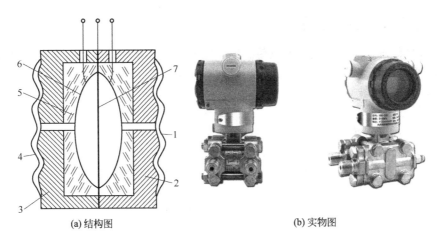

(a) 结构图　　　　(b) 实物图

图 1-12　电容式差压传感器

1,4—波纹隔离膜片；2,3—不锈钢基座；5—玻璃层；6—金属膜；7—测量膜片

在测量膜片的左右两室中充满硅油，当左右隔离膜片分别承受高压 p_H 和低压 p_L 时，硅油的不可压缩性和流动性便能将差压 $\Delta p = p_H - p_L$ 传递到测量膜片的左右面上。因为测量膜片在焊接前加有预张力，所以当差压 $\Delta p = 0$ 时十分平整，使得定极板左右两电容的容量完全相等，即 $C_H = C_L$，电容量的差值为零。在有差压作用时，测量膜片发生变形，也就是动极板向低压侧定极板靠近，同时远离高压侧定极板，使得电容 $C_L > C_H$。可见，这就是差动电容形式的压力或差压传感器。电容式差压传感器的应用参看 M1-3。

M1-3　电容式差压传感器应用简介

采用差动电容法的好处是：灵敏度高，可改善线性，并可减少由于介电常数 ε 受温度影响引起的不稳定性。

第四节　流量传感器

所谓流量，是指单位时间内流经封闭管道或明渠有效截面的流体量，又称瞬时流量。当流体量以体积表示时称为体积流量；当流体量以质量表示时称为质量流量。

在目前应用较多的测量流量的传感器中，常常将流量测量转换成其他非电量的测量，如转速、位移、压差、频率、时间、温度等，然后再在检测仪表中把这些非电量转换为电量，最后计算出流体的流量。流量计种类较多，具体见表 1-4。

表 1-4　流量传感器

转速(速度)流量传感器	涡轮流量传感器
	电磁流量传感器
差压(力)流量传感器	节流式流量传感器(差压式)
	转子流量传感器
频率流量传感器	激光流量传感器
	漩涡流量传感器
时差流量传感器	超声波流量传感器

一、差压式流量传感器

差压式流量传感器又称节流式流量传感器,它是利用管路内的节流装置,将管道中流体的瞬时流量转换成节流装置前后的压力差。差压式流量传感器主要由节流装置和差压计(或差压变送器)组成,如图 1-13 所示。节流装置的作用是把被测流体的流量转换成压差信号,差压计则对压差进行测量并显示测量值,差压变送器能把差压信号转换为与流量对应的标准电信号或气信号,以供显示、记录或控制。差压式流量传感器的实际应用参看 M1-4。

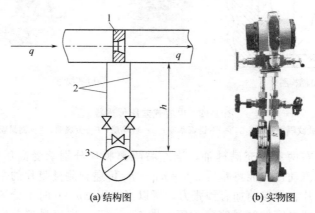

图 1-13 差压式流量传感器
1—孔板;2—引压管;3—差压计

差压式流量传感器发展较早,技术成熟而完善,而且结构简单,对流体的种类、温度和压力限制较少,因而应用非常广泛。

1. 节流装置

节流装置是差压式流量传感器的敏感检测元件,是安装在流体流动的管道中的阻力元件。常用的节流元件有孔板、喷嘴和文丘里管。它们的结构形式、相对尺寸、技术要求、管道条件和安装要求等均已标准化,故又称标准节流元件,如图 1-14 所示。其中孔板最简单又最为典型,加工制造方便,在工业生产过程中常采用孔板。

M1-4 差压式流量传感器应用简介

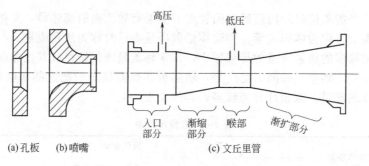

图 1-14 标准节流元件

标准节流装置按照规定的技术要求和试验数据设计、加工和安装,无须检测和标定,可以直接投入使用,并可保证流量测量的精度。

2. 测量原理与流量方程式

(1) 测量原理 在管道中流动的流体,具有动压能和静压能,在一定条件下这两种形式的能量可以相互转换,但参加转换的能量总和不变。用节流元件测量流量时,流体流过节流装置前后产生压力差 $\Delta p(\Delta p = p_1 - p_2)$，且流过的流量越大，节流装置前后的压差也越大，流量与压差之间存在一定关系，这就是差压式流量传感器的测量原理。

图 1-15 为节流元件前后流速和压力分布情况，图中充分地反映了能量形式的转换。由于流量是稳定不变的，即流体在同时间内通过管道截面 A 和节流元件开孔截面 A_0 的流量应相同，这样通过截面 A_0 的流速必然比通过截面 A 的快。在流速变化的同时，流体的动压能和静压能也发生变化，根据能量守恒定律，在孔板前后出现静压差，通过测量静压差便可以求出流速和流量。

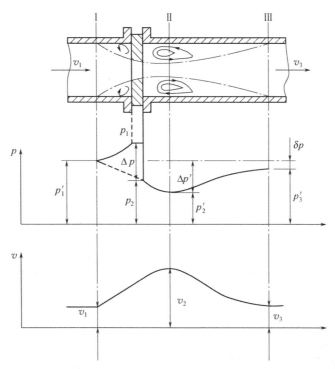

图 1-15 节流元件前后流速和压力分布情况

（2）流量方程式　假设节流元件上游入口前的流速为 v_1，密度为 ρ_1，静压为 p_1，流过节流元件时的流速、密度和静压分别为 v_2、ρ_2 和 p_2，对于不可压缩理想流体，能量方程为

$$\frac{p_1}{\rho_1} + \frac{v_1^2}{2} = \frac{p_2}{\rho_2} + \frac{v_2^2}{2} \tag{1-8}$$

流体的连续方程为

$$Av_1\rho_1 = A_0 v_2 \rho_2 \tag{1-9}$$

联立求解得到流量与压差之间的流量方程式为

体积流量

$$q_V = \alpha A_0 \sqrt{\frac{2\Delta p}{\rho}} \tag{1-10}$$

质量流量

$$q_m = \alpha A_0 \sqrt{2\rho\Delta P} \tag{1-11}$$

式中，α 为流量系数，它与节流装置的结构形式、取压方式、节流装置开孔直径、管道的直径比以及流体流动状态（雷诺数）等有关。对于标准节流装置，α 值可直接从有关手册中查出。

对于可压缩流体，例如各种气体及蒸气通过节流元件时，由于压力变化必然会引起密度 ρ 的改变，这时在式(1-10)和式(1-11)中应引入流速膨胀系数 ε，流量方程式应变为

$$q_V = \alpha\varepsilon A_0\sqrt{\frac{2\Delta p}{\rho_1}} \tag{1-12}$$

$$q_m = \alpha\varepsilon A_0\sqrt{2\rho_1\Delta P} \tag{1-13}$$

二、电磁式流量传感器

电磁式流量传感器是根据法拉第电磁感应定律测量导电性液体的流量。如图1-16(a)所示，在磁场中安置一段不导磁、不导电的管道，管道外面安装一对磁极，当有一定电导率的流体在管道中流动时就切割磁力线。与金属导体在磁场中的运动一样，在导体（流动介质）的两端也会产生感应电动势，由设置在管道上的电极导出。该感应电势大小与磁感应强度、管径大小和流体流速大小有关。

即
$$E = \frac{\mathrm{d}\Phi}{\mathrm{d}t} = BDv \tag{1-14}$$

式中　B——磁感应强度，T；
　　　D——管道内径，相当于垂直切割磁力线的导体长度，m；
　　　v——导体的运动速度，即流体的流速，m/s；
　　　E——感应电动势，V。

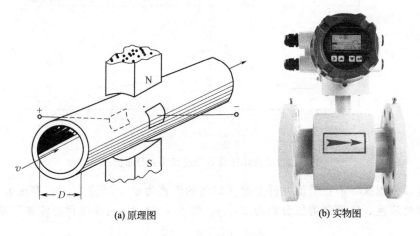

(a) 原理图　　　　　(b) 实物图

图 1-16　电磁式流量计

体积流量 q_V 与流体流速 v 关系为

$$q_V = \frac{1}{4}\pi D^2 v \tag{1-15}$$

将式(1-15)代入式(1-14)可得

$$E = \frac{4}{\pi}\times\frac{B}{D}\times q_V = Kq_V \tag{1-16}$$

式中，K 为仪表常数，$K = \frac{4B}{\pi D}$。磁感应强度 B 及管道内径 D 固定不变，则 K 为常数，两电极间的感应电动势 E 与流量 q_V 呈线性关系，便可通过测量感应电动势 E 来间接测量被测流体的流量 q_V 值。

电磁式流量传感器产生的感应电动势信号是很微小的，需通过电磁流量转换器来显示流

量。常用的电磁流量转换器能把传感器的输出感应电动势信号放大并转换成标准电流（0～10mA 或 4～20mA）信号或一定频率的脉冲信号，配合单元组合仪表或计算机对流量进行显示、记录、运算、报警和控制等。

电磁式流量传感器只能测量导电介质的流体流量。适用于测量各种腐蚀性酸、碱、盐溶液，固体颗粒悬浮物，黏性介质（如泥浆、纸浆、化学纤维、矿浆）等溶液，还可用于大型管道自来水和污水处理厂流量测量及脉动流量测量等。电磁式流量传感器的实物图见图1-16(b)，其实际应用参看 M1-5。

M1-5 电磁式流量计应用简介

三、涡轮式流量传感器

涡轮式流量传感器类似于叶轮式水表，是一种速度式流量传感器。图1-17(a)为涡轮式流量传感器的结构示意图，它是在管道中安装一个可自由转动的叶轮，流体流过叶轮使叶轮旋转，流量越大，流速越高，则动能越大，叶轮转速也越高。测量出叶轮的转速或频率，就可确定流过管道的流体流量和总量。其实物图见图1-17(b)。

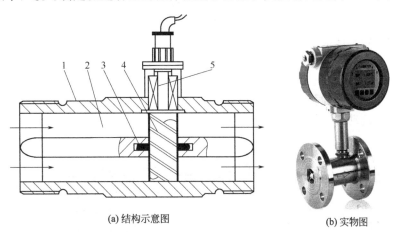

(a) 结构示意图　　(b) 实物图

图 1-17　涡轮式流量传感器

1—外壳；2—导流器；3—支承；4—涡轮；5—磁电转换装置

涡轮由高导磁的不锈钢制成，线圈和永久磁钢组成磁电感应转换器。测量时，当流体通过涡轮叶片与管道间的间隙时，流体对叶片前后产生压差推动叶片，使涡轮旋转。在涡轮旋转的同时，高导磁性的涡轮叶片周期性地改变磁电系统的磁阻值，使通过线圈的磁通量发生周期性的变化，因而在线圈两端产生感应电势，该电势经过放大和整形，便可得到足以测出频率的方波脉冲，如将脉冲送入计数器就可求得累积总量。

涡轮式流量传感器具有安装方便、精度高（可达0.1级）、反应快、刻度线性及量程宽等特点，信号易远传，且便于数字显示，可直接与计算机配合进行流量计算和控制。涡轮式流量传感器的实际应用参看 M1-6。

M1-6 涡轮式流量传感器应用简介

四、超声式流量传感器

超声式流量传感器的测定原理是多种多样的，如传输时间差法、传播速度变化法、波速移动法、多普勒效应法和流动听声法等。但目前应用较广的主要是传输时间差法。

超声波在流体中传输时，在静止流体和流动流体中的传输速度是不同的，利用这一特点

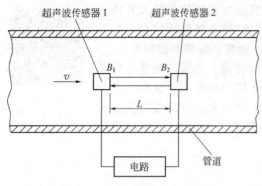

图1-18 超声波测流量原理图

可以求出流体的速度，再根据管道流体的截面积，便可知道流体的流量。

如果在流体中设置两个超声波传感器，它们可以发射超声波又可以接收超声波，一个装在上游，一个装在下游，其距离为L，如图1-18所示。设顺流方向的传输时间为t_1，逆流方向的传输时间为t_2，流体静止时的超声波传输速度为c，流体流动速度为v，则

$$t_1 = \frac{L}{c+v} \tag{1-17}$$

$$t_2 = \frac{L}{c-v} \tag{1-18}$$

一般来说，流体的流速远小于超声波在流体中的传播速度，那么超声波传播时间差为

$$\Delta t = t_2 - t_1 = \frac{2Lv}{c^2 - v^2} \tag{1-19}$$

从上式便可得到流体的流速，即

$$v = \frac{c^2}{2L} \times \Delta t \tag{1-20}$$

在实际应用中，超声波传感器安装在管道的外部，从管道的外面透过管壁发射和接收超声波不会给管路内流动的流体带来影响，如图1-19(a)所示。

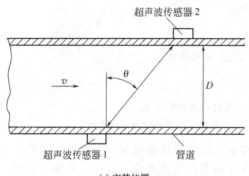

(a) 安装位置

(b) 实物图

图1-19 超声波传感器

此时超声波的传输时间将由下式确定，即

$$t_1 = \frac{\dfrac{D}{\cos\theta}}{c + v\sin\theta} \tag{1-21}$$

$$t_2 = \frac{\dfrac{D}{\cos\theta}}{c - v\sin\theta} \tag{1-22}$$

M1-7 超声波传感器应用简介

超声式流量传感器具有不阻碍流体流动的特点，可测流体种类很多，不论是非导电的流体、高黏度的流体还是浆状流体，只要能传输超声波的流体都可以进行测量。超声波流量计可用来对自来水、工业用水和农业用水等进行测量，还可用于下水道、农业灌溉和河流等流速的测量。其实物图见图1-19(b)，实际应用参看M1-7。

第五节 物位传感器

物位测量仪表是测量液态和粉粒状材料的液面和装载高度的工业自动化仪表。测量块状、颗粒状和粉料等固体物料堆积高度或表面位置的仪表称为料位计；测量罐、塔和槽等容器内液体高度或液面位置的仪表称为液位计，又称液面计；测量容器中两种互不溶解液体或固体与液体相界面位置的仪表称为相界面计。

物位测量仪表的种类很多，具体类型见表 1-5。

表 1-5 物位传感器

直读式	玻璃管液位计	声学式	声波遮断式
	玻璃板液位计		反射式
	窗口式料位仪表		声阻尼式
浮力式	浮子带钢丝绳或钢带	光学式	光折断式
	浮球带杠杆		反射式
	沉筒式	核辐射式	α射线
压力式	压力式		γ射线
	差压式		微波式
电学式	电阻式	其他形式	激光式
	电容式		射流式
	电感式		光纤式
	压磁式		

一、音叉式料位传感器

根据物料对振动中的音叉有无阻力，探知料位是否到达或超过某高度，并发出通断信号。这种原理不需要大幅度的机械运动，驱动功率小，机械结构简单，灵敏而可靠。

音叉由弹性良好的金属制成，本身具有确定的固有频率，如外加交变力的频率与其固有频率一致，则叉体处于共振状态。由于周围空气对振动的阻尼微弱，金属内部的能量损耗又很少，所以只需微小的驱动功率就能维持较强的振动。

当粉粒体物料触及叉体之后，能量消耗在物料颗粒间的摩擦上，迫使振幅急剧衰减而停振。

为了给音叉提供交变的驱动力，利用放大电路对压电元件施加交变电场，靠逆压电效应产生的机械力作用在叉体上。用另外一组压电元件的正压电效应检测振动，把振动力转变为微弱的交变电信号。再由电子放大器和移相电路把检测元件的信号放大，经过移相，施加到驱动元件上去，构成闭环振荡器。在这个闭环中，既有机械能也有电能，叉体是其中的一个环节，倘若受到物料阻尼难以振动，正反馈的幅值和相位都将明显地改变，破坏振荡条件，叉体就会停振。只要在放大电路的输出端接以适当的器件，不难得到开关信号。

M1-8 音叉式料位传感器应用简介

音叉料位开关的方框图如图 1-20 所示。为了保护压电元件免受物料损伤和粉尘污染，将驱动和检振元件装在叉体内部，经过金属膜片传递振动，如图 1-21(a) 所示。音叉式料位传感器实物图见图 1-21(b)，其实际应用参看 M1-8。

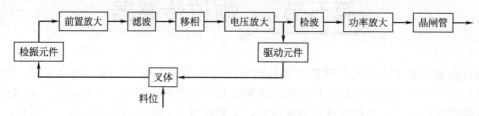

图 1-20　音叉料位开关原理框图

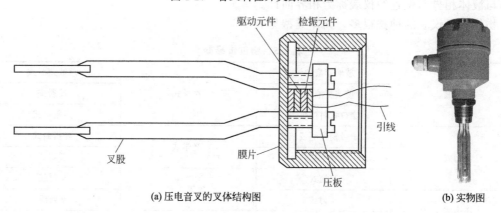

(a) 压电音叉的叉体结构图　　　　(b) 实物图

图 1-21　音叉式料位传感器

二、电容式料位传感器

利用物料介电常数恒定时极间电容正比于物位的原理，可构成电容式料位传感器。其特点是无可动部件，与物料密度无关，但要求物料的介电常数与空气的介电常数差别大，且须用高频电路。电容式料位传感器的实物图如图 1-22 所示，其实际应用参看 M1-9。

图 1-22　电容式料位传感器实物图

电极的结构如图 1-23 所示。图 1-23 中(a) 适用于导电容器中的绝缘性物料，且容器为立式圆筒形。器壁为一极，沿轴线插入金属棒为另一极，其间构成的电容 C_x 与料位成比例。也可悬挂带重锤的软导线作为电极。

图 1-23 中(b) 适用于非金属容器，或虽为金属容器但非立式圆筒形，物料为绝缘性的。这时在棒状电极周围用绝缘支架套装金属筒，筒上下开口，或整体上均匀分布多个孔，使内外料位相同。中央圆棒及与之同轴的套筒构成两个电极，其间电容与容器形状无关，只取决于料位。这种电极只用于液位，粉粒体容易滞留在极间。

图 1-23 中(c) 用于导电性物料，其形状和位置和图 1-23(a) 一样，但中央圆棒电极上包有绝缘材料，电容 C_x 是由绝缘材料的介电常数和料位决定的，与物料的介电常数无关，导电物料使筒壁与中央电极间的距离缩短为绝缘层的厚度，料位升降相当于电极面积改变。

以图 1-23(a) 为例，设导电容器直径为 D，中央电极直径为 d，上部空气的介电常数为 ε_1，下部液体的介电常数为 ε_2，电极总长为 H_0，浸没

M1-9　电容式料位传感器应用简介

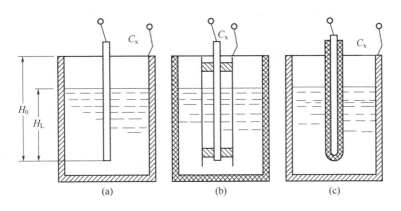

图 1-23 电容料位传感器的电极

在液体中的长度为 H_L，则根据同心圆筒状电容的公式可写出气体部分的电容为

$$C_1 = \frac{2\pi\varepsilon_1(H_0 - H_L)}{\ln\left(\frac{D}{d}\right)} \tag{1-23}$$

液体部分的电容为

$$C_2 = \frac{2\pi\varepsilon_2 H_L}{\ln\left(\frac{D}{d}\right)} \tag{1-24}$$

忽略杂散电容及端部边界效应后，两电极间总电容为

$$C_x = C_1 + C_2 = \frac{2\pi}{\ln\left(\frac{D}{d}\right)}[\varepsilon_1 H_0 + (\varepsilon_2 - \varepsilon_1)H_L]$$

$$= C_0 + \frac{2\pi}{\ln\left(\frac{D}{d}\right)}(\varepsilon_2 - \varepsilon_1)H_L \tag{1-25}$$

式中，C_0 为初始电容，可在空仓时测出。有物料时电容 C_x 与料位 H_L 呈线性关系。

为了提高灵敏度，应使 H_L 前的系数尽量大。除 $\varepsilon_2 - \varepsilon_1$ 取决于被测介质外，在电极结构上还应尽量使用大直径的中央电极，d 接近于 D 则系数的分母小，灵敏度高。但实际上采用图 1-23(a) 结构不可能使 d 大到接近于 D 的程度，可以把电极装在另一个直径小的竖管里，再与被测容器连通，或者采用图 1-23(b) 的结构。当然，这两种办法都只适合于流动性好的液体，对于粉粒体或稍有黏性的液体，如要提高灵敏度，可将中央电极稍偏向一侧器壁，但切勿过分靠近，因为太靠近壁面时稍有弯曲或移动会引起灵敏度剧烈变化。若电极偏离容器轴线后的灵敏度用 K 表示，它与偏移量 b 有下列关系

$$K = \frac{k\varepsilon}{\ln\left(\frac{R^2 - b^2}{Rr}\right)} \tag{1-26}$$

式中　K——灵敏度；

　　　k——常数；

　　　ε——被测介质介电常数；

　　　R——容器半径；

　　　r——电极半径；

　　　b——电极对容器轴线的偏移量。

将上式关系用曲线表示，则如图 1-24 所示。电极接近容器壁，灵敏度很高，但曲线斜率大，读数不易稳定。

电极包有绝缘层后，若与容器同心安装，则可用图 1-25 表示。

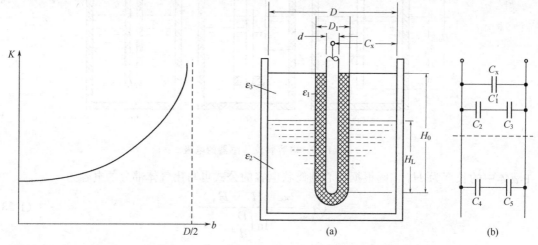

图 1-24　电极偏心特性曲线　　　　图 1-25　有绝缘层电极及其等效电路

图 1-25(a) 为结构示意，图 1-25(b) 为等效电路。等效电路中的 C_1' 代表与料位无关的杂散电容；C_2 代表液面以上以绝缘层为电介质的电容，其值为

$$C_2 = \frac{2\pi\varepsilon_1(H_0 - H_L)}{\ln\left(\dfrac{D_1}{d}\right)}$$

图中 C_3 代表液面以上介质（测界位时是轻液）为电介质的电容，其值为

$$C_3 = \frac{2\pi\varepsilon_3(H_0 - H_L)}{\ln\left(\dfrac{D}{D_1}\right)}$$

图中 C_4 为液面以下以绝缘层为电介质的电容，其值为

$$C_4 = \frac{2\pi\varepsilon_1 H_L}{\ln\left(\dfrac{D_1}{d}\right)}$$

图 1-25(b) 中 C_5 为液面以下以被测液体为电介质的电容，其值为

$$C_5 = \frac{2\pi\varepsilon_2 H_L}{\ln\left(\dfrac{D}{D_1}\right)}$$

以上各式中的符号含义可参见图 1-25(a)。根据图中关系不难看出，C_2 与 C_3 是串联关系，C_4 与 C_5 也是串联关系，以上两串联电路又与 C_1' 三者并联，故得

$$C_x = C_1' + \frac{C_2 C_3}{C_2 + C_3} + \frac{C_4 C_5}{C_4 + C_5}$$

$$= C_1' + \frac{2\pi\varepsilon_1\varepsilon_3 H_0}{\varepsilon_1 \ln\left(\dfrac{D}{D_1}\right) + \varepsilon_3 \ln\left(\dfrac{D_1}{d}\right)} + \frac{2\pi\varepsilon_1^2(\varepsilon_2 - \varepsilon_3)\ln\left(\dfrac{D}{D_1}\right)}{\left[\varepsilon_1 \ln\left(\dfrac{D}{D_1}\right) + \varepsilon_3 \ln\left(\dfrac{D_1}{d}\right)\right]\left[\varepsilon_1 \ln\left(\dfrac{D}{D_1}\right) + \varepsilon_2 \ln\left(\dfrac{D_1}{d}\right)\right]} H_L$$

(1-27)

对于确定的介质而言，上式中等号右边第一和第二项皆为常数，可看作不变的初始电容，第三项可认为是灵敏度 K 与 H_L 之乘积。

若容器下部为导电液体，$C_5=0$，上式变为

$$C_x=C_1'+\frac{2\pi\varepsilon_1\varepsilon_3 H_0}{\varepsilon_1\ln\left(\frac{D}{D_1}\right)+\varepsilon_3\ln\left(\frac{D_1}{d}\right)}+\frac{2\pi\varepsilon_1^2(\varepsilon_2-\varepsilon_3)\ln\left(\frac{D}{D_1}\right)}{\left[\varepsilon_1\ln\left(\frac{D}{D_1}\right)+\varepsilon_3\ln\left(\frac{D_1}{d}\right)\right]\ln\left(\frac{D_1}{d}\right)}H_L \quad (1\text{-}28)$$

将式(1-27)与式(1-28)比较，等号右边的前两项完全一样，但第三项 H_L 的系数不同。测导电介质时，灵敏度高。

测两种液体间的界位时，如均为不导电液体，可用裸露电极。如其中一种（只限一种）为导电液体，就必须用包绝缘层的电极。电容法也用于粉粒体料位测量，但应注意物料中含水分时将对测量结果影响很大。

三、超声式料位传感器

各种介质对声波的传播都呈现一定的阻抗，声阻抗与介质的密度及弹性有关，一般液体的声阻抗比空气的大两千多倍，金属的声阻抗比水的又大十几倍到几十倍。声波作用到两种介质的分界面上时，如果这两种介质的声阻抗相差很大，就会从分界面上反射回来，只剩一部分能透过分界面继续传播。如果用 α 代表透射系数，用 β 代表反射系数，它们和两种介质的声阻抗之比 m 存在下列关系

$$\alpha=\frac{4}{m+\frac{1}{m}+2}$$

$$\beta=\frac{m+\frac{1}{m}-2}{m+\frac{1}{m}+2}$$

无论声波是从阻抗高的介质向阻抗低的介质传播，或按相反方向传播，α 和 β 的关系式都一样。只有 $m=1$ 时，即在两种声阻抗相等的介质之间相互传播才能完全透过，这种情况下，$\alpha=100\%$，$\beta=0$。

利用这一规律可构成两类液位传感器，即透射式和反射式液位传感器。无论是透射式或反射式，产生超声波的换能器和接收超声波的换能器都是利用压电元件构成的，压电元件几乎全采用锆钛酸铅（即PZT）压电陶瓷。发射超声波时利用逆压电效应，接收超声波时利用正压电效应。发射和接收这两个换能器的构造是一样的，只是工作任务不同。

1. 窄缝式超声液位开关（透射式）

窄缝式超声液位开关的探头部分具有缝隙，如图1-26(a)所示，内部结构则如图1-26(b)所示。

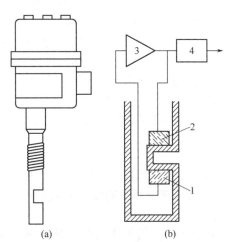

图1-26　窄缝式超声液位开关
1,2—压电换能器；3—放大电路；
4—功率放大电路

在窄缝的两面内侧有压电换能器1和2，1用于接收，2用于发射。其间有放大电路3

可形成闭环振荡，功率放大电路4提供输出信号。当窄缝被液体浸没时，超声波的能量足以透过窄缝被接收换能器检测，经过放大后供给发射换能器，维持振荡。液位下降后，窄缝暴露在空气中，阻抗显著变小，大部分声波被反射，接收到的声能太少不足以维持振荡，输出信号改变。所用振荡电路可参见图1-27。

接收元件PZT_1在超声波形成的交变压力作用下，产生交流电压，经晶体管T_1放大之后作用在变压器原边L_1上。L_1与电容C_2并联起选频作用，变压器副边L_2的电压经过射极输出晶体管T_2驱动发射元件PZT_2。在相位关系满足正反馈的条件下，如透过窄缝的超声波足够强，就会持续不断地振荡。这时变压器的另一个副边将有交流输出，经过二极管D检波及其后的功率放大电路驱动开关，输出开关信号。

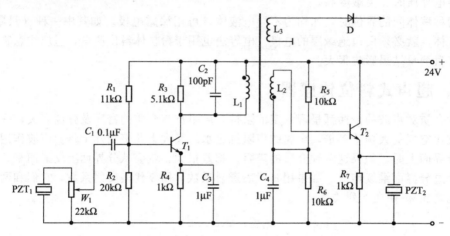

图1-27 超声液位开关的振荡电路

窄缝式液位开关可自容器侧壁横向插入，或自顶部竖向插入，只要窄缝处于所控制的液位高度上即可。

2. 气介式超声液位传感器（反射式）

连续测量液位时，利用反射原理，发射换能器发出超声脉冲，到达液面后反射回来由接收换能器接收。根据声波往返时间，在已知声速的条件下判断液位（这实际上是超声测距原理）。发射和接收可由同一换能器担任，先由它发射，随即转为接收。

如换能器装在液面以上的气体介质中垂直向下发射和接收，则称为气介式。其最大好处是换能器不必和液体接触，便于防腐蚀和渗漏，而且对于有黏性的液体及含有颗粒杂质或气泡的液体，也不妨碍工作。

若已知声波在空气中的传播速度为c，在测得声波往返时间t之后，利用公式

$$l = \frac{ct}{2}$$

求出换能器至液面的距离l。然后，从已知的换能器安装高度L（从液位为零的基准面算起），便可求出当时的液位H，即

$$H = L - l$$

但是声波在气体介质中的传播速度受温度和压力的影响，并非常数，给测量带来困难。为了避免声速变化引起误差，可采用图1-28所示的措施。在图1-28（a）中，换能器1发出的超声波束靠近容器壁，在壁上安装多个反射板2，各板按等距排列，这些板对声波都有反射作用，使回波曲线中呈现若干小脉冲，最后出现的大脉冲是由液面反射造成的，如图1-28（b）所示。只要将小脉冲的数目计数，便知液面位置，而脉冲计数是十分容易的。

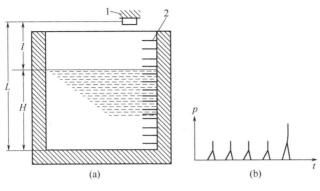

图 1-28 气介式超声液位测量原理
1—换能器；2—反射板

由于各反射板等距安装，每个小脉冲所对应的距离已知，因此最后出现的大脉冲位置可用插入法求出。脉冲计数及 H 的求解都由数字电路或微处理器系统完成，这样就不必考虑声速变化了。

由于气介式在防腐和维护方面比液介式优越得多，且可测黏性及含杂质的液体，所以气介式的应用更为广泛。

3. 液介式超声液位传感器（反射式）

液介式用的换能器浸没在液体中，依靠液体传声，其声速也受温度影响，常用图 1-29 所示的校正装置来进行校正。图中 1 为浮子，它带动装有反射靶 2 的摆杆 3，可绕下端支点摆动。摆杆上还装有校正用的换能器 4，它所发射的超声波经靶 2 反射回到换能器 4，用来确定声速。因为距离 L_0 是已知的，根据声波在 2 和 4 之间往返一次所需时间，便可算出实际声速。因为摆杆倾斜，所测声速是液体上下层声速的平均值，以免因上下层温度不同、密度不等，而造成声速测量有误差。

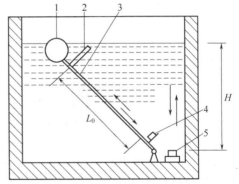

图 1-29 液介式超声液位测量原理
1—浮子；2—反射靶；3—摆杆；4,5—换能器

图 1-29 中的换能器 5 向上方发射超声脉冲，并接收液面回波，根据它所测出的往返时间 t 和前述的校正装置测得的平均声速 $\bar{c}$，可计算出液位 H，即

$$H = \frac{\bar{c}t}{2}$$

而校正装置的声波往返时间是 t'，且知

$$L_0 = \frac{\bar{c}t'}{2}$$

故可写为

$$H = \frac{t}{t'} L_0$$

无论气介式或液介式，所用超声信号都是短暂的脉冲波，以便测定回波经历的时间。因而不能用连续振荡电路驱动换能器，这是和超声液位开关不同的。此外，换能器的 Q 值和电路的 Q 值（即振动环节的品质因素）都不宜太高，以免脉冲后沿出现余振，所以要有适

当的阻尼，这和音叉也不一样。

气介式超声测距原理也可用于料位测量，但颗粒尺寸和安息角都应尽量地减小，否则表面太不平整，声波散射严重，不能有效地接收回波。

四、微波式及 γ 射线料位传感器

1. 微波料位测量

微波法和气介式超声料位测量相似，也是非接触法，但所利用的是电磁波，即雷达测距原理。

根据用途不同，也可分为位式作用和连续作用两类。前者将发射器和接收器分别装在容器两侧（器壁以外），如果料位低于微波束的路径，可接收到信号，料位升高至波束处，微波受到阻挡吸收，便接收不到信号。后者则将发射及接收装置安装在容器顶部，对料位进行连续测量。连续测量的结果以 4~20mA 标准电流信号的形式输出，或兼有数字输出接口。由于微波式属于非接触法，可用于高黏度或含颗粒的料位测量。

2. γ 射线料位测量

γ 射线料位测量也是非接触法，它是利用放射性同位素发出的 γ 射线穿透容器到达接收器，根据是否有衰减可构成位式传感器，根据衰减程度可构成连续作用的变送器。

发射器中的放射源通常用钴-60（半衰期 5.26 年）或铯-137（半衰期 32.2 年），封装在灌铅的钢护罩内，并设有可开闭的窗口，不用时闭锁，以免辐射危害。

接收器是管状结构，长 100~1500mm，安装在与发射器相对应的位置，使得料位变化时接收器的一端受到辐射，另一端被物料阻挡。射线发散角、距离和接收器的长度三者配合，使整个量程内都能有效地检测。

γ 射线法对人体固然存在有害作用，但因其剂量有限，在妥善防护之下并无危险。

第六节 气体传感器

气体传感器是气体检测系统的核心，通常安装在探测头内。从本质上讲，气体传感器是一种将某种气体体积分数转化成对应电信号的转换器。探测头通过气体传感器对气体样品进行调理，通常包括滤除杂质和干扰气体、干燥或制冷处理、样品抽吸，甚至对样品进行化学处理，以便化学传感器进行更快速的测量，分类方法见表 1-6。

表 1-6 气体传感器

分类方式	类别	举例
原理	物理化学性质	半导体式（表面控制型、体积控制型、表面电位型）、催化燃烧式、固体热导式等
	物理性质	热传导式、光干涉式、红外吸收式等
	电化学性质	定电位电解式、迦伐尼电池式、隔膜离子电极式、固定电解质式等

根据危害，我们将有毒有害气体分为可燃气体和有毒气体两大类。由于它们性质和危害不同，其检测手段也有所不同。

（1）可燃气体检测　可燃气体是石油化工等工业场合遇到最多的危险气体，它主要是烷烃等有机气体和某些无机气体，如一氧化碳等。

可燃气体发生爆炸必须具备一定的条件，那就是：一定浓度的可燃气体，一定量的氧气

以及足够点燃它们的火源,这就是爆炸三要素,缺一不可,也就是说,缺少其中任何一个条件都不会引起火灾和爆炸。当可燃气体(蒸汽、粉尘)和氧气混合并达到一定浓度时,遇具有一定温度的火源就会发生爆炸。

我们把可燃气体遇火源发生爆炸的浓度称为爆炸浓度极限,简称爆炸极限,一般用%表示。实际上,这种混合物也不是在任何混合比例上都会发生爆炸而要有一个浓度范围。当可燃气体浓度低于 LEL(最低爆炸限度)时(可燃气体浓度不足)和其浓度高于 UEL(最高爆炸限度)时(氧气不足)都不会发生爆炸。

不同的可燃气体的 LEL 和 UEL 都各不相同,这一点在标定仪器时要十分注意。为安全起见,一般我们应当在可燃气体浓度在 LEL 的 25%或 50%时发出警报,这里,25%LEL 称作低限报警,而 50%LEL 称作高限报警。这也就是我们将可燃气体检测仪又称作 LEL 检测仪的原因。

需要说明的是,LEL 检测仪上显示的 100%不是可燃气体的浓度达到气体体积的 100%,而是达到了 LEL 的 100%,即相当于可燃气体的最低爆炸下限,如果是甲烷,100% LEL=5%体积浓度(VOL)。检测可燃性气体可使用半导体、催化燃烧式(抗中毒型)、热传导式和红外式传感器。

(2)有毒气体的检测 目前,对于特定的有毒气体的检测,使用最多的是专用气体传感器。检测毒气的传感器主要有半导体式、电化学式和电解电池式三种。

定电位电解式、迦伐尼电池式、隔膜离子电极式、固定电解质式等半导体式传感器的灵敏度高,分辨率低。此种原理的传感器几乎已被淘汰,在选用此种传感器时要极为慎重。固体电解质气体传感器属于电解电池式传感器,使用固体电解质气敏材料做气敏元件。其原理是气敏材料在通过气体时产生离子,从而形成电动势,测量电动势从而测量气体浓度。由于这种传感器电导率高,灵敏度和选择性好,得到了广泛的应用,几乎打入了石化、环保、矿业等各个领域,仅次于金属氧化物半导体气体传感器。如测量 H_2S 的 YST-Au-WO_3、测量 NH_3 的 NH_4^+-$CaCO_3$ 等。电化学式传感器是目前被广泛应用的检测毒气的传感器。它利用氧化还原反应,通过不同的电解质可检测几十种有毒气体。

根据电解质的质量,其寿命一般为 2~4 年。电化学传感器的构成是:将两个反应电极-工作电极和对电极以及一个参比电极放置在特定电解液中,然后在反应电极之间加上足够的电压,使透过涂有重金属催化剂薄膜的待测气体进行氧化还原反应,再通过仪器中的电路系统测量气体电解时产生的电流,然后由其中的微处理器计算出气体的浓度。

目前,电化学传感器是被广泛应用的检测无机有毒气体的传感器,电化学传感器可以检测到的特定气体包括一氧化碳、硫化氢、二氧化硫、一氧化氮、二氧化氮、氨气、氯气、氰氢酸、环氧乙烷、氯化氢等。

(3)挥发性有机化合物的检测 检测挥发性有机化合物可用光离子化检测器(photo-ionization detector,PID),它可以测量低至百万分之一的有机有毒气体和蒸气浓度。

PID 可以检测大多数的挥发性有机化合物(volatile organic compound,VOC),简单地讲,PID 可以测量含碳数从 1(比如,CH_2Cl_2)一直到 10(比如萘)的挥发性有机化合物。PID 可用于使用、生产、存储、运输各类有机化合物企业的安全卫生,同时,它也可以用于环保行业的应急事故、工业卫生咨询、公安检查、防化等各个领域。

(4)氧气检测仪 氧气也是在工业环境中尤其是密闭环境中需要十分注意的因素。一般我们将氧气含量超过 23.5%称为氧气过量(富氧),此时很容易发生爆炸的危险;而氧气含量低于 19.5%为氧气不足(缺氧),此时很容易发生工人窒息、昏迷以至死亡的危险。正常的氧气含量应当在 20.9%左右。氧气检测仪也是电化学传感器的一种。

一、接触燃烧式气体传感器

可燃性气体与预热的 Pt-Pd 催化剂相接触,则可在爆炸临界浓度下限以下反应,从而产生热量,这就是接触燃烧式气体传感器的工作原理,其检测电路和灵敏度特性如图 1-30 所示。在直径为 0.03～0.05mm 的铂丝线圈周围覆盖一层氧化铝,并在其表面用 Pt-Pd 催化剂处理。铂线圈既是催化剂的加热器,又是检测表面温度的热敏传感器。检测电路如图 1-30 (a) 所示,其中不起催化作用的虚设传感器用于控制周围环境温度的影响,催化剂表面温度约 300℃。如图 1-30(b) 所示,这种传感器的输出电压与可燃气体浓度之间几乎是线性关系,且对不同气体成分,LEL 几乎有相同的灵敏度。

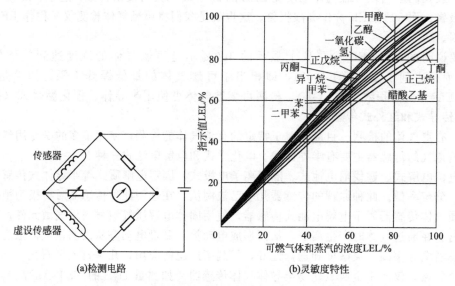

图 1-30 接触燃烧式传感器的检测电路和灵敏度特性

二、热线式热传导率气体传感器

不同气体的热传导率有差异,利用这种现象可制作热传导气体传感器,这种传感器有热线式和热敏电阻式两种,检测范围从 100% 到几百万分之一。这里介绍热线式热传导率氢浓度传感器,其量程为 0～20% 和 0～100% 两种。这种气体传感器是将气体导入高温(200～800℃)加热的传感器中,根据气体热传导,传感器的温度变化通过 Pt 线或钨丝的电阻值变化进行测量。

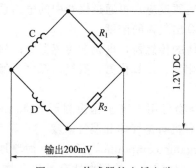

图 1-31 传感器的电桥电路

图 1-31 为传感器的电桥电路。该电路也是将加热电流流入传感器中,但与一般 Pt 电阻体用测温电路不同。图中 D 代表检测元件,C 代表补偿元件,补偿元件不接触测量气体。气体浓度根据检测元件的温度变化进行检测,故要求电桥的外加电压稳定性高。因为氢的热传导率比空气的大,故容易检测,电桥电压的稳定性有 0.1% 就足够了。

三、半导体气体传感器

半导体气体传感器可按表面型和体型分类。SnO_2 和 ZnO 等较难还原的金属氧化物半导体接触气体时,在较低温即产生吸附效应,从而改变半导体的表面电位、功函数及电导率等。因为半导体与气体之间的相互作用局限于半导体表面,故称利用吸附效应的这种传感器为表面型半导体气体传感器。当气体接触低温下 $\gamma\text{-}Fe_2O_3$ 等易还原氧化物半导体(或高温下表面型半导体)时,半导体内的晶格缺陷浓度发生变化,从而使半导体的电导率等发生变化。因为气体与半导体之间的相互作用使半导体体内性能发生变化,故称利用半导体体内晶格缺陷变化的这类传感器为体型半导体传感器。

半导体气体传感器亦可按电阻式和非电阻式分类。当气体接触半导体时,半导体的电阻值发生变化,利用这种现象的传感器称为电阻式半导体气体传感器。当气体接触 MOSFET 场效应管或金属/半导体结型二极管时,前者的阈值电压 V_T 和后者的整流特性随周围气氛状态而变化,利用这种现象的传感器称为非电阻式半导体气体传感器,它属于表面型气体传感器。

1. 电阻式半导体气体传感器

电阻式半导体气体传感器分表面型和体型两类,其特点是敏感元件结构简单,信号不需要专门的放大电路放大,故得到了广泛的应用。

(1) 表面型传感器 表面型气体传感器有 SnO_2、ZnO、WO_3、V_2O_5、In_2O_3、TiO_2、Cr_2O_3、CdO 等类型,其中最具有代表性的是 SnO_2 和 ZnO 类气体传感器。

气敏元件的电阻变化与元件的微观结构密切相关。烧结型多孔元件是块状晶粒的集合体,如图 1-32(a) 所示。图 1-32(b) 示出晶粒边界处的接触情况以及粗颈部和细颈部结合情况。由于 n 型半导体吸附了氧,从而产生缺乏电子的表面空间电荷层,使晶粒边界和颈部的电阻在元件中最高,该电阻代表了整个元件的阻值。因此晶粒结合部的形状和数量对传感器的性能影响很大。晶粒是颈部结合时,颈部的表面电导率是主要的。当颈部包含的厚度为整个表面空间电荷层厚度(德拜长度)时,元件接触气体后所引起的电阻变化最大。在晶粒边界接触处,通过晶界的电子必然移动。因为晶界处由于氧的吸附作用而形成电势壁垒,故电子移动必须越过该壁垒。当接触气体时,电势壁垒随着吸附氧的减少而降低,因而电子易移动,故元件的电阻变小。

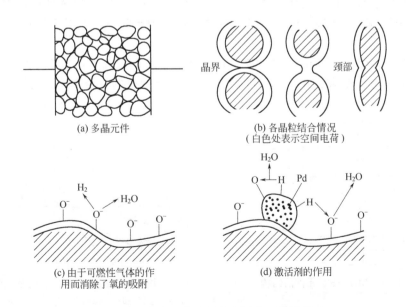

图 1-32 烧结型多孔气敏元件的工作原理

H_2 在气敏元件表面上的化学反应模型如图 1-32(c) 和图 1-32(d) 所示。图 1-32(c) 的气敏元件中不含有 Pd。图 1-32(d) 是气敏元件中添加 Pd（贵金属）时，H_2 在其表面上发生化学反应，在反应初期，H_2 在 Pd 表面上分解成氢离子（活化作用），然后移向半导体表面，并与氧发生吸附效应。被检测气体的活化实质上是 Pd 的催化作用，从微观结构看，活化作用是因为在半导体晶粒的结合处存在 Pd。应该注意，Pd 是很好的氧化剂，添加过多会升高温度，从而在 Pd 上燃烧，当半导体表面起活化作用的被测气体（H_2）停止供给时，气体灵敏度会降低。通常 Pd 的最佳添加量是百分之几。

各种气体的相对检测灵敏度随气敏元件中的敏化剂含量而变化。如图 1-33 所示，氢气的检测灵敏度随 Ag 的含量而变化，当 Ag 含量为 1.5% 时，H_2 的检测灵敏度最高，响应时间最短，但这样的敏化效应仅对 H_2 起作用，而对 CO、C_3H_8、CH_4 几乎不起作用。

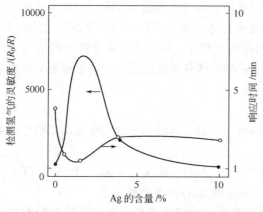

图 1-33　SnO_2 中 Ag 含量对灵敏度的影响

(2) 体型传感器　在较低温度下，易还原的氧化物半导体其体内晶格缺陷（或组成）随易燃性气体而变化。在高温下，离子在晶格内可迅速发生扩散，难还原氧化物半导体的晶格缺陷浓度也会发生变化。半导体的这两种变化都导致电导率变化，利用半导体的这种性能，可制作检测可燃性气体传感器。如 TiO_2（n 型）为主要材料的烧结型气敏元件，其工作温度可达 700℃，可用于控制汽车发动机的空燃比。

2. 非电阻式气体传感器

非电阻式气体传感器有 FET 型和二极管型两种。MOSFET 场效应管的控制作用是在控制极加电场，使半导体形成导电通路，从而控制漏电流。若这种控制作用随环境气氛而变化，则利用这种现象可构成气体传感器。如果 MOSFET 的 SiO_2 层做到极薄（10nm），并在控制极加一薄层 Pd（10nm），则可用这种 Pd-MOSFET 检测空气中的氢，其结构如图 1-34 所示。

Pd/TiO_2 二极管的电流电压特性如图 1-35 所示，在正偏压下，电流随空气中氢含量增大而增强，故可由一定偏置电压下的电流或产生一定电流时的偏压来检测氢气浓度。

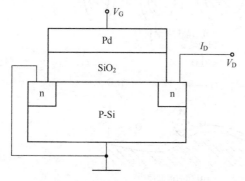

图 1-34　Pd-MOSFET 元件的结构

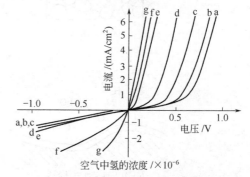

图 1-35　Pd/TiO_2 二极管整流特性
a—0；b—14；c—140；d—1400；
e—7150；f—10000；g—1500

第七节 传感器的选用原则

传感器在原理与结构上千差万别,如何根据具体的测量目的、测量对象以及测量环境合理地选用传感器,是在进行某个物理量的测量时首先要解决的问题。当传感器确定之后,与之相配套的测量方法和测量设备也就确定了。测量结果的成败,在很大程度上取决于传感器的选用是否合理。

1. 根据测量对象与测量环境确定传感器的类型

要进行一个具体的测量工作,首先要考虑采用何种原理的传感器,这需要分析多方面的因素后才能确定。因为,即使是测量同一物理量,也有多种原理的传感器可供选用,哪一种原理的传感器更为合适,则需要根据被测量的特点和传感器的使用条件考虑以下的具体问题:量程的大小;被测位置对传感器体积的要求;测量方式(接触式或非接触式);信号的引出方法(有线或非接触测量);传感器的来源(国产或进口,价格能否承受,能否自行研制)。

确定选用何种类型的传感器之后,再考虑传感器的具体性能指标。

2. 灵敏度的选择

通常,在传感器的线性范围内希望传感器的灵敏度越高越好。因为只有灵敏度高时,与被测量变化对应的输出信号的值才比较大,有利于信号处理。但要注意的是,传感器的灵敏度高,与被测量无关的外界噪声也容易混入,也会被放大系统放大,影响测量精度。因此,要求传感器本身应具有较高的信噪比,尽量减少从外界引入的干扰信号。

传感器的灵敏度是有方向性的。当被测量是单维向量,而且对其方向性要求较高时,则应选择其他方向灵敏度小的传感器;如果被测量是多维向量,则要求传感器的交叉灵敏度越小越好。

3. 频率响应特性

传感器的频率响应特性决定了被测量的频率范围,必须在允许频率范围内保持不失真的测量条件,实际上传感器的响应总有一定延迟,希望延迟时间越短越好。

传感器的频率响应高,可测的信号频率范围就宽,而受结构特性的影响,机械系统的惯性较大,因此响应频率低的传感器可测信号的频率范围较小。

在动态测量中,应根据信号的特点(稳态、瞬态、随机等)响应特性,以免产生过大的误差。

4. 线性范围

传感器的线形范围是指输出与输入成正比的范围。理论上,在此范围内灵敏度保持定值。传感器的线性范围越宽,则其量程越大,并且能保证一定的测量精度。在选择传感器时,当传感器的种类确定以后首先要看其量程是否满足要求。

但实际上,任何传感器都不能保证绝对的线性,其线性度也是相对的。当所要求测量精度比较低时,在一定的范围内,可将非线性误差较小的传感器近似看作线性的,这会给测量带来极大的方便。

5. 稳定性

传感器使用一段时间后,其性能保持不变的能力称为稳定性。影响传感器长期稳定性的因素除传感器本身结构外,主要是传感器的使用环境。因此,要使传感器具有良好的稳定性，传感器必须要有较强的环境适应能力。在选择传感器之前，应对其使用环境进行调查，并根据具体的使用环境选择合适的传感器，或采取适当的措施，减小环境的影响。传感器的稳定性有定量指标，在超过使用期后，在使用前应重新进行标定，以确定传感器的性能是否发生变化。

在某些要求传感器能长期使用而又不可轻易更换或标定的场合，所选用的传感器稳定性要求更严格，要能够经受长时间的考验。

6. 精度

精度是传感器的一个重要性能指标，它关系到整个测量系统的测量精度。传感器的精度越高，其价格越昂贵。因此，传感器的精度只要满足整个测量系统的精度要求就可以，不必要求过高。在满足同一测量目的的诸多传感器中选择比较便宜和简单的传感器。如果测量目的是定性分析的，选用重复精度高的传感器即可，不宜选用绝对量值精度高的；如果是为了定量分析，必须获得精确的测量值，须选用精度等级能满足要求的传感器。

对某些特殊使用场合，无法选到合适的传感器，则须自行设计制造传感器。自制传感器的性能应满足使用要求。

技能训练
温度传感器使用实训

一、实验目的

温度传感器是检测温度最基本的元件，熟练使用温度传感器是进行工艺运行参数检测的最基本技能。本实训主要有以下几个目的：

1. 基本掌握温度传感器的构造。
2. 掌握温度传感器的使用方法及其注意事项。
3. 养成勇于探索、团结互助的良好品质，提升学生实践操作能力。

二、实验仪器设备及材料

实验仪器设备及材料有水银温度计、酒精温度计、温水、冷水、碎冰块等。

三、实验步骤

1. 观察水银温度计、酒精温度计的结构和构造，同时确定温度计的"0"刻度线、分度值和最大值。
2. 估测温水、冷水、碎冰块的温度。
3. 分别选用水银温度计、酒精温度计对各待测对象进行温度检测。
4. 待温度计的示数稳定后读数，读数时视线要平视温度计内液面，读取5个数值求出平均值填入下表：

温度计	温水	冷水	碎冰块
水银温度计/℃			
酒精温度计/℃			

四、注意事项

1. 首先估测温度，待测温度不能超过温度计量程。
2. 测量时，玻璃泡与被测物体要充分接触，不能触及容器底和容器壁。
3. 记录数据时，要记录数值和单位。

五、结果讨论

1. 分析水银温度计、酒精温度计的精度差异。
2. 讨论得出影响传感器精确度的因素。

复习思考题

1. 什么是敏感元件？并举例说明。
2. 什么是传感器？
3. 什么是变送器？列举几种当前通用的标准信号。
4. 对传感器的要求有哪些？
5. 安全检测常用的传感器有哪些？
6. 温度传感器有哪几类？
7. 热电偶的特点是什么？
8. 热电阻温度传感器的原理是什么？可分为哪几类？
9. 压力传感器可分为哪几类？
10. 常用的流量传感器有哪些？
11. 超声式流量传感器的测定原理有哪些？
12. 试述传输时间差法超声式流量传感器的测定原理。
13. 试述超声式流量传感器的特点。
14. 常用的物位传感器有哪些？

第二章

粉尘检测

学习目标

1. 了解生产过程中粉尘的来源、分类及其危害。
2. 熟悉粉尘的密度、比电阻、燃爆性的测定方法及影响因素。
3. 了解粉尘粒径的检测方法。
4. 掌握粉尘浓度的检测方法和作业场所生产性粉尘危害级别的评定。
5. 掌握粉尘中二氧化硅的检测方法。

【案例1】深圳"4·29"粉尘爆炸事故

2016年4月29日16时许,广东省深圳市某五金加工厂发生铝粉尘爆炸事(图2-1)故,造成4人死亡、6人受伤,其中5人严重烧伤。事故单位主要从事自行车铝合金配件抛光业务,未按标准规范设置除尘系统,采用轴流风机经矩形砖槽除尘风道,将抛光铝粉尘正压吹送至室外的沉淀池。

图2-1 深圳"4·29"粉尘爆炸事故现场

【案例2】温州"6·19"粉尘爆炸事故

2016年6月19日13时许,温州某摩托车配件生产企业发生粉尘爆炸事故。三间两层矮房在事故中坍塌，事故造成正在抛光作业的一名女工受伤，一辆路过车辆受损。

【案例 3】硅沉着病放倒 200 多温州壮汉

1993 年，温州某县一批青壮年农民满怀外出务工挣钱改善生活的美好愿望，离乡背井来到了辽宁×地，从事某高速公路建设前期的隧道开挖工作。

几年后，当公路贯通时，这一批人中有的失去了生命，有的正挣扎在死亡线上……

据统计，温州有 200 多位参加该高速公路隧道施工的青壮年患上了一种名为"硅沉着病"的疾病，迄今已导致 11 人死亡。

为捍卫自己的生命健康权，2001 年年初，其中的 158 名患者将业主和施工单位及相关责任人推上了被告席。5 月 8 日，这一涉案人员众多、索赔金额高达 2 亿元的集团诉讼案在温州市中级人民法院开庭审理。近日，温州中院对该案作出了一审判决——1 至 10 级伤残者赔偿标准为 38960 元至 389600 元不等；已经死亡者赔偿标准为 226800 元。

2002 年 6 月 22 日《中国矿业报》报道江苏宜兴某镇农民利用山上石英石和简陋的加工设备，把石英石轧成石英砂销售。因民工吃在硅尘里，睡在硅尘里而导致患硅沉着病民工 159 人！这还没有包括曾经在此打过工的人，已经有一个又一个年轻鲜活的生命消失了……

据报道，我国硅沉着病病人总数为 57 万，相当于全世界其他地区硅沉着病病人的总和。该报说："是否还有这样的悲剧，让务工的人到死都不知道自己身患何病？"

【知识点】硅沉着病（旧称矽肺病或硅肺病）

矽是硅的旧称，从英文"Si"而来。许多人知道硅线石也称为矽线石。

二氧化硅的粉尘俗称矽尘，它是致病能力非常强（有一说最强）、对健康危害（最）大的粉尘。二氧化硅尘粒（矽尘）吸入肺泡后被巨噬细胞吞噬，导致吞噬细胞溶酶体破裂，激活成纤维细胞，导致胶原纤维沉积，肺组织纤维化。

硅沉着病是肺尘埃沉着病的一种，是严重的职业病。游离的二氧化硅粉尘通过呼吸道在人的肺泡上发生堆积，影响气体交换，最后人的肺泡失去作用，肺组织全部纤维化。用老百姓的话说，肺变成一个土疙瘩。

相关专家曾讲过硅沉着病病人的灌洗治疗：把病人全身麻醉，往肺里灌水冲洗，洗出来的水是浑浊的，静置一段时间，水会分成水和泥沙两层。

目前，全世界没有能够治愈硅沉着病的特效药，患了硅沉着病等于判了死刑。

我国法定十二种肺尘埃沉着病有：硅沉着病、煤工肺尘埃沉着病、电墨肺尘埃沉着病、碳墨肺尘埃沉着病、滑石肺尘埃沉着病、水泥肺尘埃沉着病、云母肺尘埃沉着病、陶工肺尘埃沉着病、铝肺尘埃沉着病、电焊工肺尘埃沉着病、铸工肺尘埃沉着病。

工业的发展带来对生产环境和空气的污染，粉尘污染是重要的一项。与环境监测中监测大气中粉尘有所不同，职业卫生安全检测所测定的粉尘物主要指作业场所的生产性粉尘。在生产过程中产生，并且能够较长时间悬浮于空气中的固体微粒称为生产性粉尘。在工作场所，粉尘不仅严重影响人类健康，还带来了诸如硅沉着病（矽肺或称硅肺）、肺尘埃沉着病（尘肺）等疾病，而且还危害机电设备，甚至可能产生爆炸，带来重大损失。

为了控制粉尘对环境危害，有效实施劳动保护，保证生产安全，必须对粉尘的物理化学性质、粉尘的粒径及分布、粉尘浓度等进行检测。

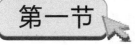

粉尘的来源、分类及其危害

一、粉尘的来源

在工业生产的许多过程中都产生生产性粉尘。其来源按照形成方式可分为以下几种。

① 固体物质的机械破碎,如钙镁磷肥熟料的粉碎,水泥的粉碎等。

② 物质的不完全燃烧或爆破,如矿石开采,隧道掘进的爆破,煤粉燃烧不完全时产生的煤烟尘等。

③ 物质的研磨、钻孔、碾碎、切削、锯断等过程的粉尘。

④ 金属熔化,如生产蓄电池时熔化铅的工序产生的铅烟尘。

⑤ 成品本身呈粉状,如炭黑、滑石粉、有机染料、粉状树脂等。

在工业过程中接触粉尘的工作很多,如矿山的开采、爆破、运输;冶金工业中的矿石粉碎、筛分、配料;机械铸造工业中原料破碎、清砂;钢铁磨件的砂轮研磨;石墨、珍珠岩、蛭石、云母、萤石、活性炭、二氧化钛等粉碎加工;水泥包装;橡胶加工中的炭黑、滑石粉使用等过程中,若防尘措施不完善,均有大量生产性粉尘外逸。

二、粉尘的分类

根据粉尘的性质及来源,粉尘可分为三类。

(1) 无机粉尘　主要包括:①矿物性粉尘,如石英、石棉和煤等粉尘;②金属性粉尘,如铜、铍、铅和锌等金属及其化合物粉尘;③人工无机粉尘,如水泥、金刚砂和玻璃纤维粉尘。

(2) 有机粉尘　主要包括:①植物性粉尘,如棉、麻、甘蔗、花粉和烟草等粉尘;②动物性粉尘,如动物皮毛、角质、羽绒等粉尘;③人工有机粉尘,如合成纤维、有机燃料、炸药、表面活性剂和有机农药等粉尘。

(3) 混合性粉尘　上述各类粉尘中两种或两种以上粉尘的混合物称为混合性粉尘。生产过程中常见的是混合性粉尘。

还原性的有机和无机粉尘,如硫黄、煤、棉、麻、面粉等,在生产车间等相对密闭场所的空气中达到一定浓度范围时,可发生粉尘爆炸。煤矿的煤粉爆炸、棉麻加工厂的棉麻粉尘爆炸等都是非常严重的安全生产事故。

粉尘的粒径不同,则其理化性质也不同,能够进入人体呼吸系统(鼻咽区、气管和支气管区、肺泡区)的部位也不同,因此对人体危害程度也不一样。按粒径大小可将粉尘颗粒物分为以下五类。

① 降尘 (dustfall)　是指在空气自然环境条件下,能靠自身重力很快自然沉降的颗粒物,降尘粒径大于 $30\mu m$。降尘颗粒的理化性质接近于固体物质,表面自由能低,很少聚积或凝聚。由于其难以进入呼吸道,对人体健康的危害也较小。

② 总悬浮颗粒物 (total suspended particulates, TSP)　是指一定体积空气中所含有的、能较长时间悬浮的粉尘颗粒物的总质量,其单位是 mg/m^3。粉尘颗粒能否悬浮于空气中,不仅与其颗粒直径有关,也与其密度有关,密度较小的物质产生的粉尘较易悬浮,可悬浮的颗粒粒径范围也较宽,反之较窄,所以 TSP 中的颗粒物粒径也没有一个明确的粒径上限。

③ 可吸入颗粒物 (inhalable particulates, IP)　经口腔和鼻孔被吸入,并能达到鼻咽区的悬浮颗粒物被称为可吸入颗粒物。显然,IP 的粒径范围与劳动场所的风速、风向及劳动者的呼吸急促程度有关。人们对定义 IP 的粒径小于 $10\mu m$ 产生疑问是有道理的。

④ 胸部颗粒物 (thoracic particulates, TP)　在可吸入颗粒物中,能穿过咽喉的颗粒物被称为胸部颗粒物,其粒径小于 $30\mu m$。在粒径小于 $30\mu m$ 的范围内,质量累积达该范围颗粒物总质量的 50% 时的粒径 (D_{50}) 通常在 $10\mu m$ 左右,故称为 PM10 (particulate matter, PM),所以 TP 和 PM10 含义相同,它表示 $D_{50}=10\mu m$ 且粒径小于 $30\mu m$ 的可吸入颗粒物。

在 TP 中,粒径较大 ($>10\mu m$) 的颗粒物质量相对较大,被人体吸入后具有较大的惯性，在鼻腔陡弯处和咽喉部位与呼吸道内壁碰撞，致使大部分颗粒沉积在上呼吸道，少量进入气管和支气管前段；粒径在 5~10μm 范围内的颗粒物，由于重力作用，大部分在气管和支气管区发生沉降；5μm 左右的可吸物进入肺泡，沉积率达到 50% 左右。

⑤ 呼吸性颗粒物（respriable particulates，RP） 可吸入颗粒物能进入肺泡的称为呼吸性颗粒物。对健康人群来说，这类颗粒物的粒径 <12μm，$D_{50}=4μm$；对于儿童、年老体弱和有心肺疾病等的高危人群来说，RP 的粒径 <7μm，$D_{50}=2.5μm$，PM2.5 的概念就据此而来。

粒径较大的颗粒物主要是通过扩散作用——布朗运动沉积在肺泡中。可见，大气中颗粒物粒径不同，颗粒物在人体呼吸系统中沉积部位不同，沉积率也不同。沉积率越高，对人体健康危害越大，空气悬浮颗粒污染物中小的颗粒污染物对人体健康的影响比大的颗粒污染物更明显。因此，研究 MP10 和 MP2.5 对保障劳动者职业安全健康具有重要意义。

三、粉尘的危害

生产性粉尘的种类和性质不同，对人体的危害也不同。由粉尘引起的疾病和危害主要以下几种。

① 肺尘埃沉着病。肺尘埃沉着病是长期吸入高浓度粉尘所引起的最常见的职业病。引起尘肺的粉尘种类不同，尘肺的名称也不同：含二氧化硅粉尘——硅沉着病；炭黑粉尘——炭黑沉着病；滑石粉粉尘——滑石沉着病；铸造型砂粉尘——铸工尘沉着病；电焊焊药粉尘——电焊工尘沉着病；煤粉——煤沉着病等。

② 中毒。粉尘中含有铅、镉、砷、锰等毒性元素，在呼吸道溶解被吸收进入血液循环引起中毒。

③ 上呼吸道慢性炎症。毛尘、棉尘、麻尘等轻质粉尘，在被吸入呼吸道时，易附着于鼻腔、气管、支气管的黏膜上，长期局部刺激作用和继发感染引起慢性炎症。

④ 眼疾病。金属粉尘、烟草粉尘等，可引起角膜损伤。

⑤ 皮肤疾患。细小粉尘堵塞汗腺、皮脂腺而引起皮肤干燥，继发感染，发生粉刺、毛囊炎、脓皮病等，沥青粉尘可引起光感皮炎。

⑥ 致癌作用。放射性粉尘的射线易引发肺癌，石棉尘可引起胸膜间皮瘤，铬酸盐、雄黄矿尘等也引发肺癌。

第二节 粉尘物性检测

一、粉尘密度检测

由于粉尘粒子间的空隙，颗粒的外开孔和内闭孔占据了尘粒本身大得多的体积，这使得粉尘的密度有三种概念。

(1) 粉尘的堆积密度 指单位体积内松散堆积的粉尘质量。

(2) 真密度 指单位体积（不包括内闭孔体积）的粉尘颗粒材料所具有的质量。粉尘的真密度在理论上应与形成这种粉尘的固体材料的密度一致。

(3) 假密度 指单位粉尘颗粒体积（包括内闭孔体积）所具有的粉尘质量。

实际测量和应用中，常把粉尘的真密度和假密度视为一致，这是因为测量粉尘体积时很难把内闭孔的体积测量出来，而且在机械破碎过程中产生的粉尘一般没有内闭孔，只有在化

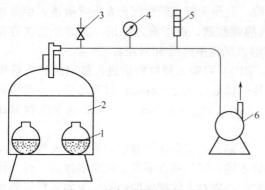

图 2-2 液相置换法测试系统
1—比重瓶；2—真空干燥器；3—三通阀；
4—真空表；5—温度计；6—抽气泵

学过程中形成的某些粉尘有内闭孔，这种粉尘的真密度值比假密度值大。通常，采用液相置换法测定粉尘的真密度。

液相置换法是选取某种浸润性好、不溶解粉尘、不与所测粉尘起化学变化也不使粉尘体积膨胀或收缩的液体注入粉尘，将粉尘粒子间及外表空隙的空气排除，以求得粉尘颗粒的材料体积，然后根据测量的粉尘质量计算粉尘的真密度。

液相置换法测试系统如图 2-2 所示。首先称量洗净烘干后的比重瓶的质量 m_0，装入粉尘（约至瓶体积的 1/3）并称量瓶加尘质量 m_s。将浸液注入装有粉尘的比重瓶内（约至瓶体积的 2/3 处），然后置于密闭容器中抽真空，直到瓶内基本无气泡逸出时停止抽气，保持 30min，使瓶中气体充分排出。取出比重瓶并注满浸液，称其质量 m_{sl}（瓶＋尘＋液）。倒空比重瓶并洗净，重新注满浸液称其质量 m_1（瓶＋液）。按下式计算粉尘真密度 ρ_p：

$$\rho_p = \frac{m_s - m_0}{(m_s - m_0) + (m_1 - m_{sl})} \rho_1 \tag{2-1}$$

式中　ρ_1——浸液在测定温度下的密度。

测定时需做平行样品，二者的误差应小于 1%，否则重新测定。粉尘真密度取平行样品的平均值。温度的变化是误差的主要原因，为此通常将比重瓶置于恒温槽充分恒温后再读取温度。

二、粉尘比电阻检测

1. 粉尘比电阻及其重要性

粉尘对导电的阻力特征通常用比电阻 ρ_R 来表示

$$\rho_R = \frac{U_{fc}}{j_A \delta_{fc}} (\Omega \cdot cm) \tag{2-2}$$

式中　U_{fc}——施加于粉尘层的电压，V；
　　　j_A——通过粉尘层的电流密度，A/cm^2；
　　　δ_{fc}——粉尘层的厚度，cm。

粉尘比电阻对电除尘器的运行及除尘效率有很大影响。电除尘器对比电阻在 $10^4 \sim 5 \times 10^{10} \Omega \cdot cm$ 范围内的粉尘具有较高的捕集效率。当粉尘比电阻低于 $10^4 \Omega \cdot cm$ 时，尘粒到达极板立即放出原有电荷而带上与极板同极性电荷被排斥到气流中去。当粉尘电阻高于 $10^{11} \Omega \cdot cm$ 时，尘粒在收尘极板上放电缓慢，随着粉尘在收尘极板上的沉积会使尘层表面的电位越来越高，当粉尘层内的电场强度达到某一值时就会产生反电晕，从而破坏正常的除尘过程，使除尘效率降低。当粉尘比电阻数值不利于电除尘器时，应采取措施调节粉尘的比电阻值，以保证电除尘器的正常工作。

2. 影响粉尘比电阻的因素

粉尘比电阻受到各种因素的影响，即使对同一种粉尘，由于条件不同，所测得的比电阻值也不同，有时相差 2～3 个数量级。

（1）粉尘层的孔隙率及粉尘层的形成方式　由粉尘颗粒形成的粉尘层存在着大量孔隙，

空隙中充满空气,空气的导电性远不如固体粉尘,因而孔隙率(粉尘之间的孔隙体积与整个体积之比)的大小直接影响到粉尘层的电阻值。粉尘层的孔隙率与粉尘颗粒大小、粒径组成及粉尘层形成方式等有关。高孔隙率粉尘比低孔隙率粉尘的比电阻高,对于同物质的粉尘,比电阻可相差5~10倍。

在电除尘器中,粉尘颗粒在库仑力作用下排列规则,形成的粉尘层充填率高。而在比电阻测试中,常常不能完全模拟电除尘器中粉尘层的沉积方式,一般采用机械方式形成粉尘层,此种方式形成的粉尘层充填率低,多采用加压或振动方式提高其充填率。

(2)粉尘层的电气特性　一般固体材料的电阻服从欧姆定律,即伏安特性为线性,电阻为一恒定值,但是粉尘层的电气特性却不然,由于其间存在孔隙,尘粒与气体的接触表面积大为增加,电压与电流的关系不再服从欧姆定律,随着电压增高,电流增加很快,电阻值随之减小,不再为恒定值。图2-3为几种粉尘的比电阻与测定电压关系曲线。

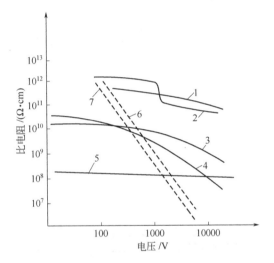

图2-3　粉尘比电阻与测定电压的关系
1—石松子；2—糖粉；3—氧化锌粉；4—褐煤粉；
5—水泥；6—铝粉；7—铜粉

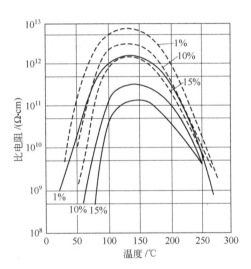

图2-4　高炉粉尘比电阻随温度变化曲线
(图中百分数表示容积湿含量
实线—高炉Ⅰ；虚线—高炉Ⅱ)

由于粉尘比电阻随测定电压不同而不同,因此测定电压的选定十分重要,通常取略低于火花击穿电压的数值作为测定电压,或取击穿电压的85%作为测定电压。

(3)粉尘温度和湿度　图2-4为高炉粉尘比电阻随温度变化曲线。从图中可以看出,低温下粉尘比电阻随温度升高而升高,当达到某极值后,温度进一步升高,比电阻反而降低。这种现象可用粉尘的两种导电机理,即表面导电和体积导电来解释。

粉尘表面吸附水蒸气和其他导电物质形成一层导电膜,电流通过这层水膜形成表面导电,随着温度升高,水膜逐渐蒸发减薄,电流传导能力降低,电阻增加,当水膜完全被蒸发时,粉尘比电阻最高,此后,导电主要通过材料内部进行,称之为体积导电,其导电特性符合通常介电材料的导电特性,即随温度增高,比电阻降低。

烟气的湿度影响粉尘表面水膜厚度,水分越多,比电阻越小。由于烟气的温度、湿度与粉尘比电阻直接相关,因此比电阻测定时的温度、湿度应尽可能与现场实际相符。

(4)烟气成分　烟气成分对比电阻有较大影响,这些成分主要有SO_3和NH_3等。图2-5表示烟气中加入少量SO_3后,飞灰比电阻的变化。

3. 粉尘比电阻检测

考虑到上述诸因素对粉尘比电阻的影响,所以对粉尘比电阻测定提出以下要求:①模拟电除尘器粉尘的沉积状态,即在电场作用下荷电粉尘逐步堆积形成尘层。②模拟电除尘器内的气体成分及温度和湿度。③模拟电除尘器的电气工况,即电压和电晕电流。

不同仪器及测定方法一般都不能完全满足上述条件,而是各有侧重。下面介绍几种实用的粉尘比电阻测试方法。

粉尘比电阻是通过测定一定厚度 δ_{fc} 和一定表面积 A 粉尘层上的电压 U_{fc} 和电流 I 值来进行的,其计算公式

$$\rho_{fc} = \frac{U_{fc}}{\delta_{fc}} \times \frac{A}{I} = k_{jh} R \tag{2-3}$$

式中　R——电阻,$R = U_{fc}/I$,Ω;

　　　k_{jh}——测定仪的集合参数,$k_{jh} = A/\delta_{fc}$,cm。

(1) 圆盘电极法(平行平板电极法)　圆盘电极法是美国实验室测定粉尘比电阻的标准方法(ASME PTC28),也是我国目前实验室采用较多的方法,其测定装置如图2-6所示,圆盘上部圆板质量按作用在粉尘层上的压力1000Pa设计。测定时,将粉尘自然充填于圆盘上,用刮片刮平,降下平行圆板。对粉尘层逐渐升高电压,取90%击穿电压时的电压、电流进行计算,也可以将圆盘置于可调温、湿度及气体参数的测定箱内进行测定。

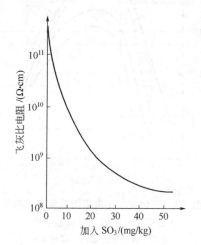

图2-5　烟气中加入 SO_3 后飞灰比电阻的变化

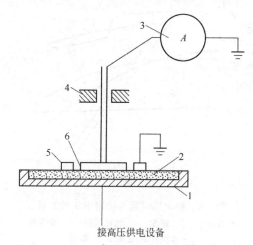

图2-6　圆盘电极法比电阻测定装置
1—圆盘电极;2—粉尘层;3—电流表;
4—绝缘机械导向;5—屏蔽环;6—气缝

(2) 针尖电极法(针板法)　如图2-7所示,针尖电极垂直设置在主电极上方一定高度,主电极上方4mm处装有0.3mm的镍铬丝,绝缘并固定。尘样装入样品盘后刮平,通电后测定镍铬丝的感应电压和通过粉尘层的电流,按式(2-3)计算粉尘比电阻。粉尘厚度为镍铬丝与主电极间距。

(3) 同心圆筒法　国内研制的F-A型工况比电阻测定仪采用同心圆筒法测定粉尘比电阻,如图2-8所示。该仪器是利用小旋风分离器将烟气中粉尘分离出来,落入到两同心圆筒中间的环缝中,用高阻表测量粉尘的电阻值,按式(2-3)计算粉尘比电阻,其仪器几何参数 k_{jh} 值

$$k_{jh} = \frac{2\pi l_1}{\ln \dfrac{r_2}{r_1}} \tag{2-4}$$

式中　l_1——主电极长度,cm;

r_1——内电极外半径，cm；
r_2——外电极内半径，cm。

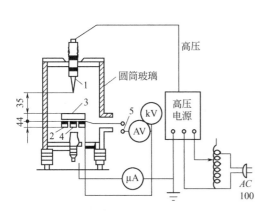

图 2-7 针尖电极法比电阻测定仪
1—针尖电极；2—导向电极；3—粉尘层；
4—主电极；5—镍铬感应丝

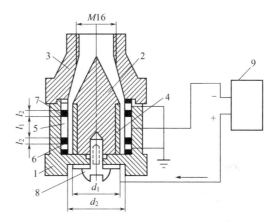

图 2-8 F-A 工况比电阻测定仪器
1—圆筒；2—测量电阻；3—漏斗；4—内电极；
5—主电极；6—辅助电极；7—绝缘环；
8—固定螺栓；9—二次显示仪表

F-A 工况比电阻测定仪的优点是可采用低电压电源，粉尘层厚度由两圆筒间隙准确确定；其缺点在于粉尘层充填率很难保证一致，测定结果重复性较差，另外由于小旋风分离器对粗细粉尘收尘效率不一致，所以采集尘样粒径分布代表性差。

（4）叉梳式比电阻测定仪　叉梳式比电阻测定仪可用于现场工况比电阻测试，整个测试系统由探测器、高压电源、高阻表、抽气泵等组成。图 2-9 为 WA61-4 型工况比电阻测试探头。含尘气体由探测器中的采样嘴"1"经气流分布板"2"进入测量段。测量段由电晕线"5"及齿状测量电极"8"组成。在测量段，粉尘在高压作用下逐渐沉降到梳齿间的缝隙中。当粉尘填满两梳齿缝隙后，断开高压，并用高阻表测量两梳齿间粉尘电阻，按式（2-3）计算粉尘比电阻。

叉梳式比电阻测试仪采用静电集尘，粉尘层形成方式与电除尘器接近，所以测量的粉尘比电阻值与电除尘器运行时的粉尘电气工况符合。其缺点是捕集粉尘需要高电压、收集粉尘时间过长，而且采样过程齿缝间的粉尘充填程度很难掌握。

由于测定粉尘比电阻的方法不统一、仪器不相同，使对同一粉尘样，当采用不同方法和仪器测试比电阻时，结果相差较大。因此，在给出粉尘比电阻数据时，要注明所用仪器和方法。

三、粉尘的可燃性及爆炸性检测

粉尘爆炸是指悬浮于空气中的可燃性（或还原性）粉尘的爆炸。粉尘的爆炸性有两重含义：一是指与粉尘爆炸界限条件有关的特性，如粉尘云的爆炸上下限浓度、最低着火温度、最小着火能量等；二是指粉尘充分爆炸时的特性，如最大爆炸压力及其上升速度等。

粉尘爆炸必备的三个条件：粉尘浓度在爆炸极限之内、有氧化性气体（通常是氧气）和点燃源。

工业粉尘可燃性和爆炸性特征值的测定方法有多种，通常测定项目有：①粉尘及粉末层中的被发火（点火）温度（t_d）及自发火（自燃）温度（t_z）；②爆燃温度 t_b（熔点低于 300℃ 的固体物质）；③阴燃温度（t_y）；④粉尘的发火温度下限；⑤最大爆炸压力（P_b）；⑥爆炸压力增加速度（U）；⑦粉尘中最低温度爆炸含氧（氧化剂）量（K_{O_2}）。

1. 粉尘可燃性测定

(1) 自发火（自燃）温度（t_z）的测定　通常采用温度记录法进行测定。图 2-10 为按差分温度记录法测定 t_z 的实验装置。

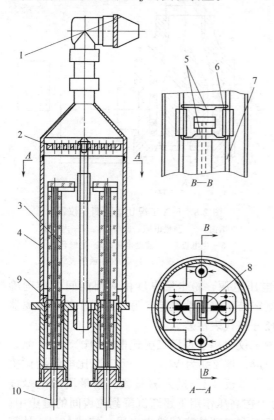
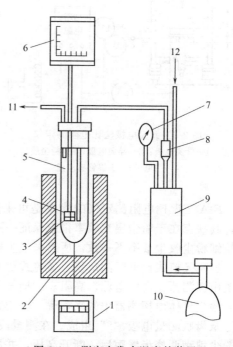

图 2-9　叉梳式比电阻测定仪探头示意图
1—采样嘴；2—气流分布板；3—绝缘柱；4—外壳；
5—电晕线；6—套管；7—接地柱；8—测量电极；
9—导电管；10—电缆导线

图 2-10　测定自发火温度的装置
1—电位计；2—竖炉；3—盛有标准物质的坩埚；
4—盛有试验粉末的坩埚；5—反应管；6—双坐标电位计；7—压力计；8—流量计；9—集气包；
10—气体瓶；11—氧气分析仪；12—压缩空气

首先将盛有试验粉末及惰性物质的坩埚"4"和"3"连同插入其中的热电偶一起置于反应管"5"中，用支承管固定于竖炉"2"内。用双坐标自计电位计平行记录热电偶的指示值。将一定组成的混合气体送入反应管中，由气体分析器测定指示氧浓度。在不同氧浓度下重复进行试验，测出粉末发火时的最低氧浓度。根据温度记录图上的拐点，确定粉末自发燃烧的开始点。

(2) 被发火（点火）温度（t_d）的测定　将粉末试样置于热金属传热板上，利用热金属棒作为点火源，使热金属棒与粉末表面接触，粉末的温度用插入其中的热电偶测量，用电位计记录其读数，温度上升的跃点即为点火温度。

(3) 爆燃温度 t_b　对于固态熔融状有机物质如石油沥青、焦油沥青等需要测定爆燃温度。按其数值对生产工艺、厂房及设备发生火灾及爆炸危险性的大小进行分级。

测定时，先将试样以 14～17℃/min 的速度进行加热，然后降低其加热速度，即在温度到达 t_b 之前的最后 28℃，把加热速度降为 5～6℃/min，开始测定 t_b。此时把煤气烧嘴的火焰在试样表面上方不断移动 1～1.5cm/s。温度每上升 2℃重复进行一次测试。

(4) 阴燃温度（t_y）的测定　阴燃温度是自加热温度不高（600～700℃）的粉末特性指

标，这种粉末燃烧时不起火焰或者自发火温度相当高。

测定时先将粉末以一定厚度均匀铺撒在加热板上，加热板是敞开的，以使空气自由流通和产生强烈的热交换，用电位计记录阴燃温度。

2. 粉尘爆炸性测定

粉尘爆炸特性一般在粉尘云发生装置内测定。粉尘云发生装置的关键是能否造成均匀的粉尘云。世界各国研制出多种原理、多种形式的试验装置，大致均由以下几部分构成：喷粉系统、测量发火温度系统、测量爆炸压力及压力增长速度系统、观察发火过程及火焰扩散过程窗口。目前，采用较多的是美国的哈特曼试验装置。在煤矿工业方面，许多国家都建立了地下或地面的大型煤尘爆炸试验巷道或中、小型管道，以此来研究煤尘的爆炸传播特性，检验抑制爆炸的措施。

第三节 粉尘颗粒检测

由于粉尘粒径范围很宽，从百分之几微米到数百微米，并且各种粉尘又各具有不同的物理、化学性质，致使粉尘粒径的测试方法繁多，然而每种测试方法只能在一定条件、一定粒径范围内使用，还没有一种通用方法。

粉尘是一个群体，其粒径的性质表现为分布的统计特性。粉尘粒径分布测定的手段是随机取样分级，即把尘样按一定粒径范围划分成若干区间计量，并不针对具体粉尘颗粒测定其直径的大小。

测定粉尘粒径分布采用的方法可分为如下几类。

(1) 计数法　该方法是对具有代表性的尘样逐一测定其粒径，显微镜法和光散射法均属于这类方法。计数法测量的分散度以各级粒子的数量百分数表示。

(2) 计重法　将粉尘按一定粒径范围分级，然后称量各级的质量，求其粒径分布。常用的计重法粉尘粒径测定仪采用离心、沉降或冲击原理将粉尘按粒径分级，测量的分散度以各级粒子的质量百分数表示。

(3) 其他方法　有面积法、体积法等。各种粉尘粒径分布测定仪器都是基于粉尘的某种特性设计的，如光学特性、惯性、电性等。由于设计原理不同，测得的粒径含义各不相同：用显微镜测得的是投影径；电导法测得的是等体积径；沉降法测得的是斯托克斯径等。不同的方法之间没有对比性，所以在给出粒径分布数据时，应说明是何种意义的粉尘粒径。

一、显微镜法

显微镜法是测量粒径的最基本方法，通过显微镜可以直接看到单个粒子的大小、形状、颜色以及聚集、空洞等现象，并可测量很小的粒子，这些都是其他方法不能实现的。但用肉眼直接测量粒子大小和计数很疲劳，通常用电视扫描显微镜代替人工操作。

1. 尘粒标本的制备

显微镜法的关键在于粉尘标本的制备，以下分类介绍。

① 如用冲击瓶采样，可用移液管从中取 1mL 含尘液体，放入玻璃片计数池内。为使尘粒分散较好，避免相互凝聚，取液前应在冲击瓶尘液中加入一定量的分散剂。当用蒸馏水作尘粒捕集液时，可加入 0.1% 六偏磷酸钠作为分散剂。计数池放在显微镜载物台上静置 20min，待尘粒沉淀后再进行测定，也可以烘干计数池再测定。

② 如尘粒采集在合成纤维滤膜上，则用醋酸丁酯溶解滤膜，混合均匀，用滴管吸取混

悬液,放一滴在载物片上,将液滴左右前后推移,1min 后出现粉尘样品薄膜即可观测。

③ 如用冲击式或静电尘粒采样器采样,可将尘粒直接捕集在盖玻片上,然后将其固定在载物台玻璃片上进行测定。

2. 粒径表示方法

显微镜法测量的是粒子的表观粒径,即投影尺寸。对球形粒子可直接按长度计量,对于大多数形状不规则粒子,常采用如下几种方法表示粒径。

① 面积等分径 d_M（Martln's Diameter）。指将粉尘的投影面积分为大致相等两个部分的直线长度。

② 定向径 d_F（Feret's Diameter）。指尘粒的最大投影尺寸。它用测微尺的垂直线和与尘粒投影轮廓线相切的两条平行线间的距离来表示。

③ 投影面积径 d_P（Projected Diameter）。指与粉尘的投影面积相同的同一圆面积的直径。

在实际测量时,多采用垂直投影法,即使所测粉尘粒子在视场内向一个方向移动,顺序无选择地逐个测量粒径,如图 2-11 所示。

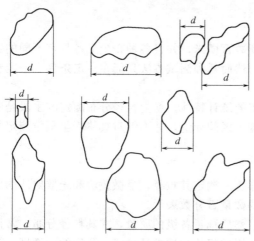

图 2-11 垂直投影法测量粒径

3. 观测计数分析及换算方法

用显微镜法测定粒径分布时,如果要达到一定精度,须计数大量粒子。为缩短观测过程,可采用统计学分层取样计数,即对数量较多的小粒子只测一个或两个定面积视野,而对出现比较少的大粒子则可以多测几个定面积视野,然后取其平均值。

显微镜法测得的是粉尘计数分布,要想变成计重分布,须通过体积换算,得到各粒径区间的粒子质量分数。其方法是首先根据测定的粒径区间上下限（d_{ui} 和 d_{li}）求出各区间粒径的算术平均值 d_i

$$d_i = \frac{d_{ui} + d_{li}}{2} \tag{2-5}$$

然后,根据粒径区间的颗粒数 n_i 求出各区间的分割体积 V_i

$$V_i = n_i (d_i)^3 \tag{2-6}$$

粉尘总体积 V 为

$$V = \sum_{i=1}^{n} V_i = n_1 d_1^3 + n_2 d_2^3 + \cdots + n_i d_i^3 \tag{2-7}$$

各粒径区间的质量百分比 f_i 为

$$f_i = \frac{V_i}{V} \times 100\% \tag{2-8}$$

二、惯性分级法

利用粉尘大小粒子在气体、液体介质中的惯性不同可以对其分级,这种分析方法称为惯性分级法。采用惯性分级的仪器有:级联冲击器、巴克分级器、串联旋风分级器及空气动力自动测定仪。

1. 级联冲击器

级联冲击器结构简单、紧凑,并可同时测定粉尘浓度和粒径分布,因而得到广泛应用。

图 2-12 是级联冲击器工作原理图。含尘气流从圆形或条缝形喷嘴高速喷出，形成射流，直接冲向设于前方的冲击板上。由于黏性力、静电力和范德华力的作用而黏附、沉积于冲击板上；而冲量较小的粉尘则随气流进入下一级。若把几个喷嘴依次串联，并逐渐减小喷嘴直径，气流速度将会逐渐升高，从气流中分离出来的粉尘粒子也逐级减小。

级联冲击器的惯性冲击性能用惯性碰撞参数 ψ 或斯托克斯数 S_{tk} 来表征。斯托克斯数的物理意义是：尘粒穿过静止介质所通过的最大距离与特征长度的比值。

$$S_{tk} = \frac{\rho_p v c d_p^2 / 18\mu}{D/2} \tag{2-9}$$

式中 ρ_p——粒子密度，kg/m^3；
v——气流喷出喷嘴流速，m/s；
c——滑动修正系数；
d_p——粒子粒径，m；
μ——气体的黏滞系数，$Pa \cdot s$；
D——喷嘴直径或宽度，m。

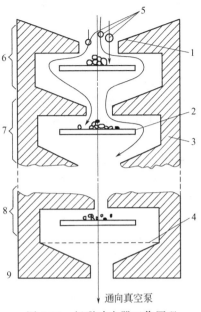

图 2-12　级联冲击器工作原理
1—喷嘴；2—冲击板；3—外壳；4—滤网；
5—粒子；6—第一段；7—第二段；
8—第 n 段；9—经过滤段

惯性碰撞系数 ψ 为斯托克斯数 S_{tk} 的两倍，即 $\psi = 2S_{tk}$，它们的物理意义相同。

当雷诺数 Re 在 500~3000 范围内，收集效率 η 是惯性碰撞系数 ψ 的单值函数。把收集效率 η 等于 50% 的粉尘粒子的粒径称作有效分割粒径 d_{50}，它所对应的惯性系数为 ψ_{50}，斯托克斯数为 S_{tk50}。当 Re 数在 100~3000 变化时，$\sqrt{\psi_{50}}$ 基本为一定值。对于冲击器的各级有效分割粒径 d_{50i}，可用下式计算

$$d_{50i}(m) = \left(\frac{18\psi_{50i}\mu D_i}{c_i \rho_p v_i}\right)^{\frac{1}{2}} \tag{2-10}$$

其中每一级的气流出口流速 v_i 为

$$v_i(m/s) = \frac{4q_v}{\pi D_i^2 n_i} \tag{2-11}$$

式中 q_v——气体总流量，m^3/s；
n_i——第 i 级的喷嘴个数；
D_i——第 i 级的喷嘴直径或宽度，m。

考虑每级压差的影响，各级的有效分割粒径 d_{50i} 应采用下式计算

$$d_{50i}(m) = \left(\frac{14.1\psi_{50i}\mu D_i^3 n_i P_i}{c_i \rho_p P_s q_v}\right)^{\frac{1}{2}} \tag{2-12}$$

式中 P_i——第 i 级喷嘴的绝对压力，Pa；
P_s——烟道或管道内气体绝对压力，Pa。

对于条缝形喷嘴级联冲击器

$$d_{50i}(m) = \left(\frac{18\psi_{50i}\mu b_i^2 l_i P_i}{c_i \rho_p P_s q_v}\right)^{\frac{1}{2}} \tag{2-13}$$

式中 b_i——条缝喷嘴宽度，m；
l_i——条缝喷嘴总长度，m。

对于小粒子尚需作滑动修正，滑动修正系数 c_i 是 d_{50i} 的函数

$$c_i = 1 + \frac{2\lambda_i}{d_{50i}} \left[1.23 + 0.41 \exp\left(-0.44 \frac{d_{50i}}{\lambda_i}\right) \right] \qquad (2\text{-}14)$$

式中 λ_i——气体分子的平均自由程，m。

如能查出对应粒径的滑动修正系数值，可直接代入式（2-12）或式（2-13）中求出有效分割粒径 d_{50i} 值；如果查不到对应粒径的滑动修正系数，可先令 $c_i = 1$，按式（2-12）或式（2-13）求出 d_{50i} 值，重复上述过程迭代计算，直到 d_{50i} 为一常数为止。

2. 巴克分级器

巴克分级器利用惯性离心力使粉尘粒子分离而进行分级，图 2-13 为国产 YFG 型巴克分级器示意图。该仪器由试料容器、旋转圆盘和电动机等部分组成。用于测定的粉尘由带振动器的加料漏斗通过中央小孔进入到旋盘上。电机带动旋盘旋转，在离心力作用下，粉尘经环缝落入分级室。电动机带动辐射叶片旋转，使气流从仪器下部环缝吸入，经节流片、整流器、分级室从上部边缘排出。分级室高度很小，粉尘在此处受到中心向周围的惯性离心力，同时又受到由周围向中心的气流阻力。因粉尘的大小、形状及密度不同，粉尘所受的作用力大小方向也不同。当粉尘的离心力大于空气阻力时，粉尘落到收尘室中成为筛上物，而离心力小于空气阻力的尘粒则被吹出成为筛下物，其中部分粉尘沉降到外圈的旋转圆盘上。

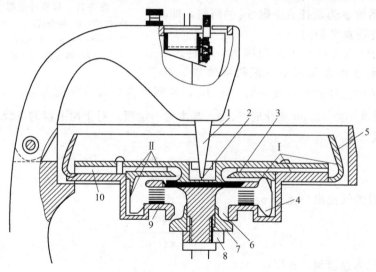

图 2-13　YFG 型巴克分级器
1—加料漏斗；2—小孔；3—分级室；4—收尘室；5—外旋转；
6—环缝；7—螺母；8—节流片；9—整流器；10—风机叶轮

环缝的宽度由螺母的位置决定。利用节流片可调整螺母的位置，从而调整进入仪器的空气量。该仪器配有一套节流片，由大到小逐级更换节流片，进入的空气量就由小到大逐级变化，从而逐级将粉尘吹出。

工作开始时采用最大节流片，环缝减至最小，进入仪器风量最小。经加尘漏斗将一定量粉尘全部加完后，将落于收尘室中的粉尘仔细扫下称量，并作为第二次测量的原始粉尘，更换节流片，重复上述步骤，直到分级完毕。

巴克分级器的分割粒径 d_p 可以根据粉尘所受离心力和空气阻力的平衡求来。在 Stokes 区范围，可写出

$$\frac{\pi}{6}d_p^3(\rho_p-\rho_g)\frac{v_t^2}{R}=3\pi\mu d_p v_r \tag{2-15}$$

$$d_p(\text{m})=\sqrt{\frac{18\mu v_r R}{(\rho_p-\rho_g)v_t^2}} \tag{2-16}$$

式中　R——分级室半径，m；

　　　v_t——粉尘分级室的切线速度，m/s；

　　　v_r——空气的汇流速度，m/s。

v_r 可由进入的空气量求得

$$v_r(\text{m/s})=\frac{q_v}{2\pi Rh} \tag{2-17}$$

式中　q_v——空气流量，m³/s；

　　　h——分级室高度，m。

将式(2-18)代入式(2-17)，经整理得

$$d_p(\text{m})=\frac{1}{v_t}\sqrt{\frac{9\mu q_v}{(\rho_p-\rho_g)\pi h}} \tag{2-18}$$

由于对这种仪器不能准确测出粉尘的切线速度 v_t 及空气量 q_v，因而由式(2-18)不能计算出各级分割粒径。实际应用中需要通过改变空气量 q_v 对仪器进行标定。

巴克离心分级器操作方便，粉尘运动接近于旋风除尘器的工作状况，在工业中应用广泛。但其对微细粉尘（8μm 以下）测值偏低，对于吸湿性强、黏性大的粉尘不易分散。

3. 串联旋风分级器

旋风除尘器是利用气流旋转运动作用在粉尘粒子上的惯性离心力将粉尘从气流中捕集下来的。缩小旋风器尺寸可以明显提高除尘效率、减小除尘器的分割粒径 d_{50}。采用不同大小的旋风器串联，由于每个旋风器有着互不相同的分割粒径，这样，就可以将粉尘分级。图 2-14 为五级串联旋风分级器。

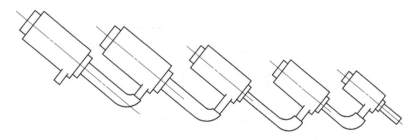

图 2-14　五级串联旋风分级器

旋风器的捕尘效率与很多因素有关，其中主要取决于进入旋风器的气流量及本身的主要尺寸。小旋风器的捕尘机理与旋风除尘器不尽相同，其精确理论尚未充分研究。通过试验得知，大多数旋风器的性能满足下列方程

$$d_{50}=k_{jy}q_v^{n_{jy}} \tag{2-19}$$

式中　q_v——采样流量；

　　　k_{jy}，n_{jy}——经验数据。

k_{jy}，n_{jy} 对于各个旋风器都不相同，它们均由实验确定，k_{jy} 的变化范围为 6.17～45.91，而 n_{jy} 为 -2.13～-0.636。

旋风器的分割粒径 d_{50} 还与气体的温度（黏度）有关，其关系为线性，但对于不同尺寸的旋风器和不同流量，其斜率不同。

串联旋风采样适用的粉尘浓度范围和流量范围广，耐高温。缺点是划分的级数较少、体积较大，需要大采样口才能进行管内采样。

4. 液体介质沉降法

利用粒径大小不同的粉尘在液体介质中沉降速度不同的原理，可以测量粉尘的粒径分布。

粉尘在液体介质中受重力作用而沉降，若忽略粉尘下降的加速过程，则其沉降速度

$$v(\text{m/s}) = \frac{g(\rho_p - \rho_w)}{18\mu_w} d_p^2 \tag{2-20}$$

式中　ρ_p，ρ_w——尘粒和液体的密度，kg/m^3；
　　　μ_w——液体介质的黏滞系数，$Pa \cdot s$。

若已知液体的性质及尘粒密度 ρ_p，只要计算出沉降速度 v，即可求得尘粒粒径 d_p

$$d_p(\text{m}) = \left[\frac{18\mu_w v}{g(\rho_p - \rho_w)}\right]^{\frac{1}{2}} \tag{2-21}$$

对于所需测定的粒径 d_p，其沉降时间

$$t = \frac{18\mu_w h}{g(\rho_p - \rho_w) d_p^2} \tag{2-22}$$

式中　h——沉降高度。

根据粉尘在液体中的沉降原理，可用不同方法进行粉尘粒径分布测定。

(1) 移液管法　尘粒在液体中的沉降情况，可用图 2-15 说明。起始状态下粉尘颗粒均匀分布于整个液体中，如图 2-15(a) 所示。t_1 秒后，直径为 d_1 的尘粒已全部降至 h 高度以下，悬浮液状态由图 2-15(a) 变为图 2-15(b)。同样在 t_2、t_3 秒后，直径为 d_2、d_3 的粒子全部降至 h 以下，即达到状态[图 2-15(c)、(d)]。所需时间 t_1、t_2 和 t_3 均可由式(2-22)计算出来。

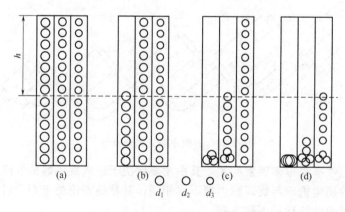

图 2-15　尘粒在液体中的沉降情况

在 t_1 时刻，h 深处抽取一定量的悬浮液，其内已无直径大于 d_1 的尘粒。若在 h 深处，起始时粉尘浓度为 c_0，t_1 时粉尘浓度为 c_1，则粉尘粒径小于 d_1 的筛下累计百分数

$$D_1 = \frac{c_1}{c_0} \tag{2-23}$$

依照同样的方法可求出粉尘粒径小于 d_2、d_3 的筛下累计百分数 D_2、D_3。

(2) 沉降天平法　图 2-16 为沉降天平原理示意图。该仪器自动记录称量沉降的粒子量，并绘出曲线。不同粒径的粉尘在均匀分布的悬浊液中，以本身的沉降速度沉降在天平盘上，天平连续累积称出由一定高度 h 的悬浊液中沉降到天平盘上的粉尘量。沉降到天平盘上的粉尘量 m_t 是时间 t 的函数，它是两部分质量之和。若令无限长时间内沉降到天平盘上的质量为 m_∞，粉尘的沉降速度为 v，最大、最小粒径为 d_{max}、d_{min}，则第一部分为从 t_0 到 t 时间内，粒径 d_t（即相应于沉降速度为 h/t）到 d_{max} 的所有沉降粒子，第二部分为粒径范围 d_t 到 d_{min} 的粉尘沉降量。即

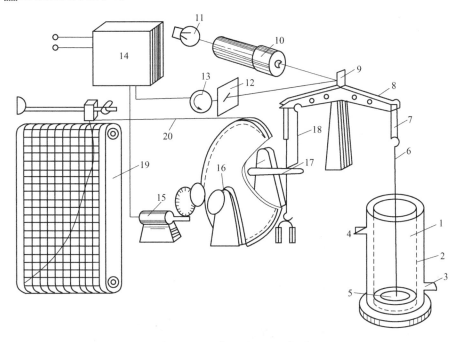

图 2-16　沉降天平原理示意图

1—沉降筒；2—沉降筒内壁；3,4—短管；5—天平盘；6,18—金属杆；7—吊环；8—天平架；
9—镜面；10—聚光器；11—光源；12—光栅；13—光电管；14—电流放大器；
15—步行电机；16—制动圆盘；17—杠杆；19—记录纸；20—拉线

$$m_t = \int_{d_t}^{d_{max}} m(d) \mathrm{d}(d) + \int_{d_{min}}^{d_t} \frac{vt}{h} m(d) \mathrm{d}(d) \quad (2\text{-}24)$$

上式对时间取对数

$$\frac{\mathrm{d}m_t}{\mathrm{d}t} = \int_{d_{min}}^{d_t} \frac{v}{h} m(d) \mathrm{d}(d) \quad (2\text{-}25)$$

或

$$t \frac{\mathrm{d}m_t}{\mathrm{d}t} = \int_{d_{min}}^{d_t} \frac{vt}{h} m(d) \mathrm{d}(d) \quad (2\text{-}26)$$

将式(2-25)代入式(2-26)得

$$m_\infty R_P = m_t - t \frac{\mathrm{d}m_t}{\mathrm{d}t} \quad (2\text{-}27)$$

式中　R_P——时间 t 内粉尘粒径大于 d_t 的筛上累计百分数：

$$R_P = \frac{1}{m_\infty} \int_{d_t}^{d_{min}} m(d) \mathrm{d}(d)$$

式(2-27) 表明，在 t 时间内，所有沉降下来的大于 d_t 的粉尘量 $m_\infty R_P$ 可由总沉降粉尘

量 m_t 减去时间 t 与该沉降曲线斜率的乘积。测定中，得出的往往是 $m=F(t)$ 曲线，故可用图解法求出 R 值。

沉降天平法理论上测定的粒径范围为 $0.2\sim 60\mu m$。但由于布朗运动，小于 $1\mu m$ 的微粒不可能测准。

(3) 消光法 当光线通过含尘悬浊介质时，由于尘粒对光线的吸收、散射等作用，光的强度会衰减。当悬浊介质中粉尘具有不同大小的粒径时，光强度 I_0 变化为 I，衰减公式为

$$\ln\frac{I_0}{I}=C_{fn}l\sum_0^{d_{max}}k_r\sigma_r n_r d_r^2 \tag{2-28}$$

式中　k_r——与粉尘形状有关的系数；
　　　C_{fn}——粉尘浓度；
　　　l——介质厚度；
　　　σ_r——消光系数；
　　　n_r——单位体积内直径为 d_r 的尘粒数。

在粒径为 d_i 到 d_{i+1} 范围内有

$$\ln\frac{I_0}{I}=\ln I_i-\ln I_{i+1}=\ln\frac{I_i}{I_{i+1}}$$

当 d_i 到 d_{i+1} 的间隔很小时，光强度的变化为 Δ_r

$$\Delta_r=\ln\frac{I_{i+1}}{I_i}C_{fn}l\sum_{d_i}^{d_{i+1}}k_r\sigma_r n_r d_r^2 \tag{2-29}$$

粒径变化范围很小时，可得出由 d_i 到 d_{i+1} 的尘粒质量与光强度变化 Δ_r 的关系

$$\Delta m=\frac{\pi\rho_p}{6}\frac{\Delta_r d_r}{\sigma_r k_r lC_{fn}} \tag{2-30}$$

在粒径 $0\sim d_i$ 范围内的质量百分比 D_{mp}（%）为

$$D_{mp}=\frac{\sum_0^{d_t}\frac{\pi\rho_p}{6}\times\frac{\Delta_r d_r}{\sigma_r k_r lC_{fn}}}{\sum_0^{d_{max}}\frac{\pi\rho_p}{6}\times\frac{\Delta_r d_r}{\sigma_r k_r lC_{fn}}}\times 100\%=\frac{\sum_0^{d_t}\frac{\Delta_r d_r}{\sigma_r}}{\sum_0^{d_{max}}\frac{\Delta_r d_r}{\sigma_r}}\times 100\% \tag{2-31}$$

实际上可认为消光系数 σ_r 为常数，上式可写为

$$D_{mp}=\frac{\sum_0^{d_t}\frac{\Delta_r d_r}{\sigma_r}}{\sum_0^{d_{max}}\frac{\Delta_r d_r}{\sigma_r}}\times 100\% \tag{2-32}$$

测出各粒径区间的光强度变化 Δ_r，并进行相应的计算就可以得到粉尘的粒径分布。

第四节　粉尘浓度检测

为了评价工作场所粉尘对个人健康的危害状况、研究改善防尘技术措施、评价除尘器性能、检验排放粉尘浓度和排放量是否符合国家标准，以及保护机电设备、防止粉尘爆炸，均须对粉尘浓度进行测定。粉尘浓度的测定包括作业场所粉尘浓度测定、作业者个人暴露浓度测定及通风管道（包括烟道）中粉尘浓度测定。

在对作业场所浓度和作业者个人暴露浓度测定中,为了确切地了解粉尘浓度和尘肺病发病的关系,一些国家同时采用总粉尘浓度和呼吸性浓度以评价作业场所粉尘的危害状况,我国也正在进行这方面的工作。当前国际上已有用呼吸性粉尘代替总粉尘的趋势。

一、作业场所粉尘浓度检测

作业场所粉尘浓度检测是为了了解作业场所粉尘的平均浓度和不同位置的粉尘浓度。采样点要考虑尘源的时间和空间扩散规律,根据工艺流程和操作方法确定采样点,应能代表粉尘对人体健康的实际危害状况。测定时通常采集呼吸带水平的粉尘。

1. 滤膜测尘

滤膜测尘是作业场所粉尘浓度测定的常用方法。由于这种方法操作简单、精度高、费用低而得到广泛使用。其测试系统如图 2-17 所示。该系统由滤膜采样头、流量计和调节装置抽气泵等组成。抽取一定体积的含尘空气,其中粉尘被阻留在已知质量的滤膜上,由取样后滤膜的增量求出空气中粉尘浓度 C_{fn}。

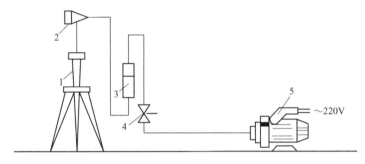

图 2-17 滤膜测尘系统
1—三脚支架;2—滤膜采样头;3—转子流量计;4—调节流量螺旋夹;5—抽气泵

$$C_{\mathrm{fn}}(\mathrm{mg/m^3}) = \frac{m_2 - m_1}{q_\mathrm{v} t} \tag{2-33}$$

式中 m_1, m_2——采样前、后的滤膜质量,mg;
t——采样时间,min;
q_v——采样流量,m³/min。

滤膜测尘须进行现场采样和滤膜称重等步骤,不能立即获得结果。近年来根据粉尘的某些特性研制了多种快速测尘仪。

2. β射线测尘仪

当低能β射线($^{14}\mathrm{C}$ 或 $^{147}\mathrm{Pm}$ 等)穿过厚度为 x 的粉尘层时,射线的强度被减弱,并服从于指数衰减规律

$$I = I_0 \mathrm{e}^{-\mu_1 x} = I_0 \mathrm{e}^{-\mu_\mathrm{m} \delta} \tag{2-34}$$

式中 I_0, I——射线穿过粉尘层前后的强度;
μ_1——粉尘的线性吸收系数,1/mm;
μ_m——粉尘质量吸收系数,$\mu_\mathrm{m} = \mu_1/\rho$,mm²/mg;
ρ——粉尘的密度,mg/mm³;
δ——粉尘的质量厚度,$\delta = \rho x$,mg/mm²。

上式中,线性吸收系数 μ_1 不仅与射线粒子本身有关,而且还与被穿过的物质的原子序数 Z 有关,且随原子序数增大而上升。一般原子序数大的物质也就是密度大的物质,其线

性吸收系数也大。但质量吸收系数 $\mu_m = \mu_1/\rho$ 几乎与穿过的物质化学成分无关。因此，应用式(2-34)研究射线强度的衰减时，可以不考虑通过粉尘的化学成分，只需研究与质量厚度 δ 的关系。

式(2-34)可写成

$$\delta = \frac{1}{\mu_m} \ln\left(\frac{I_0}{I}\right) \tag{2-35}$$

当抽气量为 $V(\mathrm{m}^3)$ 时，在采样面积 $A(\mathrm{mm}^2)$ 上采集的粉尘量为 $m(\mathrm{mg})$，则工作区的粉尘浓度

$$C_{fn} = \frac{m}{V} = \frac{Ax\rho}{V} = \frac{A\delta}{V} \tag{2-36}$$

将式(2-35)代入式(2-36)，得

$$C_{fn} = \frac{A}{V\mu_m} \ln\left(\frac{I_0}{I}\right) \tag{2-37}$$

在测出采样前后 β 射线的强度及抽气量 V 时，就可得出粉尘浓度 C_{fn}。

粉尘对 β 射线的吸收，仅与其质量厚度有关，而与粉尘的化学、物理特性（分散度、形状、密度、颜色、光泽、种类等）无关。从原理上说，不需要针对不同性质的粉尘进行单独的标定，可使仪器的标定及现场测定工作大为简化。

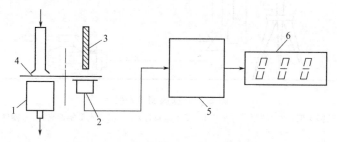

图 2-18 β 射线测尘仪结构
1—泵；2—探测器；3—放射源；4—可移动滤膜；5—信号处理及控制线路；6—显示器

射线测尘仪结构如图 2-18 所示，可用于作业场所粉尘的连续和快速测定，其测量范围较广、精度及灵敏度均满足要求、方法简单。但对于含铅等重金属元素的粉尘，测量结果受粉尘成分影响较大。另外，本方法不适用于测量放射性物质的粉尘。

3. 压电晶体测尘仪

压电晶体测尘仪是将粉尘采集到石英谐振器的电极表面上，利用石英振荡频率随粉尘量而变化的原理进行测量的。

由压电石英晶体制成的谐振器固有频率依赖于晶体表面附着物的多少，其频率的变化 Δf 与晶体表面附着粉尘量 $m(\mathrm{g})$ 的关系呈线性

$$\Delta f = -\frac{1}{\rho N} \times \frac{f_0^2}{A} m \tag{2-38}$$

或写成

$$m = -\frac{\Delta f \rho A N}{f_0^2} \tag{2-39}$$

式中 f_0——石英晶体固有频率，MHz；

ρ——石英晶体密度，$\mathrm{g/cm}^3$；

N——石英晶体频率常数，MHz·cm；

A——电极表面积，cm^2。

粉尘浓度C_{fn}可表示为

$$C_{fn}(g/m^3) = \frac{m}{V} \tag{2-40}$$

式中 V——采样体积，m^3。

将式(2-39)代入式(2-40)得

$$C_{fn}(g/m^3) = -\frac{\rho AN}{Vf_0^2}\Delta f = k\Delta f$$

式中 $k = -\dfrac{\rho AN}{Vf_0^2}$。

图2-19为CC-1型压电晶体快速测尘仪原理图。被测空气进入由电晕放电针和谐振器电极表面组成的点面式静电采样器，将尘粒收集在电极表面上，收集效率可达98%以上。晶体频率的变化由频率检测电路检测。

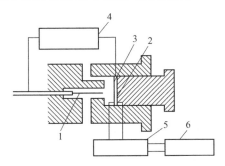

图2-19 CC-1型压电晶体测尘仪原理
1—放电针；2—金属电极；3—石英晶体；
4—直流高压发生器；5—压电谐振电路；
6—频率检测电路

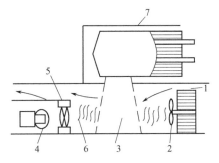

图2-20 光散射测尘仪
1—被测空气；2—风扇；3—散射发光区；
4—光源；5—暗箱；6—光束；
7—光电倍增管

4. 光散射测尘仪

光散射测尘仪是利用尘粒对光的散射，光电器件变散射光为电信号以测量悬浮粉尘浓度，其原理如图2-20所示。被测的含尘空气由抽气泵吸入仪器，当气流通过尘粒测量区域时，平行光束被尘粒散射，出现不同方向（或某一方向）的散射光，由光电倍增管接收并转变为电信号。如果光学系和尘粒系一定，并且仅考虑散射作用，则散射光的强度I正比于粉尘浓度C_{fn}即

$$C_{fn} = k_f I \tag{2-41}$$

由于尘粒所产生的散射光强弱与尘粒的大小、形状、密度、粒度分布、光折射率、吸收率等密切相关，因而根据所测得的散射光强度从理论上推算粉尘的浓度比较困难，所以这种仪器实际上是在作业工况下标定，以确定散射光的强度和粉尘浓度的关系。

光散射测尘仪操作简便，可给出短时间间隔的平均粉尘浓度，可用于现场粉尘浓度变化的监测。其缺点是对不同的粉尘测定对象须进行不同的标定。

二、作业者个体接触粉尘浓度检测

个体测尘技术是20世纪60年代发展起来的评价作业场所粉尘对工人身体危害程度的一种测定方法。由佩戴在工人身上的个体采样器连续在呼吸带抽取一定体积的含尘气体，测定工人一个工作班的接触粉尘浓度或呼吸性粉尘浓度。个体采样器若测定个人接触浓度，所捕集的应为工人呼吸区域内的总粉尘粒子；若测定呼吸性粉尘浓度，所捕集的应为进入到人体

肺部的粒子。目前国际上普遍采用的是呼吸性粉尘卫生标准，有 AGGIH 和 BMRC 两种，因此在测定呼吸性粉尘浓度时，个体采样器必须带有符合上述要求的采样器入口及分粒装置。

个体采样器主要由采样头、采样泵、滤膜等组成。采样头是个体采样器收集粉尘的装置，主要由入口、分离装置（测定呼吸性粉尘时用）、过滤器三部分组成。采样器入口将呼吸带内满足总粉尘卫生标准的粒子有代表性地采集下来，分离装置将采集的粒子中非呼吸性粉尘阻留，其余部分即呼吸性粉尘由过滤器全部捕集下来。分离装置主要有以下形式。

（1）旋风分离器 如图 2-21 所示，含尘气流由入口圆筒变为旋转气流。在离心力作用下，大颗粒被抛向管壁而落入大粒子收集器，气流继续向下运动至收缩锥部挟带小粒子沿漩流核心上升，这些小粒子最终被滤膜捕集。改变入口气流速度，可分离不同粒径的粒子。

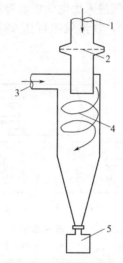

图 2-21　旋风分离器
1—气体入口；2—滤膜；3—气体出口；
4—气流线；5—大粒子接收器

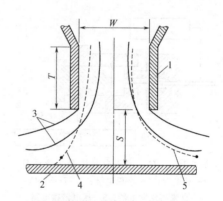

图 2-22　冲击式分离器
1—喷嘴；2—捕集板；3—气流流线；4—被捕集的
粒子轨迹；5—不能捕集的小粒子轨迹

（2）冲击式分离器 如图 2-22 所示，气体由喷孔高速喷出，在冲击板上方气流弯曲，大粒子由于惯性而脱离流线被冲击板捕集，而小粒子则随气流运动，最终被滤膜捕集。

采样头必须经过严格的实验室标定及检验，它包括使用目前国际上普遍应用的单分散标准粒子对其分离装置进行标定，对采样器入口效率以及测量一致性等进行检验。

接触的粉尘浓度 C_{fn} 按下式计算

$$C_{fn}(\text{mg/m}^3) = \frac{m}{q_v t} \times 1000 \qquad (2-42)$$

式中　m——粉尘增重，为分离装置内与滤膜上粉尘量之和，mg；
　　　q_v——平均采样流量，1/mm；
　　　t——采样时间，min。

如计算呼吸性粉尘浓度，只需将滤膜上的粉尘量作为 m 值代入上式即可。

三、管道粉尘浓度检测

管道测尘（参看 M2-1）通常是指一般含尘管道和烟道两种类型粉尘浓度和排放量的测定。车间一般含尘管道排出的尘粒，大多是由机械破碎、筛选、包装和物料输送等生产过程中产生的，气体介质成分稳定，气体的温度也不高。而从烟道中排出的尘粒，大都是由燃烧、锻造、冶炼、烘干等热过程产生的,这种含尘气体不但温度高、含湿量大,而且气体成分也发生变化,并伴有二氧化碳、氮氧化物、氟化物等有害物质,有较强的腐蚀性。因此,在选定测定方法和测试装置时,应考虑这些因素。

M2-1 管道式粉尘浓度检测仪应用简介

1. 采样位置的选定和管道断面测点的布置

在测定烟气的流量和采集粉尘样品时,为了取得有代表性的样品,应尽可能将采样位置选在气流平稳的直管段中,距弯头、阀门及径管段下游方向大于 6 倍直径和在其上游方向大于 3 倍直径处,最少也不能少于 1.5 倍直径,此时应适当增加采样点数。要求取样断面气体流速最好在 5m/s 以上。此外,应当注意在水平管道中,由于尘粒的重力沉降作用,较大尘粒有偏离流线向下运动的趋势,管道内粉尘浓度分布不如垂直管道内均匀。因此,在选择采样位置时应优先考虑垂直管道。管道式粉尘浓度检测仪如图 2-23 所示。

采样位置选定后,采样孔和采样点主要根据管道断面的大小和形状而定。管道横断面上测点的选定,通常是将断面划分为适当数量的等面积环(或方块),在各个等面积环(或方块)上定出采样点。

圆形管道断面的等面积分环法,即将圆管断面分成若干个等面积的圆环,然后将断面两垂直直径上各圆环的面积中分点作为测点,如图 2-24 所示。

图 2-23 管道式粉尘浓度检测仪图

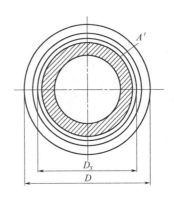

图 2-24 等圆环面积的划分

取管道直径为 D,将其分成 n 个等面积圆环,每一个圆环的面积为 A'

$$A' = \frac{\pi D^2}{4n}$$

第 x 个圆环的直径 D_x(x 由圆心算起)为

$$D_x = \sqrt{\frac{2x-1}{2n}} \tag{2-43}$$

若计算点由管内壁计算,则各点与管壁的距离 l

当 $l < D/2$ 时

$$l = \frac{D}{2}\left(1 - \sqrt{\frac{2x-1}{2n}}\right) \tag{2-44}$$

当 $l > D/2$ 时
$$l = \frac{D}{2}\left(1 + \sqrt{\frac{2x-1}{2n}}\right) \tag{2-45}$$

一般采样孔的结构如图 2-25 所示。为了适应各种形式的采样管插入，孔径应不小于 75mm。当管道内有有毒或高温气体，且采样点管道处于正压状态时，为保护操作人员安全，采样孔应设置防喷装置，如图 2-26 所示。常用粉尘采样仪实物图见图 2-27，其应用简介参看 M2-2。

M2-2 粉尘采样仪应用简介

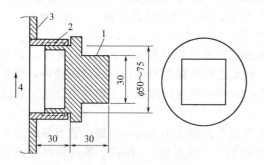

图 2-25 一般采样孔结构
1—丝堵；2—短管；3—烟道壁；4—烟道

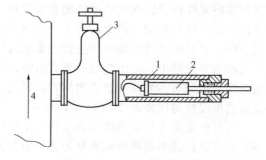

图 2-26 采样孔防喷装置
1—密封室；2—采样管；3—闸板阀；4—烟道

图 2-27 粉尘采样仪实物图

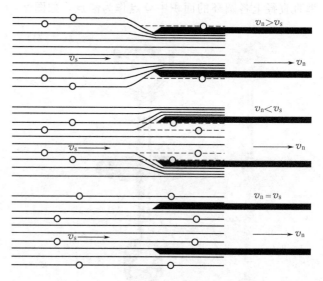

图 2-28 不同采样速度下尘粒运动情况

2. 等速采样

(1) 等速采样原理 为了取得有代表性的样品，尘粒进入采样嘴的速度必须和管道内该点气流的速度相等，这一条件称为等速采样。所有非等速采样的采样结果都不能真实地反应实际尘粒分布情况。图 2-28 表示在不同采样速度下尘粒的运动状态。当采样速度 v_n 大于采样点的气流速度 v_s 时，处于采样嘴边缘以下的部分气流进入采样嘴，继续沿着原来的方向前进，使采取的样品浓度 C_n 低于实际浓度 C_s。当采样速度 v_n 小于采样点的气流速度 v_s 时，情况正好相反，样品浓度 C_n 高于实际浓度 C_s。只有采样速度 v_n 等于采样点的气流速度 v_s 时，采取的粉尘浓度才与实际情况相符。

对于不等速采样造成的采样误差，国内外进行了很多研究，试图得到不等速采样的影响误差。虽然提出了各种计算公式和图表，但由于粉尘性质、粒径分布、流速波动等因素变化较大，很难得到准确的结果，提出的各种计算式差别较大，且计算复杂，在实际应用上还有一定困难。图 2-29 是沃特森（Watson）的试验结果，从图上可以看出，粉尘越大，不等速引起的采样误差越大。小于 4μm 的粒子，由于其惯性较小，不等速采样引起的误差影响不大。

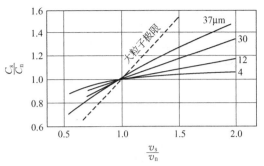

图 2-29 非等速采样误差

(2) 维持等速方法

① 预测流速法。使用普通采样管一般采用此法，即在采样前预先测出各采样点的气体温度、压力、含湿量、气体成分和流速，根据测得的各点流速、气体状态参数和选用的采样嘴直径计算出各采样点的等速采样流量，然后按此流量采样。等速采样计算主要有以下几点。

a. 采样嘴口径的选择。采样嘴的选择原则，是使采样嘴进口断面的空气速度和烟道测点速度相等，同时为防止与采样嘴相连的采样管内积尘，一般要求采样管内的气流速度大于 25m/s。根据流体的连续性方程式，采样管内的空气流量应等于采样头进口断面的空气流量。所以

$$\frac{\pi}{4}d_0^2 \times 25 = \frac{\pi}{4}d^2 v \tag{2-46}$$

式中　d_0——采样管内径，mm；

　　　d——采样嘴进口内径，mm；

　　　v——采样嘴进口断面气体流速，m/s。

等速采样时，v 就是风管内的流速。采样管内径通常取 $d_0=6$mm，采样嘴内径 d 可由下式求出

$$d = \frac{30}{\sqrt{v}} \tag{2-47}$$

b. 常温管道等速采样计算。在此情况下可以不考虑温度、压力、湿度对采样体积的影响，因为一般气流的绝对压力变化不大。抽气量 q_{vs} 按下式计算

$$q_{vs}(\text{L/min}) = \frac{\pi}{4}d^2 v \times 60 \times 10^{-3} = 0.047 d^2 v \tag{2-48}$$

c. 高温、大湿度管道等速采样计算。为使计算简化，假定在整个采样系统内的变化规律符合理想气体状态方程，且整个系统无漏气。进入采样嘴的气体流量 q_{vs} 仍按式(2-48)计算。

若流量计前装有干燥器，则当气体流量 q_{vs} 经干燥器除去其水分 X_{sw}（%）后，达到流量计前的气体流量为

$$q_{vf} = q_{vs}(1 - X_{sw})\frac{P_s T_f}{P_f T_s} \tag{2-49}$$

式中　T_f、P_f——流量计前的气体热力学温度和压力；

　　　T_s、P_s——管道内的气体热力学温度和压力。

② 皮托管平行采样法。这种采样法实质是预测流速法，不同的是气体流速的测定与粉尘采样几乎是同时进行的，方法是将 S 形皮托管与采样管平行固定在一起，当已知皮托管指示的动压及管道和流量计处的温度、压力时，利用预先绘制的在等速条件下 S 形皮托管的动压和流量计读数关系的线算图或快速标尺，即可查出应取的流量计读数，立即调整流量进行采样。这种方法弥补了预测流速测速法测速与采样不同时的缺点，使等速更接近于实际

情况。

③ 压力平衡法。该法使用特制的平衡型等速采样管采样，不需预先测量气体的流速、状态参数和计算等速采样流量等过程。将采样管置于采样点处，调节采样流量，使采样嘴内外静压力相等或使用采样管孔板的差压和采样点处皮托管测得的气体动压相等来达到等速。压力平衡法操作简单，并能跟踪气体速度变化而随时保持等速条件。

④ 自动等速采样法。随着微型计算机技术和各种压力传感器的开发应用，近年来国内外已开始使用各种型号的自动等速粉尘采样装置。如有的根据压力平衡原理制成的平衡型自动粉尘采样器，有的根据平行采样法制成自动等速粉尘采样器。这类仪器的工作原理是将气体温度、动压等信号自动输入到微处理器，经过运算处理，及时发出指令性信号，自动控制等速采样流量，并把运算结果和有关数值显示出来，使粉尘采样实现自动化。

(3) 采样嘴位置、形状、大小及采样方法　测尘采样时，采样嘴必须对准气流的方向，否则采样浓度将低于实际浓度，而且随着偏差角度和粒径的增大而增大，一般要求采样嘴和气流方向的偏差角度不得超过±5°。

采样嘴形状和结构原则上以不扰动吸气口内外气流为准，其尖端应制成小于30°的锐角，嘴边缘的壁厚不能超过0.2mm，太厚容易使前方形成堤坝效应使颗粒偏离，连接采样管一端的内径与采样管内径要吻合。采样嘴内径不宜小于5mm，否则大的尘粒易被排斥在外，引起误差。为了适应等速采样的需要，采样嘴通常制成内径为6mm、8mm、10mm、12mm等，供采样时选用。

采样方法分为移动采样和定点采样。为了较快地测得管道断面的粉尘平均浓度，可用一个捕尘装置，在已定的各采样点上移动采样，各点的采样时间相等。为了了解管道内粉尘浓度分布情况及计算平均浓度，分别在已定的各采样点上采样，每点收集一个样品，即定点采样。

3. 过滤法管道粉尘浓度测定仪表

用过滤法测管道粉尘浓度的仪表，按控制等速方式通常分以下几种。

(1) 普通型采样管测尘装置　这种测尘装置用预测流速法进行采样，整个仪器由采样管、捕尘滤筒、流量计量箱和抽气泵等部分组成，如图2-30所示。

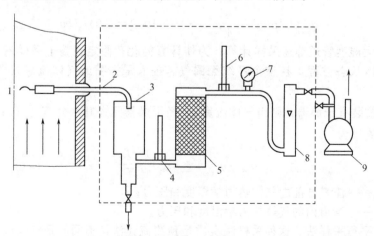

图2-30　普通型采样管测尘系统
1—烟道；2—采样管；3—冷凝管；4,6—温度计；5—干燥器；7—压力计；
8—转子流量计；9—抽气泵

① 采样管。根据采样点温度不同，采用玻璃纤维筒采样管或刚玉滤筒采样管两种。

图 2-31 为滤筒采样管示意图。

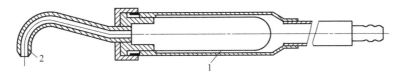

图 2-31　滤筒采样管
1—滤筒；2—采样嘴

② 捕尘滤筒。这是一种捕集效率高、阻力小，并便于制成管道内部采样的捕集装置，目前广泛应用的有玻璃纤维滤筒和刚玉滤筒。

玻璃纤维滤筒用无碱超细玻璃纤维制成，对油雾的捕集效率达 99.98% 以上，适用于 400℃ 以下的气体采样。由于滤筒在使用中有失重，所以使用前应放在 400℃ 高温内烧灼 1h，将其中的有机物去掉，以减少失重。由于 SO_2 能同玻璃纤维发生化学反应生成硫酸盐使滤筒增重，影响测试精度，所以玻璃纤维滤筒不宜用于 SO_2 的气体采样。

刚玉滤筒由氧化铅粉加有机填料烧结而成，对 $0.5\mu m$ 尘粒的捕集效率为 99.5%。刚玉滤筒可用于 850℃ 以下气体采样。刚玉滤筒阻力较小，在 400℃ 高温烧灼 1h 后，再在 800℃ 以下采样 1h 失重在 2mg 以下。

③ 流量计量箱。由冷凝水收集器、干燥器、温度计、压力计和流量计组成，冷凝水收集器用来收集可能冷凝于采样管中的冷凝水。干燥器内装硅胶用以干燥采样气体，以保证流量计正常工作和使进入流量计的气体呈干燥状态。温度计和压力计则用来测量转子流量计前的温度和压力，以便将测量状态下的采气体积换算到标准状态下的采气体积。

④ 抽气泵。应具有克服管道负压和测量管线各部分阻力的能力，并应有足够的抽气量。流量在 60L/min 以上的旋片式抽气泵，比较适合现场使用。

（2）动压平衡型采样装置　本装置采样利用采样管上的孔板差压和与采样管平行放置的皮托管指示的气体动压相平衡来实现等速。用皮托管测定气体流速 v_s 由以下公式确定

$$v_s = k_m \sqrt{\frac{2}{\rho} p'_m} \tag{2-50}$$

如果在采样管上装有孔板（或文丘里管）等节流装置，此处的采样速度 v_n 为

$$v_n = \frac{q_v}{A} = \beta \zeta \sqrt{\frac{2}{\rho_n} \Delta p_r} \tag{2-51}$$

式中　ρ_n——采样抽取气体的密度。

如果滤筒阻力不大，可以认为管道内的气体和采样抽取气体的密度相同，即 $\rho = \rho_n$。比较式（2-50）和式（2-51）可以看出，如能使孔板系数 $\beta\zeta$ 等于皮托管校正系数 k_m，则实现等速（$v_s = v_n$）的条件是

$$p'_m = \Delta p_r \tag{2-52}$$

图 2-32 为动压平衡型等速采样系统。此测试系统的等速采样管由带有孔板的滤筒采样管和与之平行的 S 形皮托管组成。它使用一台双联倾斜微压计指示皮托管的动压和孔板的差压，用以测定管道内气体速度及控制等速采样流量。采样流量由累积流量计测出，转子流量计只监控流量大小。

（3）静压平衡型采样装置　该装置利用采样嘴内外静压相平衡的原理实现等速采样，其采样嘴结构如图 2-33 所示。根据流体力学原理，管道内气体由断面 1-1 至断面 2-2 时，气体

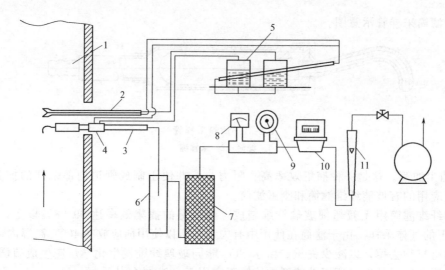

图 2-32 动压平衡型采样系统
1—烟道；2—S形皮托管；3—采样嘴；4—孔板；5—双联微压计；6—冷凝器；
7—干燥器；8—温度计；9—压力计；10—累积流量计；11—转子流量计

流动的能量方程可表示为

对于管道：

$$\frac{p_{r1}}{\rho}+\frac{v_s^2}{2}=\frac{p_{r2}}{\rho}+\frac{v_s^2}{2}+\Delta p_{1\text{-}2} \tag{2-53}$$

对于采样嘴：

$$\frac{p'_{r1}}{\rho}+\frac{v_n^2}{2}=\frac{p'_{r2}}{\rho}+\frac{v_n^2}{2}+\Delta p'_{1\text{-}2} \tag{2-54}$$

式中 p_{r1}, p_{r2}——1，2 断面管道气体静压，Pa；
p'_{r1}, p'_{r2}——1，2 断面采样嘴气体静压，Pa；
v_s——管道气体速度，m/s；
v_n——采样嘴气体速度，m/s；
ρ——气体密度，kg/m³；
$\Delta p_{1\text{-}2}$——气体流过管道断面 1-2 时的压力损失，Pa；
$\Delta p'_{1\text{-}2}$——气体流过采样嘴断面 1-2 时的压力损失，Pa。

在断面 1-1 处，管道和采样嘴处的气流能量相等，即

$$\frac{p_{r1}}{\rho}+\frac{v_s^2}{2}=\frac{p'_{r1}}{\rho}+\frac{v_n^2}{2} \tag{2-55}$$

所以

$$\frac{p'_{r1}}{\rho}+\frac{v_s^2}{2}+\Delta p_{1\text{-}2}=\frac{p'_{r2}}{\rho}+\frac{v_n^2}{2}+\Delta p'_{1\text{-}2} \tag{2-56}$$

由上述可知，如能使断面 1-1 至断面 2-2 管道和采样嘴的气流压力损失相等，即 $\Delta p_{1\text{-}2}=\Delta p'_{1\text{-}2}$，则当 $\Delta p'_{r1}=p'_{r2}$ 时，有 $v_s=v_n$，即达到等速。实际上气体进入采样嘴后，由于入口局部压力损失和嘴内管道摩擦压力损失总大于管道压力损失，因此静压相等时流速并不相等。为此，大都通过改进采样嘴结构的办法来补偿这一压力损失。有的改变管嘴外形结构，在采样嘴外部静压孔前设阻流圈来提高管道气流的压力损失；有的则改变管嘴内部结构，将

管嘴内静压孔部位的管嘴内径扩大，使该部位的气流速度降低，以达到静压相等时速度相等。

（4）无动力等速粉尘采样器　是一种直接测量烟囱或一般含尘管道粉尘排放量的仪器，它利用采样器的特殊结构和气流本身提供的动力实现等速采样。从图 2-34 可以看出，当采样器对准气流时，一方面气流的动能迫使气体通过管道进入采样器，另一方面气流在流经采样器锥形尾翼时，产生一定的抽力，以克服气流通过采样器的阻力，在两种力联合作用下达到等速采样的要求。粉尘捕集采用静电沉降方法，含尘气流进入管内后，粉尘沉降在作为收集板的管壁上，根据收集的尘量、采样时间、采样嘴直径和测点断面管道直径即可计算粉尘排放量。

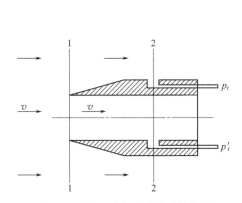

图 2-33　静压平衡型采样嘴结构图

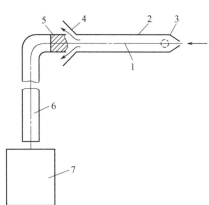

图 2-34　无动力等速粉尘采样器结构图
1—电晕极；2—沉降极；3—管嘴；
4—流量调节装置；5—电晕极支座；
6—支架；7—电源

整个采样器由采样头和电源两部分组成。采样头由管嘴、电晕放电极、粉尘沉降极、流量调节装置等部件组成。

① 管嘴。管嘴直径分 5mm 和 6mm 两种，5mm 管嘴适用于风速大于 10m/s 的管道，6mm 管嘴适用于风速大于 15m/s 的管道。

② 电晕放电极。位于沉降极中心，在直径 4mm 的圆柱顶端有一长约 10mm 的细针，当接通电源后，即在针上形成电晕放电，使进入采样器的粉尘带荷电。

③ 粉尘沉降极。粉尘沉降极是长 150mm、内径 26mm 的不锈钢管，其作用是收集进入采样器的粉尘。为了便于取出粉尘，通常用铝箔卷成圆筒预先放入管内。

④ 流量控制装置。指装在收集管后的锥形尾翼和多孔排气管，当气流流过尾翼时即在其后部产生一定的抽力，排气孔孔径起调节气流流量的作用。

⑤ 电源箱。供给采样器高压电源。

管道粉尘排放量按下式计算：

$$m_t(\text{kg/h}) = \frac{mA}{tA'} \times 60 \times 10^{-3} \tag{2-57}$$

式中　m——采取的粉尘质量，g；

　　　t——采样时间，min；

　　　A——采样点处管道断面积，m^2；

　　　A'——采样嘴面积，m^2。

如果在采样时测定气体速度及其状态参数，即可计算出粉尘浓度。

该仪器结构简单、操作方便,但捕集效率低于过滤法。

第五节 粉尘的游离二氧化硅检测

粉尘的化学成分决定其对机体危害的性质和程度。其中,游离状态的二氧化硅含量影响尤为严重。长期大量吸入含结晶型游离二氧化硅的粉尘将引起硅肺病。粉尘中游离二氧化硅的含量越高,引起病变的程度越重,病变的发展速度越快。这里将对粉尘的游离二氧化硅检测做简要的介绍。

测定粉尘中的游离二氧化硅有化学法和物理法。化学法采用焦磷酸重量法和碱熔钼蓝比色法,其中焦磷酸重量法国内应用普遍,其优点是适用范围广、可靠性较好,缺点是操作程序繁琐、花费时间较长。碱熔钼蓝比色法灵敏度较高,但应用范围有一定的局限性。物理法有X射线衍射法和红外分光光度法。物理法不改变被分析样品的化学状态,需要的样品量很少,分析资料可以保存在图谱上,常用于定性鉴别化合物的种类,用于定量测定则有一定的局限性。

一、焦磷酸重量法

一定量的粉尘样品经焦磷酸在245~250℃处理后,其中的硅酸盐等杂质完全溶解,而游离二氧化硅则几乎不溶。因此,称量处理后的残渣质量,可以推算出游离二氧化硅的含量。

二、碱熔钼蓝比色法

在800~900℃的温度下,碳酸氢钠和氯化钠混合熔剂与硅酸盐不发生作用,而选择性地熔融游离二氧化硅,生成可熔性的硅酸钠,在酸性介质中,硅酸钠与钼酸铵可形成配合物,它遇到还原剂时将被还原成钼蓝,根据颜色深浅进行比色测定。

三、X射线衍射法

X射线在通过晶体时产生衍射现象。用照相法或X射线探测器可记录产生的衍射花纹。由于每种晶体化合物都有其特异的衍线图样,所以只要将被测试样的衍射图样与已知的各种试样的衍射图谱相对照,就可以定性地鉴定出晶体化合物的种类,而根据衍射图样的强度就可以定量测定试样中晶体化合物的含量。

粉末照相机呈圆筒形,如图2-35(a)所示。由X射线管发射的X射线束,透过滤光片后成为近乎单色的辐射束,通过细管准直照射到样品晶体上。其中一部分X辐射被晶体中的原子散射。粉末中所有与入射线的夹角为θ(该角取决于晶体的种类)的晶面散射光束,在空间可连接成一个以入射线方向为轴,夹角为4θ的圆锥面。其他一定角度的散射可由其他方位的晶体产生。未被散射的辐射,通过出射细管射出照相机。散射线投射在衬有底片的相机内壁上,从而得出一对对的对称弧线组成的图样,如图2-35(b)所示。

衍射图样的定性鉴定主要凭经验,可以根据纯晶体化合物的标准衍射图谱对照鉴别。对于定量测定,在试样组成简单的情况下,只需在同一条件下将未知试样与含量已知的样品中特定的衍射线的强度作比较即可定量;对组成复杂的样品,则需要根据积分强度的概念,用解方程式的办法计算。

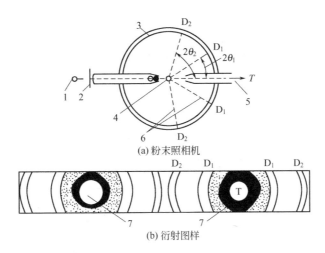

图 2-35　照相法示意图（D_1、D_2 和 T 指底片在照相机中的位置）
1—X 射线管；2—滤光片；3—照相软片；4—样品；5—透射光束；
6—衍射光束；7—照相软片上供入射和透射用小孔

四、红外分光光度法（比色法）

红外分光光度法可用于样品的化学成分分析和分子结构的研究。样品可以是无机物也可以是有机物，可以是气态、液态、固态或者溶液。

当具有连续波长的红光照射物质时，该物质的分子选择性地吸收某几种波长的光，若将其透过的光进行色散，就得到一吸收光谱。

每种化合物都有自己独特的光谱图，将未知试样的光谱图与若干纯化合物的标准谱图对照就能定性鉴别，而吸收峰的强度则取决于该化合物的含量，借此可进行定量分析。

对于组分数目不多，且其光谱形状差别又大的样品来说，被分析组分的特征吸收峰出现的位置没有出现其他组分的吸收峰的，定量分析工作较为简单，通常采用"工作曲线法"进行。工作曲线是由一系列已知含量的二氧化硅样品经试验测定，以含量为横坐标，相应的吸收率或透过率为纵坐标作图得到的曲线。在相同条件下测定样品，由测得的吸收率或透过率在工作曲线上就可以查得相应的游离二氧化硅含量。

对于化学组分复杂的样品，通常先用化学方法进行预分离，然后再进行光谱测定。

第六节　作业场所生产性粉尘危害级别评定

作业场所生产性粉尘的危害共分五级：0级危害、Ⅰ级危害、Ⅱ级危害、Ⅲ级危害、Ⅳ级危害。

将生产性粉尘中二氧化硅含量参数、工人接尘时间肺总通气量参数和粉尘超标倍数参数相乘得到指数，根据表 2-1 进行判别。

表 2-1　危害级别判定

指数范围	0	≤7.5	>7.5～22.5	>22.5～<90	≥90
级别	0级、安全级	Ⅰ级危害	Ⅱ级危害	Ⅲ级危害	Ⅳ级危害

(1) 二氧化硅含量参数　见表2-2。

表2-2　二氧化硅含量参数

二氧化硅含量	≤10%	>10%~40%	>40%~70%	>70%
参数	1	2.5	5	7.5

(2) 肺总通气量参数　见表2-3。

表2-3　肺总通气量参数

肺总通气量	0~4000L/(日·人)	4000~6000L/(日·人)	>6000L/(日·人)
参数	1	1.5	2

(3) 浓度超标倍数参数　粉尘浓度超标倍数值作为该项参数。国家标准中生产性粉尘的最高允许浓度见表2-4。

粉尘浓度超标倍数＝(粉尘浓度实测值/该种粉尘段最高接触容许浓度)－1

表2-4　国家标准中生产性粉尘的最高允许浓度表

编号	物质名称	最高容许浓度/(mg/m³)	编号	物质名称	最高容许浓度/(mg/m³)
1	含有10%以上游离二氧化硅的粉尘（石英、石英岩等）①	2	6	铝、氧化铝、铝合金粉尘	4
2	石棉粉尘及含有10%以上石棉的粉尘	2	7	玻璃棉和矿渣棉粉尘	5
3	含有10%以下游离二氧化硅的滑石粉尘	4	8	烟草及茶叶粉尘	3
4	含有10%以下游离二氧化硅的水泥粉尘	6	9	其他粉尘②	10
5	含有10%以下游离二氧化硅的煤尘	10			

① 含有80%以上游离二氧化硅的生产性粉尘，不宜超过1mg/m³。
② 其他粉尘系指游离二氧化硅含量在10%以下，不含有毒物质的矿物性和动植物性粉尘。

复习思考题

1. 工业生产中哪些操作过程能产生生产性粉尘？
2. 根据粉尘的来源及性质粉尘可分为哪几类？
3. 多大粒径的粉尘对人体的危害最大？
4. 粉尘的危害有哪些？
5. 粉尘比电阻对电除尘器有什么影响？测定粉尘比电阻有哪些方法？
6. 粉尘的密度有哪几种表示方法？粉尘的真密度如何测定？
7. 作业场所粉尘浓度的测定方法有哪些？试比较各种方法的优缺点。
8. 管道测尘时，如何合理选定采样位置和科学布置管道断面测定？
9. 为什么要进行等速采样？有哪些方法可以做到等速采样？
10. 作业场所生产性粉尘的危害级别如何评定？

第三章
有毒有害物质检测

学习目标

1. 了解有毒有害物质的危害性。
2. 熟悉有毒有害物质的分析方法。
3. 掌握分光光度法和色谱分析法等分析方法。
4. 掌握典型有毒有害物质的检测方法。
5. 掌握化工企业常用的安全分析方法。

【案例1】重庆千丈岩水污染

2014年8月13日,地处三峡库区腹地、距离长江仅13km的重庆市某县千丈岩水库 $2.8 \times 10^6 m^3$ 水体受到严重污染,原因是湖北建始县某矿业有限公司硫精矿洗矿场直排废水。被污染水体具有有机物毒性,悬浮物高达 260mg/L,COD、铁分别超标1.25倍和30.3倍,导致周边4乡镇5万余名群众饮水困难,如图3-1所示。

图 3-1 重庆千丈岩水污染事故图

图 3-2 某食品厂发生气体中毒事故现场

【案例 2】某食品厂发生气体中毒事故

2017 年 11 月 29 日广西钦州市某食品厂发生一起气体中毒事故（图 3-2）。一名工人下腌制池开展清理作业时中毒，先后 4 人下池施救，结果相继倒在池底，造成 5 人死亡的惨剧。

【案例 3】意大利重金属制造企业发生中毒事件

2018 年 1 月 16 日意大利当地时间下午，位于意大利米兰格莱考地区的某重金属制造公司发生一起重金属中毒事件。事件造成 3 人死亡，6 人深度中毒入院。事故发生时，4 名工人正在检修重金属熔化设备。在清理强高温融化炉过程中，因毒气浓度传感警报器失灵，4 名工人由于吸食过量重金属毒气，晕倒在工作现场。

【案例 4】陕西凤翔血铅事件

2009 年 8 月 7 日下午 2 点，家住陕西省凤翔县×镇×村×组的×婆婆坐在门口扎布鞋，她突然发现，马路对门的马道口学校竟然车水马龙起来，孩子、家长、穿白大褂的……人越来越多，早已放假的学校突然间变得极为热闹。

一打听，才知道原来是西安市中心医院 8 名医护人员在这里对 14 岁以下的儿童及婴幼儿进行血样采集，重点检测其中的铅含量。根据此前该村和邻村——×村的村民们自发到宝鸡市各大医院所做检测，两村数百名婴幼儿及儿童绝大多数被检测出体内铅超标，其中部分超标严重，已达到中毒标准。两村民居南北环抱着的一家年产铅锌 20 万吨的冶炼企业——×冶炼有限公司，被疑与此有关。

铅中毒来自村民偶然的发现。最先查出铅含量异常的是×村×组 6 岁女童××。今年 3 月，由于××老喊肚子疼，并有表现烦躁等现象，被家长带往凤翔县医院检查，结果竟是"铅中毒性胃炎"。

此事并未引起村民重视，直到 7 月 6 日×村 1 组村民××带着 8 岁的儿子××和其堂弟 6 岁的××，去了一趟宝鸡市妇幼保健院。"我儿子又矮又瘦，个头像个 4 岁的孩子，还不到 50 斤重。我是想给他查查缺啥。"××说，儿子的堂弟则是头发不正常，有一块一块的小斑，所以也跟着去查了。微量元素的检测结果令医生吃惊：兄弟俩血铅含量分别达到了每升 $239\mu g$ 和 $242\mu g$，大大超出了 $0\sim100\mu g$ 的正常值。

医生告诉××，血铅含量在每升 $100\mu g$ 以下，相对安全；在 $100\sim199\mu g$ 之间，血红素代谢受影响，神经传导速度下降；在 $200\sim499\mu g$ 之间，可有免疫力低下、学习困难、注意力不集中、智商水平下降或体格生长迟缓等症状。

村民围堵冶炼公司大门。听医生这么一说，××顿时感到问题的严重性：家附近就是×集团的铅锌冶炼公司，2006 年以来受其影响，水、空气都有一些变味，孩子的血铅含量异常，估计与企业有关系。检查结果迅速在两个村子传开。有村民带着家里的孩子到宝鸡市妇幼保健医院、宝鸡市中心医院、宝鸡市人民医院等进行体检，体检结果令村民大吃一惊：几乎所有儿童的铅含量均超过了标准。8 月 3 日至 4 日，情绪异常激动的村民围堵了×集团冶炼公司的大门，致使该公司不能正常生产，双方发生冲突。事发后，凤翔县委、县政府相关领导赶赴现场，组织人员统计"血铅超标"的儿童人数，环保部门也介入调查。

至少 300 个孩子血铅超标。根据村民们不完全统计，×村和×村 0~14 岁婴幼儿及儿童血铅异常人数均超过 160 人，两村加起来，至少 300 个儿童血铅超标。从 8 月 7 日开始，根据陕西省卫生厅的指派，西安市中心医院医护人员共需要采集 864 名孩子的血样。

政府承诺免费治疗。血铅异常事件发生后，凤翔县委、县政府先后两次召开常委扩大会议，专题研究部署血铅超标事件处置工作。会议提出五条处置原则：①依靠权威机构省、市疾控中心核查确认；②政府出资免费全面核查相关儿童血铅超标问题；③公开公正，第一时间公布检查结果；④以人为本，一经确认有血铅超标情况的儿童，全部免费予以及时有效的治疗，确保早日治愈，不留后遗症；⑤着眼长远，制定规划，做好相关搬迁工作。

实际上，早在去年，两个村的部分村民就知道了铅锌冶炼可能带来的危害。×学校对面的×婆婆是其中一个。在她的要求下，14 岁的孙子××去年秋天被送到了宁夏银川儿子打工处读书，此次就没有检测出血铅异常。家在冶炼公司大门口的××也把 12 岁的孩子××送去了扶风县法门寺一家私立小学晨光小学住读，远离污染。××估计，今年秋天被转学到外地的孩子会更多。

冶炼公司工人血铅超标更恐怖。×村×组 23 岁青年××在当地家喻户晓，大家都知道，他在冶炼公司上班，血铅含量在 $1000\mu g/L$ 以上。×× 50 岁的父亲××向记者证实：儿子今年 5 月被查出血铅含量 1100 多微克每升，经进行输液排铅，有所下降。他同时证实，儿子已经在上个月向公司递交了辞职报告，"目前还没批下来"。在冶炼公司上班的另一些职工也证实，自己的血铅含量都超过了正常值，在 $400\mu g/L$ 以上，

第三章 有毒有害物质检测

600μg/L、700μg/L、800μg/L 的也不少。职工们说,外面的居民血铅也超标,是因为安全距离不够。

缓慢的搬迁或是超标主因。据陕西当地媒体披露,根据×冶炼公司入驻××工业园区的协议,共有 581 户居住在公司周围的村民需要搬迁。但在冶炼公司已经进驻的两年内,××工业园区实际只搬迁了 156 户,还有 425 户没有搬迁。

工业园区管委会副主任××表示,今后园区将每年筹集 2000 万元资金,每年搬迁 100 户左右。凤翔县血铅超标事件领导组房屋搬迁小组人士表示:将在本月底前完成首批搬迁户准备工作。

陕西省环保厅环境监测局目前组成了环保检测组,已经深入冶炼企业和附近村组,设立了 12 个点位,对大气、土壤、水源、企业排污口等进行检测,检测结果将在数日后得出。

血铅中毒:指血液中铅元素的含量超过了血液铅含量的正常值,国际血铅诊断标准等于或大于 100μg/L,为铅中毒,如果过高,就提示发生了铅中毒,它会引起机体的神经系统、血液系统、消化系统的一系列异常表现,影响人体的正常机能。铅从哪里来:①废气;②土壤和尘埃中;③废水;④日用品及装饰材料中。

第一节 概 述

有毒有害物质,对人和生物会产生即时的或潜在的危险,表现为毒性、致癌性、致畸性、致突变性、腐蚀性等。为采取防治措施、制定法规、了解污染情况、预报污染趋势、评价治理效果,有必要对环境污染物进行检测。

根据检测的对象,有毒有害物质检测内容分为水质污染物检测、大气污染物检测、固体废物检测、生物检测、生态检测、物理污染检测等。

① 水污染检测。水污染检测可分为两类:一类是反映水质污染的综合指标,如温度、色度、浊度、pH 值、电导率、悬浮物、溶解氧(DO)、化学需氧量(COD)和生化需氧量(BOD)等;另一类是一些有毒害性的物质,如酚、氰、砷、铅、铬、镉、汞、镍、有机农药等。

② 大气污染物检测。大气污染物以分子状和粒子状两种形态存在于大气中。常见的分子状污染物主要有 SO_2、NO_x、CO、HCN、NH_3、Hg、碳氢化合物、卤化氢、氧化剂、甲醛、挥发酚等;常见的粒子状污染物有总悬浮微粒(TSP)、灰尘自然沉降量、尘粒的化学组成(铬、铅、砷化物等)。

③ 固体废物检测。固体废物主要包括工业固体废物和城市垃圾。固体废物的污染主要是指固体废物的有害性质和有害成分对土壤、水体、空气和动植物的危害,如固体废物中的铬、铅、镉、汞等重金属在自然条件下浸出,有机农药残留于农作物中等。

④ 生物检测。污染物通过大气、水体和土壤进入动植物体内,从而抑制、损害其生长和繁殖,甚至导致死亡。对污染物导致动植物这种变化的监测即为生物监测。如水生生物监测、植物对大气污染物反应及指示作用的监测、生物体内有害物的监测、环境致突变物的监测等,具体监测项目依据需要而定,如砷、镉、汞、有机农药等。

⑤ 生态检测。就是观测与评价生态系统对自然变化及人为变化所做出的反应,着重于生物群落和种群的变化。

⑥ 物理污染检测。是指对造成环境污染的噪声、振动、电磁辐射、放射性等物理能量进行监测。

按有毒有害物质的形态,可分为气体污染物、液体污染物和固体污染物。本章主要介绍常见气体污染物和液体污染物的检测。

第二节 有毒有害物质的检测方法

一、化学分析法

化学分析法是以特定的化学反应为基础的分析方法,分为称量分析法和容量分析法。

称量分析法是将待测物质以沉淀的形式析出,经过过滤、烘干,用天平称其质量,通过计算得出待测物质的含量。由于称量分析法的手续烦琐、费时费力,因而在环境监测中的应用较少。但是称量分析法准确度比较高,环境监测中的硫酸盐、二氧化硅、残渣、悬浮物油脂、可吸入颗粒物和降尘等的标准分析方法仍建立在称量分析法基础上。

容量分析法的特点是操作简便、迅速、结果准确、费用低,在环境监测中得到较多的应用。如测定水中的酸碱度、化学需氧量、溶解氧、挥发性酚、总氮、硫化物和氰化物等。滴定分析是容量分析的一种,它是用一种已知准确浓度的溶液(标准溶液),滴加到含有被测物质的溶液中,根据反应完全时消耗标准溶液的体积和浓度计算出被测物质的含量。滴定分析方法简便,测定结果的准确度也较高,不需贵重的仪器设备,是一种重要的分析方法。根据化学反应类型的不同,滴定分析分为酸碱滴定、配位滴定、沉淀滴定和氧化还原滴定四种方法。

1. 酸碱滴定法

酸碱滴定法是将酸或碱滴定剂加到被测碱或酸试液中,用指示剂指示终点的到达,然后由所用滴定剂的浓度和用量计算被测物的含量。此法是应用十分广泛的一种方法,许多化工产品如烧碱、纯碱主成分的含量和钢铁及某些原材料中 C、S、P、Si 和 N 等元素,常用酸碱滴定法测定。

2. 配位滴定法

配位滴定法是以配合反应为基础的一种滴定分析方法。如用 $AgNO_3$ 溶液来滴定 CN^- 时,其反应如下。

$$Ag^+ + 2CN^- = [Ag(CN)_2]^-$$

当 Ag^+ 过量时,则

$$Ag^+ + [Ag(CN)_2]^- = Ag[Ag(CN)_2]\downarrow$$

沉淀析出,表明终点到达。配合物的稳定性以配合物稳定常数 $k_{酸}$ 表示,如上例中的稳定常数为

$$k_{酸} = \frac{[Ag(CN)_2^-]}{[Ag^+][CN^-]^2}$$

从各配合物稳定常数的大小可以判断配合反应完成的程度和它是否可用于滴定分析。目前,应用最广泛的一类配合物是乙二胺四乙酸(EDTA)。

3. 沉淀滴定法

沉淀滴定法是以沉淀反应为基础的一种滴定分析方法。虽然能形成沉淀的反应很多,但并不是所有的沉淀反应都能用于滴定分析,因为很多沉淀的组成不恒定,或溶解度较大,或容易形成过饱和溶液,或达到平衡的速度缓慢,或共沉淀现象严重,或缺少合适的指示剂。目前应用较广的是生成微溶性银盐的反应,如

$$Ag^+ + Cl^- \longrightarrow AgCl\downarrow$$

$$Ag^+ + SCN^- \longrightarrow AgSCN\downarrow$$

以这类反应为基础的沉淀滴定法称为银量法，用银量法可以测定 Cl^-、Br^-、I^-、Ag^+、CN^-、SCN^- 等离子。银量法根据终点选用的指示剂不同分为莫尔法、佛尔哈德法、法扬司法（其原理参看 M3-1）。

M3-1 沉淀滴定原理

4. 氧化还原滴定法

氧化还原滴定法是以氧化还原反应为基础的滴定分析方法。氧化还原反应是基于电子转移的反应，反应机理较为复杂，有的反应除主反应外，还常伴有副反应发生。在氧化还原反应中，可以利用指示剂在化学计量点附近时颜色的改变来指示终点。常用的氧化还原指示剂有本身发生氧化还原的指示剂（二苯胺磺酸钠）、自身指示剂（$KMnO_4$）和显色指示剂（淀粉）3 种类型。和其他滴定方法一样，随着滴定剂的加入，被滴定物质的氧化态和还原态的浓度逐渐改变，电对的电势也随之改变，并可用滴定曲线表示。氧化还原滴定法可用于无机物和有机物含量直接或间接的测定。

二、仪器分析法

仪器分析法是利用被测物质的物理或物理化学性质来进行分析的方法。仪器分析法具有灵敏度高、选择性强、简便快速、可以进行多组分分析、容易实现连续自动分析等优点。根据分析原理和仪器的不同，环境监测中常用到如下几类。

1. 色谱分析法

色谱分析法是一种分离分析方法。包括气相色谱法、高效液相色谱法、薄层色谱法、离子色谱法等。

（1）气相色谱法（gas chromatography，GC） 以气体为流动相的色谱分析法称为气相色谱法。根据所用固定相的状态不同，可分为气固色谱（GSC）和气液色谱（GLC）。在环境监测中，气相色谱法是各类色谱法中应用最为广泛的，是水、大气、固体废物和土壤等环境样品中各种有机污染物的主要测定方法，还可以应用于永久性气体的测定。

（2）高效液相色谱法（high performance liquid chromatography，HPLC） 相对于气相色谱，把流动相为液体的色谱过程称为液相色谱。高效液相色谱是在液体柱色谱基础上引入气相色谱的理论，采用高压泵、高效固定相和高灵敏度的检测器，实现了分析快速、分离效率高和操作自动化。气相色谱法虽然具有分离能力好、灵敏度高、分析速度快、操作方便等优点，但是受技术条件的限制，不宜或不能分析沸点太高或热稳定性差的物质。而高效液相色谱法，只要求样品能制成溶液，不需要汽化，因此不受样品挥发性的限制，对于高沸点、热稳定性差、分子量大的有机物（几乎占有机物总数的 75%～80%），原则上都可以用高效液相色谱法来进行分离、分析，非常适用于分离与生物、医学有关的大分子和离子型化合物、不稳定的天然产物以及很多高分子化合物。

（3）离子色谱法（ion chromatography，IC） 是 20 世纪 70 年代美国 DOW 化学试剂分公司 Small 等化学家提出并发展的一种新技术，是一种分析离子的专用仪器，具有以下一些优点。

① 能同时分析多种阳离子或阴离子，灵敏度高，检测范围为 $10^{-9} \sim 10^{-8}$。
② 样品用量少，实际用量 0.5～1mL 左右，且一般不需要复杂的前处理。
③ 检测线性良好，在 3 个数量级的浓度范围内呈直线。
④ 快速、分辨率高。离子色谱法可用于大气、水、固体废物等多种环境样品的分析。通常，可以同时测定一个样品中的多种成分，如 F^-、Cl^-、Br^-、NO_2^-、NO_3^-、SO_3^{2-}、

SO_4^{2-}、$H_2PO_4^-$ 等阴离子和 K^+、Na^+、NH_4^+、Ca^{2+}、Mg^{2+} 等阳离子。

(4) 薄层色谱法（thin layer chromatography，TLC） 薄层色谱法又称为薄层层析，在环境监测中主要用于样品的预分离、纯化或制备标准样品。薄层分离是在薄板上点上试样和溶剂，在溶剂槽中即可完成展开，展开时间一般 10~60min，样品的预处理比较简单，对分离样品的性质没有限制，灵敏度及分辨率高。薄层色谱图具有直观性、可比性，但是与其他仪器分析方法相比，薄层色谱法费时费力，在环境监测中较少采用，但薄层色谱法可以与其他技术联用。

2. 光学分析法

光学分析法是根据物质发射、吸收辐射能或物质与辐射能相互作用建立的分析方法，其种类很多，以分子光谱法和原子光谱法应用较多。

(1) 分子光谱法（molecule absorption spectrometry，MAS） 包括红外吸收、可见和紫外吸收、分子荧光等方法。

① 红外吸收光谱法。红外吸收光谱法也称红外分光光度法，其最突出的特点是高度的特征性。除光学异构体外，每种化合物都有自己的红外吸收光谱，因此，它是有机物、聚合物和结构复杂的天然或合成产物定性鉴定和测定分子结构的最有效的方法之一。在生物化学中，红外吸收光谱法还可用于快速鉴定细菌，甚至可对细胞和活体组织的结构进行研究。红外光谱对于固态、液态和气态样品均可测定，且分析速度快、样品用量少、分析时不破坏样品。由于这些优点，红外光谱已成为常规分析方法。

② 可见紫外分光光度法。某些物质的分子吸收了 200~800nm 光谱区的辐射后发生分子轨道上电子能级间的跃迁，从而产生分子吸收光谱，据此可以分析测定这些物质的量，即为可见紫外分光光度法，可测定多种无机和有机污染物质，是环境监测中最常用的重要方法之一。

③ 分子荧光分析法。处于基态的分子吸收适当能量后，其价电子从成键分子轨道或非成键轨道跃迁到反键分子轨道上去，形成激发态，激发态很不稳定，将很快返回基态，并伴随光子辐射，这种现象称为发光。某些物质（分子）受激后产生特征辐射即分子荧光，通过测量荧光强度即可对这些物质进行分析，即为分子荧光分析法。分子荧光分析法在水和大气污染监测中都有应用，例如 Be、Se、油类、苯并[a]芘的测定。

(2) 原子光谱法 包括原子发射、原子吸收和原子荧光光谱法。目前应用最多的是原子吸收光谱法。

① 原子吸收光谱法（atomic absorption spectrometry，AAS）。原子吸收光谱法又称原子吸收分光光度法，简称为原子吸收法。它是基于蒸汽相中被测元素的基态原子对其原子共振辐射的吸收强度来测定样品中被测元素含量的一种方法。在环境监测方面，原子吸收光谱法被列为测定地表水、废水、大气、废气、土壤等样品中有关金属元素的标准分析方法。

② 原子发射光谱法。气态原子受热或电激发时，会发射紫外和可见光域内的特征辐射。根据谱线波长可作元素定性，根据谱线强度可作元素定量。由于近年来等离子体新光源的应用，促使等离子体发射光谱法（ICP-AES）快速发展，已用于清洁水、废水、生物样品很多元素的同时测定，一次进样可同时测定几十种元素。

③ 原子荧光光谱法。被辐射激发的原子返回基态的过程中，伴随着发射出来的一种波长相同或不同的特征辐射即荧光，通过测定荧光发射强度，可以定量检测待测元素。

3. 电化学分析法

电化学分析法是依据物质的电学及电化学性质测定其含量的分析方法，通常是使待分析的样品试液构成化学电池，根据电池的某些物理量与化学量之间的内在联系进行定量分析。

电化学分析可以分为极谱法、溶出伏安法、电导分析法、电位分析法、离子选择电极法、库仑分析法等。

(1) 电导分析法　通过测量溶液的电导率或电阻来确定被测物质的含量，如水质监测中电导率的测定就非常简便快速。

(2) 电位分析法　用一个指示电极和一个参比电极与试液组成化学电池，根据电池电动势（或指示电极电位）分析待测物质。电位分析法广泛应用于环境监测中，如pH值测定和离子选择性电极测定。离子选择性电极可以快速测定环境样品中的F^-、Cl^-、CN^-、S^{2-}、NO_2^-、K^+、Na^+等离子。

(3) 库仑分析法　待测物质定量进行某一电极反应，或者待测物质与某一电极反应产物定量进行化学反应，根据此过程所消耗的电量（库仑数）可以定量分析待测物质的浓度，即为库仑分析法，如库仑法测定化学需氧量就是根据此原理实现的。

(4) 伏安和极谱法　用微电极电解被测物质的溶液，根据所得到的电流-电压（或电极电位）极化曲线来测定物质含量的方法。此法在环境监测中应用广泛，是测定水、大气、固体废物、土壤等样品中多种金属元素的常用方法。

4. 质谱分析法

质谱分析法是利用分析物质的分子或原子电离，生成具有一定质量和电荷的离子，通过质量分析器使离子按质量和电荷比即质荷比（m/z）的不同分离，收集和记录离子信号，构成离子按m/z大小排列的质谱，实现样品成分和结构测定。根据研究对象不同，质谱分析分为同位素质谱、无机质谱和有机质谱。有机质谱是质谱学中最年轻也是现代发展最快的一个分支。

5. 其他检测分析方法

(1) 生物指示分析法　生物指示分析法是利用生物体（主要是植物）对环境中某些污染物所产生的反应性来判断环境污染的一种手段，它能反映出污染物对生物体的慢性和急性作用。此法不需昂贵的仪器设备和名目繁多的化学试剂，只要有一定生物学知识和实践经验的人员就可开展工作，具有简便、经济实惠和无污染等特点。

(2) 结构分析法　结构分析法是分析污染物的物理化学状态或结构的方法。污染物的状态有物理（气态、液态、固态）和化学（原子的结合状态、原子的电子状态、分子的激发状态、聚集状态和分子的不同结构）之分。事实表明，化学污染物的状态、结构决定它在环境中的选择性，不同状态和结构的污染物对动植物和人体毒性也不同。结构分析对研究污染物的形成过程、反应机制、污染效应，并制定环境保护标准、确定治理措施、监测污染状况均有重要的理论和实际意义。

常用的结构分析法有：紫外光谱、红外光谱、激光拉曼光谱、质谱、核磁共振、顺磁共振、X射线衍射法、旋光光谱与圆二色谱、电子能谱和莫斯包尔谱等。

(3) 放射化学分析法　放射化学分析法是专门测定环境样品中放射性污染物的方法。

(4) 酶分析法　酶是一种生物化学催化剂，酶分析法是利用酶催化反应测定污染物含量的方法，具有专一性，灵敏度高，在环境分析中逐步得到应用。

综上所述，有毒有害物质的检测方法很多，但对于某一特定的有毒有害物质，究竟采取哪一种检测方法？对于法定检测应优先选用国家标准规定的检测方法；若国家标准没有规定，则选用行业标准规定的检测方法。对于企业内部检测也可选用同行认可的检测方法。

第三节　水中有毒有害物质的检测

一、pH 值的检测

pH 是法语"Pouvoir Hydrogène"一词的缩写，亦称氢离子活度指数，是溶液中氢离子活度的一种标度，也就是通常意义上溶液酸碱程度的衡量标准。pH 值越趋向于 0 表示溶液酸性越强，反之，越趋向于 14 表示溶液碱性越强，在常温下，pH＝7 的溶液为中性溶液。由 pH 值的定义可知，pH 值是衡量溶液酸碱性的尺度，在很多方面需要控制溶液的酸碱，这些地方都需要知道溶液的 pH 值。

医学上：人体血液的 pH 通常在 7.35～7.45 之间，如果发生波动，就是病理现象。唾液的 pH 值也被用于判断病情。

化学和化工上：很多化学反应需要在特定的 pH 值下进行，否则得不到所期望的产物。

农业上：很多植物有喜酸性土壤或碱性土壤的习性，如茶的种植。控制土壤的 pH 值可以使种植的植物生长得更好。

水的 pH 值即表示水的酸碱性强弱的程度。它主要指水中含氢离子（H^+）的浓度大小而言。我国各地区水的酸碱程度差异很大，pH 值一般定为 1～14，pH＝7 时定为中性水，当 pH＞7 时为碱性水，pH＜7 时为酸性水，水的 pH 值对锅炉以及采暖系统的用水有较大意义。

表示水的酸碱性程度可按 pH 值划分如下：pH＜5.5 时，水呈强酸性；pH＝5.5～6.5 时，水呈弱酸性；pH＝6.5～7.5 时，水呈中性；pH＝7.5～10 时，水呈弱碱性；pH＞10 时，水呈强碱性。

电镀时，许多镀液的工艺条件中都注意要控制一定的 pH 值范围。如果 pH 值不在工艺范围，不论是偏高还是偏低，都得不到良好的镀层。那么 pH 值是怎么一回事呢？

pH 值代表了溶液中氢离子或氢氧根离子的浓度，由于氢离子或氢氧根离子的浓度有时是很小的数值，为了方便表达，规定 pH 值为溶液中氢离子物质的量浓度的负对数，其取值范围从 1～14。pH 值大，表示溶液中氢氧根离子的浓度大，氢离子的浓度小，溶液呈碱性；pH 值小，表示溶液中氢氧根离子少，氢离子的浓度大，溶液呈酸性。由于水的氢离子和氢氧根离子相等，指数都是 7，所以 pH＝7 表示中性。由此可知 7 以上至 14 是碱性，数值越大，碱性越强；7 以下至 1 是酸性，并且数值越小，酸性越强。同时由于 pH 值的数字是对数的指数，因此 pH 值每变化一个值，溶液中离子浓度变化 10 倍。比如 pH 值由 6 变为 5，表明溶液中氢离子的浓度增加了 10 倍。

pH 值的测定最简便的方法是用 pH 试纸，分为精密和广泛两种。精密试纸的测量范围比较小，通常在 3～9 之间，但所测得的 pH 值较为精密，可精确到 0.1 左右。广泛试纸的测量范围在 1～14，但只能测到整数位的 pH 值。试纸法测得的 pH 值只是近似值，并且受溶液本身颜色的干扰。因此若需要了解精确的 pH 值，要用 pH 计（图 3-3 与 M3-2）来测量。现在已经有数字式玻璃电极 pH 计（图 3-4），用起来比较方便，但仍要注意校准和防止测量头的损坏。

M3-2　pH 计原理及分类

水的 pH 值测定方法：除有规定外，水溶液的 pH 值应以玻璃电极为指示电极，用酸度计进行测定。酸度计应定期检定，使精密度和准确度符合要求。

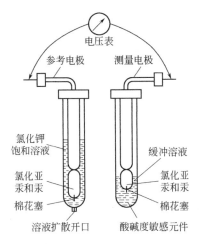

图 3-3　pH 计的构成原理

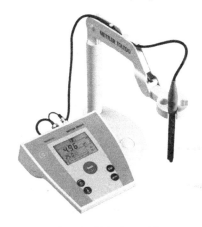

图 3-4　数字式 pH 计

1. 仪器校正用的标准缓冲液

应使用标准缓冲物质配制，配制方法如下。

① 草酸三氢钾标准缓冲液。精密称取在 (54±3)℃ 干燥 4~5h 的草酸三氢钾 $[KH_3(C_2O_4)_2 \cdot 2H_2O]$ 12.61g，加水使溶解并稀释至 1000mL。

② 邻苯二甲酸氢钾标准缓冲液。精密称取在 (115±5)℃ 干燥 2~3h 的邻苯二甲酸氢钾 $[KHC_8H_4O_4]$ 10.12g，加水使溶解并稀释至 1000mL。

③ 磷酸盐标准缓冲液 (pH6.8)。精密称取在 (115±5)℃ 干燥 2~3h 的无水磷酸氢二钠 3.533g 与磷酸二氢钾 3.387g，加水使溶解并稀释至 1000mL。

④ 磷酸盐标准缓冲液 (pH7.4)。精密称取在 (115±5)℃ 干燥 2~3h 的无水磷酸氢二钠 4.303g 与磷酸二氢钾 1.179g，加水使溶解并稀释至 1000mL。

⑤ 硼砂标准缓冲液。精密称取硼砂 $[Na_2B_4O_7 \cdot 10H_2O]$ 3.80g（注意避免风化），加水使溶解并稀释至 1000mL，置聚乙烯塑料瓶中，塞密，避免与空气中二氧化碳接触。

标准缓冲溶液在不同温度下的 pH 值见表 3-1。

表 3-1　标准缓冲溶液在不同温度下的 pH 值

温度/℃	浓度		
	0.05mol/kg 混合磷酸盐	0.025mol/kg 邻苯二甲酸氢钾	0.01mol/kg 四硼酸钠
0	4.00	6.98	9.46
5	4.00	6.95	9.39
10	4.00	6.92	9.33
15	4.00	6.90	9.28
20	4.00	6.88	9.23
25	4.00	6.86	9.18
30	4.01	6.85	9.14
35	4.02	6.84	9.11
40	4.03	6.84	9.07
45	4.04	6.83	9.04
50	4.06	6.83	9.03

续表

温度/℃	浓度		
	0.05mol/kg 混合磷酸盐	0.025mol/kg 邻苯二甲酸氢钾	0.01mol/kg 四硼酸钠
55	4.07	6.83	8.99
60	4.09	6.84	8.97
70	4.12	6.85	8.93
80	4.16	6.86	8.89
90	4.20	6.88	8.86
95	4.22	6.89	8.84

测定 pH 值时，应严格按仪器的使用说明书操作，并注意下列事项。

2. 水的 pH 值测定方法注意事项

① 测定前，按各品种项下的规定，选择两种 pH 值约相差 3 个单位的标准缓冲液，使供试液的 pH 值处于二者之间。

② 取与供试液 pH 值较接近的第一种标准缓冲液对仪器进行校正（定位），使仪器示值与表列数值一致。

③ 仪器定位后，再用第二种标准缓冲液核对仪器示值，误差应不大于±0.02pH 单位。若大于此偏差，则应小心调节斜率，使示值与第二种标准缓冲液的表列数值相符。重复上述定位与斜率调节操作，至仪器示值与标准缓冲液的规定数值相差不大于 0.02pH 单位。否则，须检查仪器或更换电极后再行校正至符合要求。

④ 每次更换标准缓冲液或供试液前，应用纯化水充分洗涤电极，然后将水吸尽，也可用所换的标准缓冲液或供试液洗涤。

⑤ 在测定高 pH 值的供试品时，应注意碱误差的问题，必要时选用适当的玻璃电极测定。

⑥ 对弱缓冲液（如水）的 pH 值测定，先用邻苯二甲酸氢钾标准缓冲液校正仪器后测定供试液，并重取供试液再测，直至 pH 值的读数在 1min 内改变不超过±0.05 为止；然后再用硼砂标准缓冲液校正仪器，再如上法测定；二次 pH 值的读数相差应不超过 0.1，取二次读数的平均值为其 pH 值。

⑦ 配制标准缓冲液与溶解供试品的水，应是新沸过的冷蒸馏水，其 pH 值应为 5.5~7.0。

⑧ 标准缓冲液一般可保存 2~3 个月，但发现有浑浊、发霉或沉淀等现象时，不能继续使用。

二、非重金属类有毒有害物质的检测

若水中存在钙、镁、碳酸根离子、氯离子等，在一般情况下，这些离子数量与溶解盐分的浓度成正比，用测量水电导率的方法，便可得知溶解盐分的数值。

电导率是用每立方厘米液体的电阻的倒数来表示，单位为西门子每厘米（S/cm）。一般用其百万分之一，记为 μS/cm。

由于水的电导率因温度的不同有很大的变化，在不同的温度下，其电导率也产生相应的变化。因此，在按电导率进行水质比较时，必须用相同温度下的电导率值，通常采用 25℃作为标准温度。但由于控制水温使其保持标准温度较困难，实际测试中首先测出液温 t_1 及该温度下的电导率 K_1，然后按式（3-1）换算成标准温度 t_s 下的电导率 K_s 值。其换算公式为

$$K_s = \frac{K_1}{1+k_t(t_1-t_s)} \qquad (3-1)$$

式中 k_t——测量液标准温度时的温度系数,当标准温度取25℃时,$k_t=0.02$。

液体电导率的测定一般采用电极法,其测定原理如图3-5所示。其电极由铂做成,放于被测液中,通过电极间液体的电阻来测定电导率。在工业中多用变化法来测定电导率,即在电极间加一定幅值的交流电压e,从流过电极间的电流i来求电导率K,如图3-6所示。图中I.C.为运算放大器,R为反馈电阻,测定池中加交流电压后电极间的电流为反相输入的电压放大,若要求同相,则需要再加一级放大。另外一种测定方法为电磁感应法,如图3-7所示,相当于一个具有短路线圈的变压器,而且线圈是由被测液形成的。当变压器初级加以交变电压后,在被测液体中便有与其电导率成正比的电流流动,此电流在变压器次级线圈中感应出与磁通(即与电导率)呈正比的电压。

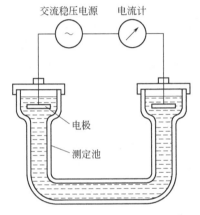

图 3-5 液体电导率测定原理

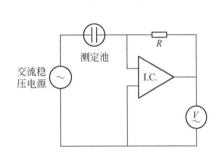

图 3-6 用变点位法的电导率测定原理

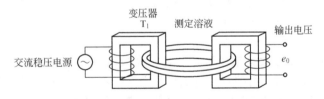

图 3-7 用电磁感应法的电导率测定原理

三、重金属类有毒有害物质的检测

1. 汞

汞广泛应用于氯碱、电器仪表、油漆、医药等工业,其废液、废渣等都是水和土壤汞污染的来源。矿物燃料的燃烧也是水体和土壤中汞的重要来源。

汞及其化合物属于剧毒物质,特别是有机汞化合物。天然水中含汞极少,一般不超过0.1μg/L。我国饮用水标准限值为0.001mg/L。

常用的汞测定方法有比色法、冷原子吸收法、冷原子荧光法、电化学法和中子活化法等。

① 二硫腙分光光度法。二硫腙(二苯硫代卡巴腙)是比色法测定汞时使用最广泛的试剂,已有几十年的历史了,此试剂非常灵敏,摩尔吸光数$\varepsilon_{485}=7.12\times10^4$,可以测定0.001mg/L的汞。

水样于95℃、酸性介质中用高锰酸钾和过硫酸钾消解,将无机汞和有机汞转化为二价汞。用盐酸羟胺将过剩的氧化剂还原，在酸性条件下，汞离子与二硫腙生成橙色螯合物，用有机溶剂萃取，再用碱液洗去过剩的二硫腙，于485nm波长处测定吸光度，以标准曲线法求水样中汞的含量。

② 冷原子吸收法。汞蒸气对波长为253.7nm的紫外光有选择性吸收，在一定的浓度范围内，吸光度与汞浓度成正比。水样中的汞化合物经酸性高锰酸钾热消解，转化为无机的二价汞离子，再经亚锡离子还原为单质汞，用载气或振荡使之挥发。该原子蒸气对来自汞灯的辐射显示出选择性吸收。

测定水样前，先用$HgCl_2$配制系列汞标准溶液，测定吸光度，以经过空白校正的吸光度为纵坐标，相应标准溶液的汞浓度为横坐标绘制标准曲线。

水样经氧化处理后，与标准溶液进行同样的操作测定吸光度，扣除空白值从标准曲线上查得汞浓度。

③ 冷原子荧光法。冷原子荧光法是一种发射光谱法。汞灯发射光束经过由水样所含汞元素转化的汞蒸气云时，汞原子吸收特定共振波的能量，使其由基态激发到高能态，而当被激发的原子回到基态时，将发出荧光，通过测定荧光强度的大小即可测出水样中汞的含量。

冷原子荧光法简单、线性范围广、灵敏度高、干扰少，能测出1×10^{-9}g/L级的汞。

2. 镉

镉的测定方法主要有原子吸收光谱法、二硫腙分光光度法、阳极溶出伏安法等。

① 二硫腙分光光度法。二硫腙分光光度法是利用镉离子在强碱性条件下与二硫腙生成红色螯合物，用三氯甲烷萃取分离后，于518nm波长处测其吸光度，与标准溶液比较定量。

最大吸收波长为518nm，镉二硫腙螯合物的摩尔吸光系数为8.56×10^4。

水样中含铅20mg/L、锌30mg/L、铜40mg/L、锰和铁4mg/L，不干扰测定，镁离子浓度达20mg/L时，需要加酒石酸钾钠掩蔽。

当有大量有机物污染时，须把水样消解后测定。

本法适用于受镉污染的天然水和废水中镉的测定，测定前应对水样进行消解处理。本法检测限为0.001mg/L，测定上限为0.06mg/L。

② 原子吸收光谱法（AAS）

a. 直接吸入火焰原子吸收光谱法测定。将样品或消解处理好的试样直接吸入火焰，火焰中形成的原子蒸气对光源发射的特征电磁辐射产生吸收。将测得的样品吸光度和标准溶液的吸光度进行比较，确定样品中被测元素的含量。测定条件和方法适用浓度范围见表3-2。

表3-2　Cd、Cu、Pb、Zn的原子吸收光谱测定条件及其测定浓度范围

元素	分析线/nm	火焰类型	测定浓度范围/(mg/L)
Cd	228.8	乙炔-空气，氧化型	0.05~1
Cu	324.7	乙炔-空气，氧化型	0.05~5
Pb	283.3	乙炔-空气，氧化型	0.2~10
Zn	213.8	乙炔-空气，氧化型	0.05~1

清洁水样可不经预处理直接测定，污染的地面水和废水需要硝酸或硝酸-高氯酸钾消解，并进行过滤、定容。

本法适用于测定地面水、地下水和废水中的镉、铅、铜和锌。

b. 萃取火焰原子吸收光谱法测定。本法适用于含量较低，须进行富集后测定的水样。对一般仪器的适用范围为镉1~50μg/L、铅10~200μg/L。

清洁水样或经消解的水样中待测金属离子在酸性介质中与吡咯烷二硫代氨基甲酸铵

（APDC）生成配合物，用甲基异丁基甲酮（MIBK）萃取后吸入火焰进行原子吸收光谱测定。

c. 离子交换火焰原子吸收光谱法测定。用强酸型阳离子交换树脂吸附富集水样中的镉、铜、铅离子，再用酸作为洗脱液洗脱后吸入火焰进行原子吸收测定。

该方法适用于较清洁地表水的监测。

该方法检测限为镉 $0.1\mu g/L$、铜 $0.93\mu g/L$、铅 $1.4\mu g/L$。

3. 铅

铅的测定方法有二硫腙分光光度法、原子吸收光谱法、阳极溶出伏安法和示波极谱法。原子吸收光谱法参见镉的测定，主要介绍二硫腙分光光度法。

在 pH 值为 8.5~9.5 的氨性柠檬酸盐-氰化物的还原性介质中，铅与二硫腙形成可被三氯甲烷（或四氯化碳）萃取的淡红色的二硫腙铅螯合物。

有机相可于最大吸光波长 510nm 处测量，利用工作曲线法求得水样中铅的含量，该法的线性范围为 0.01~0.3mg/L。铅-二硫腙螯合物的摩尔吸光系数为 6.7×10^4。该法适用于地面水和废水中痕量铅的测定。

4. 铜

① 二乙氨基二硫代甲酸钠萃取分光光度法。铜离子在 pH 值为 9~10 的氨性溶液中与二乙氨基二硫代甲酸钠（铜试剂，简写为 DDTC）作用，生成摩尔比为 1∶2 的黄棕色胶体配合物

$$2(C_2H_5)_2N-\overset{S}{\underset{}{C}}-S-Na + Cu^{2+} \longrightarrow (C_2H_5)_2N-C\overset{S}{\underset{S}{\diagup}}\overset{S}{\underset{S}{Cu}}\overset{}{\diagdown}C-N(C_2H_5)_2 + 2Na^+$$

用四氯化碳或三氯甲烷萃取，波长为 440nm 条件下测定。水样中含铁、锰、镍、钴和铋等离子时，对铜的测定干扰较大。可用 EDTA 及柠檬酸铵掩蔽消除，铋干扰可以通过加入氰化钠予以消除。

当水样中含铜较高时，可加入明胶、阿拉伯胶等胶体保护剂，在水相中直接进行分光光度测定。

该法检测限 0.01mg/L，测定上限可达 2.0mg/L，适用于地面水和工业废水的测定。

② 新亚铜灵萃取分光光度法。水样中的二价铜离子用盐酸羟胺还原为亚铜离子。在中性或微酸性介质中，亚铜离子与新亚铜灵(2,9-二甲基-1,10-菲啰啉)反应，生成摩尔比为 1∶2 的黄色配合物

用三氯甲烷和甲酸的混合溶剂萃取，于 457nm 波长处测定吸光度，用标准曲线法进行定量测定。

铍、大量铬（Ⅵ）、锡（Ⅳ）等氧化性离子及氰化物、硫化物、有机物对测定有干扰。若在水样中和之前加入盐酸羟胺和柠檬酸钠，则可消除铍的干扰。大量铬（Ⅵ）可用亚硫酸盐还原，锡（Ⅳ）等氧化性离子可用盐酸羟胺还原。样品通过消解可除去氰化物、硫化物和有机化合物的干扰。

该方法检测限为 0.06mg/L，测定上限为 3.0mg/L，适用于地面水、生活污水和工业废水的测定。

5. 锌

锌的测定方法有二硫腙分光光度法、阳极溶出伏安法或示波极谱法。原子吸收光谱法测

定锌,灵敏度较高、干扰少,适用于各种水体。

下面简单介绍二硫腙分光光度测定法。

在 pH=4.0～5.5 的乙醇缓冲介质中,锌离子与二硫腙反应生成红色螯合物,用四氧化碳或二氯甲烷萃取后,于其最大吸收波长 535nm 处,以四氯化碳作为参比,测其经空白校正后的吸光度,用标准曲线法进行定量计算。

水中存在少量铋、镉、钴、铜、铅、汞、镍、亚锡等金属离子时有干扰,可用硫代硫酸钠作为掩蔽剂和控制溶液的 pH 值而予以消除。

该法检测限为 0.005mg/L,适用于天然水和轻度污染的地面水中锌的测定。

6. 铬

铬测定方法主要有二苯碳酰二肼分光光度法、原子吸收光谱法、硫酸亚铁铵滴定法等。

① 六价铬的测定。在酸性介质中,六价铬与二苯碳酰二肼(DPC)反应,生成紫红色配合物,其色度在一定浓度范围内与含量成正比,于 540nm 波长处进行比色测定,利用标准曲线法求水样中铬的含量。

当取样体积为 50mL,使用光程为 30mm 的比色皿时,方法检测限为 0.004mg 铬/L,使用光程为 10mm 的比色皿时,方法检测限为 1mg 铬/L。由于在保存期间会损失,水样应在取样当天分析。

② 总铬的测定。由于三价铬不与二苯碳酰二肼反应,因此必须先将水样中的三价铬用酸性高锰酸钾法或碱性高锰酸钾法氧化成六价铬后,再用比色法测定水中的总铬。

③ 硫酸亚铁铵滴定法。硫酸亚铁铵滴定法适用于总铬质量浓度大于 1mg/L 的废水。其原理为:在酸性介质中,以银盐作为催化剂,用过硫酸铵将三价铬氧化成六价铬;加少量氯化钠并煮沸,除去过量的过硫酸铵和反应中产生的氯气;以苯基代邻氨基苯甲酸作为指示剂,用硫酸亚铁铵标准溶液滴定,至溶液呈亮绿色。根据硫酸亚铁铵溶液的浓度和进行试剂空白校正后的用量,可计算水中总铬的含量。

7. 砷

水体中砷的测定方法有新银盐分光光度法、二乙氨基二硫代甲酸银分光光度法和原子吸收光谱法等。

① 新银盐分光光度法。硼氢化钾(KBH_4)在酸性溶液中,产生新生态氢,将水样中无机砷还原成砷化氢(AsH_3)气体。以硝酸-硝酸银-聚乙烯醇溶液为吸收液,砷化氢将吸收液中的银离子还原为单质胶态银,使溶液呈黄色,其颜色深浅与生成氢化物的量成正比。黄色溶液在 400nm 处有最大吸收,且吸收峰形对称。

本法适用于地面水、地下水、饮用水中痕量砷的测定。当取 250mL 样,用 1cm 吸收池时,检测限为 $0.4\mu g/L$,测定上限为 $12\mu g/L$。

② 二乙氨基二硫代甲酸银分光光度法。酸性条件下,五价砷被碘化钾/氯化亚锡还原为三价砷,并与新生态氢反应生成气态砷化氢,被吸收于二乙氨基二硫代甲酸银(AgDDC)-三乙醇胺的三氯甲烷溶液中,生成红色的胶体银,在 510nm 波长处,以三氯甲烷为参比测其经空白校正后的吸光度,用标准曲线法定量。

该法检测下限为 0.007mg/L,测定上限为 0.5g/L。

四、非金属有毒有害物质的检测

1. 氰化物的检测

氰化物包括简单氰化物、配合氰化物和有机氰。氰化物易溶于水、毒性大,配合氰化物在水体中受 pH 值、水温和光照等影响离解为简单氰化物。

氰化物的测定方法有容量测定法、分光光度法和离子选择电极法。通常先将水样在酸性介质中进行蒸馏，把能形成氰化氢的氰化物蒸出，使之与干扰组分分离。

(1) 容量滴定法　取一定量蒸馏液，调节至 pH＞11，以试银灵作为指示剂，用硝酸银标准溶液滴定，氰离子与银离子生成氰配合物 $[Ag(CN)_2]^-$，稍过量的银离子与试银灵反应，使溶液由黄色变为橙红色，即为终点。

根据消耗硝酸银标准溶液的体积，按式(3-2)计算水样中氰化物的浓度。

$$\eta_{\text{氰}}(\text{mg/L}) = \frac{(V_A - V_B) \times c \times 52.04}{V_1} \times \frac{V_2}{V_3} \times 1000 \tag{3-2}$$

式中　V_A——滴定水样消耗硝酸银标准溶液量，mL；

　　　V_B——空白消耗硝酸银标准溶液量，mL；

　　　c——硝酸银标准溶液物质的量浓度，mol/L；

　　　V_1——水样体积，mL；

　　　V_2——馏出液总体积，mL；

　　　V_3——测定时所取馏出液体积，mL；

　　　52.04——氰离子（2CN⁻）的摩尔质量，g/mol。

本法适用于氰含量＞1mg/L 的水样，测定上限为 100mg/L。

(2) 分光光度法

① 异烟酸-吡唑啉酮分光光度法。调节 pH 值至中性，氰离子与氯胺 T 反应生成氯化氰(CNCl)，氯化氰再与异烟酸作用，经水解生成戊烯二醛，与吡唑啉酮进行缩合反应，生成蓝色染料，在 638nm 下进行测定。

水样中氰化物浓度按式(3-3)计算。

$$\eta_{\text{氰}}(\text{mg/L}) = \frac{(m_a - m_b) \times 52.04}{V} \times \frac{V_1}{V_2} \tag{3-3}$$

式中　m_a——从标准曲线上查出的试样的氰化物含量，μg；

　　　m_b——从标准曲线上查出的空白试样的氰化物含量，μg；

　　　V——预蒸馏所取水样体积，mL；

　　　V_1——水样预蒸馏馏出液体积，mL；

　　　V_2——显色测定所取馏出液体积，mL。

本法适用于饮用水、地面水、生活污水和工业废水，其最低检测质量浓度为 0.004mg/L，测定上限为 0.25mg/L（CN⁻）。

② 吡啶-巴比妥酸分光光度法。pH 值中性条件下，氰离子被氯胺 T 氧化生成氯化氰，氯化氰与吡啶反应生成戊烯二醛，戊烯二醛再与巴比妥酸发生缩合反应，生成红紫色染料，于 580nm 下测定。

本法检测限为 0.002mg/L，检测上限为 0.45mg/L。

2. 氟化物的检测

氟化物的测定方法有氟离子选择电极法、氟试剂分光光度法、茜素磺酸锆目视比色法、离子色谱法和硝酸钍滴定法。

(1) 氟离子选择电极法　氟离子选择电极是一种以氟化镧（LaF_3）单晶片为敏感膜的传感器。电极的结构如图 3-8 所示，测量时与参比电极组成原电池。

用晶体管毫伏计或电位计测量上述原电池的电动势，并与用氟离子标准溶液测得的电动势相比较，即可求得水样中氟化物的浓度。如果用专用离子计测量，经校准后，可以直接显示被测溶液中 F⁻ 的浓度。定量测定宜采用标准加入法。

Al^{3+}、Fe^{3+} 等高价阳离子及 H^+ 对测定有干扰，碱性溶液中，氢氧根离子浓度大于氟离子浓度的 1/10 时也有干扰，常采用加入总离子强度调节剂（TISAB）的方法消除。

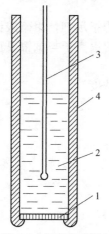

图 3-8　氟离子选择电极
1—LaF_3 单晶膜；2—内参比溶液（0.3mol/L 的 Cl^-，0.001mol/L 的 F^-）；3—Ag-AgCl（内参比）电极；4—电极管

TISAB 是一种含有强电解质、配位剂、pH 缓冲剂的溶液，其作用是消除标准溶液与被测溶液的离子强度差异，使离子活度系数保持一致。

（2）氟试剂分光光度法　氟试剂即茜素配位剂（ALC），化学名称为 1,2-二羟基蒽醌-3-甲胺 N,N-二乙酸。

氟试剂为橙色固体粉末，微溶于水，水溶液颜色随 pH 值改变。pH=4.3 时为黄色，pH=6～10 时为红色，pH>13 时为蓝色。

在 pH=4.0～6.0 的乙酸盐缓冲溶液介质中，氟试剂与氟离子和硝酸镧反应生成蓝色的三元配合物，于 620nm 波长处测定吸光度。

本法测定干扰有：Pb^{2+}、Zn^{2+}、Cu^{2+}、Co^{2+}、Cd^{2+} 等与 ALC 反应生成红色螯合物；Al^{3+}、Be^{2+} 等与 F^- 生成稳定的配离子；大量 PO_4^{3-}、SO_4^{2-} 能与 La^{3+} 反应等。将水样进行预蒸馏，可消除干扰。

本法检测限为 0.05mg/L，测定上限为 1.80mg/L。适用于地面水、地下水和工业废水中氟化物的测定。

3. 硫化物的检测

水中的硫化物可以不同的形态存在，可能存在的形态有：溶解性 H_2S、HS^- 和 S^{2-}，酸溶性的金属硫化物，以及不溶性的硫化物和有机硫化物。其具体存在形态视水体的 pH 值和共存组分而定，如在低 pH 值及还原状态下，水中的硫化物主要以 H_2S 形式存在；而在高 pH 值及还原状态时，则主要为 S^{2-}；在氧化状态时，可能会转化为硫酸盐；与汞、铜、银等金属离子共存时，主要为不溶性金属硫化物；与锌、镉等金属离子共存时，则主要为酸溶性金属硫化物。水中含有硫化物时，硫化氢气体逸散到空气中而造成感官指标恶化，它也可大量消耗水中溶解氧而使水生生物死亡，因此，水中检出硫化物往往说明水质已受到严重污染。

通常所测定的硫化物系指溶解性的及酸溶性的硫化物。

测定水中硫化物的方法有对氨基二甲基苯胺分光光度法、碘量法、电位滴定法、离子色谱法、极谱法、库仑滴定法、比浊法等，以前三种应用较广泛。

（1）对氨基二甲基苯胺分光光度法　在含高铁离子的酸性溶液中，硫离子与对氨基二甲基苯胺反应，生成蓝色的亚甲蓝染料，于 665nm 波长下测定。

该法检测限为 0.02mg/L（S^{2-}），测定上限为 0.8mg/L。

（2）碘量法　水样中的硫化物与乙酸锌生成白色硫化锌沉淀，将其用酸溶解后，加入过量碘溶液，则碘与硫化物反应析出硫，用硫代硫酸钠标准溶液滴定剩余的碘，根据硫代硫酸钠溶液消耗量计算硫化物的含量。反应式如下：

$$Zn^{2+} + S^{2-} \longrightarrow ZnS\downarrow（白色）$$
$$ZnS + 2HCl \longrightarrow H_2S + ZnCl_2$$
$$H_2S + I_2 \longrightarrow 2HI + S\downarrow$$
$$I_2 + 2Na_2S_2O_3 \longrightarrow Na_2S_4O_6 + 2NaI$$

测定结果按式（3-4）计算。

$$\eta_{\text{硫化物}S^{2-}}(\text{mg/L}) = \frac{(V_0 - V_1)c \times 16.03 \times 1000}{V} \tag{3-4}$$

式中　V_0——空白试验硫代硫酸钠标准溶液用量，mL；

V_1——滴定水样消耗硫代硫酸钠标准溶液用量,mL;

V——水样体积,mL;

c——硫代硫酸钠标准溶液物质的量浓度,mol/L;

16.03——硫离子($1/2S^{2-}$)摩尔质量,g/mol。

本法适用于测定硫化物含量大于 1mg/L 的水样。检测限为 0.02mg/L,测定上限为 0.8mg/L。

(3) 电位滴定法 用硝酸铅标准溶液滴定硫离子,生成硫化铅沉淀。以硫离子选择电极作为指示电极,双盐桥饱和甘汞电极作为参比电极,与被测水样组成原电池。用晶体管毫伏计或酸度计测量原电池电动势的变化,根据滴定终点电位突跃,求出硝酸铅标准溶液用量,即可计算出水样中硫离子的含量。

电位滴定法不受色度、浊度的影响。硫离子易被氧化,加入抗氧缓冲溶液(SAOB)予以保护。SAOB 溶液中含有水杨酸和抗坏血酸。水杨酸能与 Fe^{2+}、Fe^{3+}、Cu^{2+}、Cd^{2+}、Zn^{2+}、Cr^{3+} 等多种金属离子生成稳定的配合物;抗坏血酸能还原 Ag^+、Hg^{2+} 等,消除它们的干扰。

本法适宜测定硫离子浓度范围为 $10^{-1} \sim 10^{-3}$ mol/L,检测限为 0.2mg/L。

4. 氨氮的检测

氨氮(NH_3-N)以游离氨(NH_3)或铵盐(NH_4^+)形式存在于水中,两者的组成比取决于水的 pH 值。当 pH 值偏高时,游离氨的比例较高,反之,则铵盐的比例为高。

氨氮的测定方法通常有纳氏比色法、苯酚次氯酸盐(或水杨酸-次氯酸盐)比色法和电极法等。纳氏试剂比色法具有操作简便、灵敏等特点。水中钙、镁和铁等金属离子、硫化物、醛和酮类、颜色以及浑浊等均干扰测定,须做相应的预处理。苯酚-次氯酸盐比色法具有灵敏、稳定等优点,干扰情况和消除方法同纳氏试剂比色法。电极法通常不需要对水样进行预处理和具有测量范围宽等优点。氨氮含量较高时,可采用蒸馏-酸滴定法。

(1) 纳氏试剂比色法

① 原理。碘化汞和碘化钾的碱性溶液与氨反应生成从黄色到淡红棕色的化合物,在波长为 425nm 下用分光光度法或比色法测定。反应式为

$$2K_2HgI_4 + NH_3 + KOH \longrightarrow NH_2Hg_2I_3 \downarrow (黄棕色) + 5KI + H_2O$$

$$2HgI_4^{2-} + NH_3 + OH^- \longrightarrow NH_2Hg_2I_3 \downarrow (黄棕色) + 5I^- + H_2O$$

② 测定步骤。测定时先绘制氨氮含量(mg)对校正吸光度的标准曲线,然后取适量经预处理的水样按校准曲线相同步骤测量其吸光度。

③ 计算结果。由水样测得的吸光度减去空白试验的吸光度后,从校准曲线上查得氨氮量(mg)。

$$\eta_{氨氮含量}(N, mg/L) = \frac{m}{V} \times 1000 \tag{3-5}$$

式中 m——由校准曲线查得的氨氮含量,mg;

V——水样体积,mL。

④ 适用范围。纳氏试剂比色法的检测限为:目视比色法为 0.02mg/L;分光光度法为 0.025mg/L,测定上限为 2mg/L。水样做适当的预处理后,该法可适用于地面水、地下水、工业废水和生活污水的氨氮测定。

(2) 水杨酸次氯酸盐光度法

① 原理。在亚硝基铁氰化钠作为催化剂的条件下,铵与水杨酸盐和次氯酸离子在碱性条件下反应生成蓝色化合物,在波长 697nm 处具有最大吸收。化合物的颜色浓度与氨氮浓

度成比例,因此,可以用分光光度法来测定 NH_3-N 的浓度。

② 测定步骤。测定时先绘制氨氮含量（μg）对校正吸光度的校准曲线,然后取适量经预处理的水样于比色管中,与校准曲线相同操作步骤进行显色和测量吸光度。

③ 计算结果。由水样测得的吸光度减去空白试验的吸光度后,从校准曲线上查得氨氮量（μg）。

$$\eta_{氨氮含量}(N,mg/L)=\frac{m}{V} \tag{3-6}$$

式中　m——由校准曲线查得的氨氮量,μg;
　　　V——水样体积,mL。

④ 适用范围。该方法检测限为 0.01mg/L,测定上限为 1mg/L,适用于饮用水、生活污水和大部分工业废水中氨氮的测定。

五、有机污染物的检测

有机污染物主要是指以碳水化合物、蛋白质、脂肪、氨基酸等形式存在的天然有机物质及某些可生物降解人工合成的有机物质。城市污水中的固体约有 40%~70% 为有机物。衡量有机物污染的程度,一般多用有机污染的综合指标来间接反映水质有机污染的程度。

1. 化学需氧量（COD）的检测

COD 表示化学需氧量,是污水中有机物被分解氧化时所需氧化剂的量,并表示氧的消耗量。此值愈高说明污水中有机物含量愈高。

化学需氧量的测定分为采用高锰酸钾法（COD_{Mn}）和重铬酸钾法（COD_{Cr}）。COD 仪器设备简介参看 M3-3。

M3-3　COD 仪器设备简介

（1）高锰酸钾法（COD_{Mn}）　具体检测方法是：水样在酸性条件下,加入高锰酸钾溶液,在沸水浴中加热 30min,使水中有机物被氧化,剩余的高锰酸钾以草酸滴定,把滴定试剂呈浅红色的点作为终点来进行检测。测定结果按式（3-7）或式（3-8）计算。

① 水样不经稀释

$$COD_{Mn}(O_2,mg/L)=\frac{[(10+V_1)K-10]c\times 8\times 1000}{100} \tag{3-7}$$

式中　V_1——滴定水样消耗高锰酸钾标液量,mL;
　　　K——校正系数（每毫升高锰酸钾溶液相当于草酸钠标液的毫升数）;
　　　c——草酸钠标液$\left(\frac{1}{2}Na_2C_2O_4\right)$浓度,mol/L;
　　　8——氧$\left(\frac{1}{2}O\right)$的摩尔质量,g/mol;
　　　100——取水样体积。

② 水样经稀释

$$COD_{Mn}(O_2,mg/L)=\frac{\{[(10+V_1)K-10]-[(10+V_0)K-10]n_f\}c\times 8\times 1000}{V_2} \tag{3-8}$$

式中　V_1——空白实验消耗高锰酸钾标液量,mL;
　　　V_2——分取水样体积,mL;
　　　n_f——稀释水样中含稀释水的比值。

（2）重铬酸钾法（COD_{Cr}）　在水样中加入已知量的重铬酸钾溶液,并在强酸介质下以银盐作为催化剂,经沸腾回流后以试亚铁灵为指示剂,用硫酸亚铁铵滴定水样中未被还原的重铬酸钾，由消耗的硫酸亚铁铵的量换算成消耗氧的质量浓度。测定结果按式（3-9）计算：

$$\text{COD}_{\text{Cr}}(\text{O}_2,\text{mg/L}) = \frac{(V_0 - V_1)c \times 8 \times 1000}{V} \tag{3-9}$$

式中　V_1——测定水样所消耗硫酸亚铁铵标液量，mL；

　　　V_0——空白试验所消耗硫酸亚铁铵标液量，mL；

　　　V——水样体积，mL；

　　　c——硫酸亚铁标液浓度，mol/L；

　　　8——氧$\left(\frac{1}{2}\text{O}\right)$的摩尔质量，g/mol。

2. 生化需氧量（BOD）的检测

BOD 是指由于水中的好氧生物的繁殖或呼吸作用，水中所含的有机物被微生物生化降解时所消耗溶解氧的量。通常规定 20℃ 的温度下，5 天之内所消耗氧量，用 BOD_5 值来表示，单位为 mg/L 或 kg/m³。具体检测方法实例如图 3-9 所示。BOD 仪器设备简介参看 M3-4。

将一定容积的被检测污水倒入取样瓶中，用搅拌器进行搅拌。利用微生物对污水中有机物进行氧化分解，所生成的 CO_2 由置于上端的氢氧化钾吸收掉。由于生物对各种有机物的分解不断地消耗溶解氧，使取样瓶中的压力逐渐降低。利用水银压力计不断进行压力监测，在压力下降到特定值时，通过水银压力计的触点接通电解氧供给装置（以恒定电流电解硫酸铜铜液，从阳极产生氧气）的电源使氧气送入取样瓶，当取样瓶中压力上升到一定值时自动断电，电解停止。因为电解所需的电量与相应的耗氧量成正比，而电解电流是恒定的，故可用 5 天内电解时间的积分值来表示 BOD_5 的值。此值越高说明有机物分解耗氧量越多，即污水中有机物含量也越高。

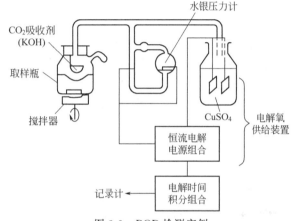

图 3-9　BOD 检测实例

M3-4　BOD 仪器设备简介

3. 总有机碳（TOC）的检测

总有机碳（total organic carbons，TOC）是以碳的含量表示水体中有机物质总量的综合指标。

测定 TOC 的方法是燃烧氧化-非色散红外吸收法。测定原理是：将一定量水样注入高温炉内的石英管，在 900~950℃ 温度下，以铂和三氧化钴或三氧化二铬为催化剂，使有机物燃烧裂解转化为二氧化碳，然后用红外线气体分析仪测定 CO_2 含量，从而确定水样中碳的含量。因为在高温下，水样中的碳酸盐也分解产生二氧化碳，故上面测得的为水样中的总碳（TC）。

为获得有机碳含量，可采用以下两种方法。

(1) 直接法测定 TOC　将水样预先酸化，通入氮气曝气，驱除各种碳酸盐分解生成的二氧化碳后再注入仪器测定。但由于在曝气过程中会造成水样中挥发性有机物质的损失而产生测定误差，所以其测定结果只是不可吹出的有机碳含量。

(2) 间接测定法 TOC　使用高温炉和低温炉皆有的 TOC 测定仪，如图 3-10 所示。将同一等量水样分别注入高温炉（900℃）和低温炉（150℃）。高温炉水样中的有机碳和无机

碳均转化为 CO_2，而低温炉的石英管中装有磷酸浸渍的玻璃棉，能使无机碳酸盐在 150℃ 时分解为 CO_2，有机物却不能被分解氧化。将高、低温炉中生成的 CO_2 依次导入非色散红外气体分析仪。由于一定波长的红外线被 CO_2 选择吸收，在一定浓度范围内 CO_2 对红外线吸收的强度与 CO_2 的浓度成正比，所以，可对水样总碳（TC）和无机碳（IC）进行定量测定。总碳（TC）和无机碳（IC）的差值，即为总有机碳（TOC）。

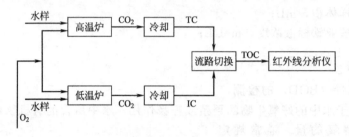

图 3-10　TOC 含量测定流程图

4. 总需氧量（TOD）的检测

TOC 指标仅针对水中污染物是碳化物的。然而，不仅碳氢化合物（CHD），其他如硫醇、蛋白质所含的硫、氮化合物以及可被氧化的各种无机物也消耗氧量，TOD 是所有这些氧化过程需要的总氧量，其检测方法亦采用燃烧法。被测水样在 900℃ 下进行催化燃烧，测量其燃烧前后的氧浓度差，即为 TOD 值。如图 3-11 所示为 225 型的测量仪的示意图。

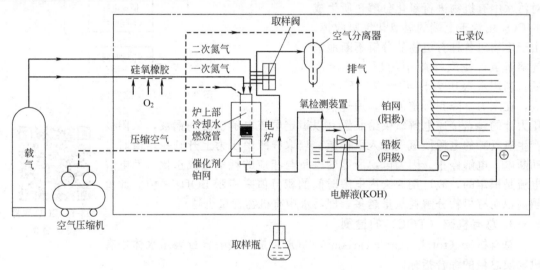

图 3-11　TOD 检测装置的示意图

工作时，把高纯度的氮气作为载气，流过透氧性的硅氧橡胶后，载气中将连续渗入一定量的氧，把渗入氧的载气以 $120cm^3/min$ 的稳定流输入燃烧管中进行燃烧，再送入氧检测装置，利用 Pb-Pt 燃料电池，检测气体中氧的浓度，并转换为相应的电流形式记录下来，然后将 20mL 的被测污水样品滴入燃烧管中，以铂为催化剂，在 900℃ 时被测水样马上被氧化，载气中氧浓度降低，经氧检测装置转换为相应的电流。这两个电流之差即为 TOD 值。

六、挥发酚类的检测

酚是芳香族羟基化合物，可分为苯酚、萘酚。按照苯环上所取代的羟基数目多少，可分为一元酚、二元酚、三元酚。酚类化合物由于分子间形成氢键，所以沸点都较高，但沸点在

230℃以下的酚可随水蒸气蒸出，为挥发性酚；沸点在230℃以上的酚则不能随水蒸气蒸出，为不挥发酚。一元酚中除对硝基酚以外，其他各种酚沸点都小于230℃，属于挥发性酚；二元酚和三元酚的沸点均在230℃以上，属于不挥发性酚。我国规定的各种水质指标中，酚类指标指的是挥发性酚，测定结果均以苯酚（C_6H_5OH）表示。

测定水中酚的方法很多，主要有容量法、分光光度法和气相色谱法。我国规定的标准方法是溴化容量法和4-氨基安替比林分光光度法。

1. 溴化容量法

当水样中苯酚浓度较高时，可利用此法。在含过量溴（由溴酸钾和溴化钾产生）的溶液中，酚与溴反应生成三溴苯酚，剩余的溴与碘化钾作用释放出游离碘，与此同时，溴代三溴酚也与碘化钾反应置换出游离碘。用硫代硫酸钠标准溶液滴定释放出的游离碘，并根据其消耗量，计算出以苯酚计的挥发酚含量。

测定过程分为酚的溴化、碘的游离和滴定3个步骤。酚的溴化是加入 $KBrO_3$-KBr 熔液，使其在酸性条件下产生新生态的溴。由于 $KBrO_3$-KBr 无挥发性，易于准确量取，故可以克服溴溶液易挥发、难以准确量取的缺点，同时，由于新生态的溴反应活性大，有利于溴化反应的进行。

测定时必须严格控制实验条件，如浓盐酸和 $KBrO_3$-KBr 溶液的加入量、反应时间和温度等，使空白滴定和样品滴定条件完全一致。结果按式(3-10) 计算。

$$\eta_{挥发酚}(苯酚,\text{mg/L}) = \frac{(V_1-V_2)c \times 15.68 \times 1000}{V} \tag{3-10}$$

式中　V_1——空白试验滴定时硫代硫酸钠标液用量，mL；

　　　V_2——水样滴定时硫代硫酸钠标液用量，mL；

　　　c——硫代硫酸钠标准溶液物质的量浓度，mol/L；

　　　V——水样体积，mL；

　　　15.68——苯酚 $\left(\frac{1}{6}C_6H_5OH\right)$ 摩尔质量，g/mol。

2. 4-氨基安替比林分光光度法

在 pH=9.8～10.2 的溶液和有铁氰化钾作为氧化剂的条件下，4-氨基安替比林(1-苯基-2,3-二甲基-4-氨基吡唑酮) 与酚类化合物生成红色的安替比林染料，通过比色进行定量计算。生成的红色安替比林染料在水溶液中的最大吸收波长为510nm，颜色可稳定30min。若用氯仿提取，最大吸收波长移至460nm，颜色可稳定4h，并可提高检测的灵敏度。

显色反应受苯环上取代基的种类、位置、数目等影响，如对位被烷基、芳香基、酯、硝基、苯酰、亚硝基或醛基取代，而邻位未被取代的酚类与4-氨基安替比林不产生显色反应。这是因为上述取代基阻止酚类氧化或醌型结构所致，但对位被卤素、羟基、磺基（—SO_2H）或甲氧基所取代的酚类与4-氨基安替比林发生显色反应。此外，邻位和间位酚显色后的吸光度都低于苯酚。因此，本法选用苯酚作为标准，所测定的结果仅代表水中挥发酚的最小浓度。

显色时必须严格控制 pH 值。在酸性条件下，4-氨基安替比林发生分子间的缩合反应，生成安替比林红，影响比色测定；在 pH=8～9 范围内，虽然酚类也能与4-氨基安替比林定量显色，但芳香胺如苯胺、甲苯胺可以发生干扰反应；在 pH=9.8～10.2 时，干扰作用最小，苯胺20mg 所产生的颜色仅相当于 0.1mg 酚产生的颜色。

用 13mL 氯仿提取，3cm 比色皿测定。检测限为 0.002mg/L，测定上限为 0.12mg/L。

七、矿物油的检测

矿物油是指溶解于特定溶剂中而收集到的所有物质，包括被溶剂从酸化的样品中萃取并在实验过程中不挥发的所有物质。

测定矿物油的方法有重量法、非色散红外法、紫外分光光度法、荧光法、比浊法。

1. 重量法

重量法的测定原理是以硫酸酸化水样用石油醚萃取矿物油,然后蒸发除去石油醚,称量残渣量,计算矿物油含量。

重量法测定的是酸化样品中可被石油醚萃取的且在试样过程中不挥发的物质总量。溶剂去除时,使得轻质油有明显损失。由于石油醚对油选择地溶解,因此,石油中较重的组分可能不被溶剂萃取而无法测定。

重量法是最常用的方法,它不受油品种的限制,但操作烦琐,受分析天平和烧杯质量的限制,灵敏度低,只适用于测定 10mg/L 以上的含油水样。

2. 非色散红外法

非色散红外法是利用石油类物质的甲基（—CH_3）、亚甲基（—CH_2^-）在近红外区（$3.4\mu m$）有特征吸收,作为测定水样中油含量的基础。标准油可采用受污染地点水中石油醚萃取物。根据我国原油组分特点,也可采用混合石油烃作为标准油,其组成为：十六烷：异辛烷：苯＝65：25：10（体积分数）。

用硫酸将水样酸化,加氯化钠破乳化,再用二氯二氟乙烷萃取,萃取液经无水硫酸钠层过滤,定容,注入红外分析仪测定其含量。

凡含有甲基、亚甲基的有机物质对测定都会产生干扰。如水样中有动、植物性油脂以及脂肪酸物质应预先将其分离。此外,石油中有些较重的组分不溶于三氯三氟乙烷,致使测定结果偏低。

3. 紫外分光光度法

带有苯环的芳香族化合物的主要吸收波长为 250～260nm,带有共轭双键的化合物主要吸收波长为 215～230nm。原油的测定可选吸收峰波长为 225nm 和 254nm,轻质油可选 225nm。

测定时将水样用硫酸酸化,加氯化钠破乳化,然后用石油醚萃取,脱水,定容。标准油用受污染地点水样石油醚萃取物。不同油品特征吸收峰不同,如难以确定测定波长时,可用标准油样在波长 215～300nm 之间的吸收光谱,采用其最大吸收峰的波长,一般在 220～225nm。

八、污水综合排放标准 GB 8978—1996

污水综合排放标准见表 3-3、表 3-4。

表 3-3　第一类污染物最高允许排放浓度

序号	污　染　物	最高允许排放浓度/(mg/L)
1	总汞	0.05
2	烷基汞	不得检出
3	总镉	0.1
4	总铬	1.5
5	六价铬	0.5
6	总砷	0.5
7	总铅	1.0
8	总镍	1.0

续表

序号	污染物	最高允许排放浓度/(mg/L)
9	苯并[a]芘	0.00003
10	总铍	0.005
11	总银	0.5
12	总α放射性	1Bq/L
13	总β放射性	10Bq/L

注：Bq 为放射性活度单位。通常把放射源在单位时间内发生衰变的核的数目称之为放射源的放射性活度。Bq/L 表示每升该物质的放射量的计量单位。

表3-4 第二类污染物最高允许排放浓度

序号	污染物	适用范围	一级标准/(mg/L)	二级标准/(mg/L)	三级标准/(mg/L)
1	pH值	一切排污单位	6~9	6~9	6~9
2	色度(稀释倍数)	一切排污单位	50	80	—
		采矿、选矿、选煤工业	70	300	
		脉金选矿	70	400	
3	悬浮物(SS)	边远地区砂金选矿	70	800	
		城镇二级污水处理厂	20	30	—
		其他排污单位	70	150	400
		甘蔗制糖、苎麻脱胶、湿法纤维板、染料、洗毛工业	20	60	600
4	五日生化需氧量(BOD$_5$)	甜菜制糖、酒精、味精、皮革、化纤浆粕工业	20	100	600
		城镇二级污水处理厂	20	30	—
		其他排污单位	20	30	300
		甜菜制糖、合成脂肪酸、湿法纤维板、染料、洗毛、有机磷农药工业	100	200	1000
5	化学需氧量(COD)	味精、酒精、医药原料药、生物制药、苎麻脱胶、皮革、化纤浆粕工业	100	300	1000
		石油化工工业(包括石油炼制)	60	120	—
		城镇二级污水处理厂	60	120	500
		其他排污单位	100	150	500
6	石油类	一切排污单位	5	10	20
7	动植物油	一切排污单位	10	15	100
8	挥发酚	一切排污单位	0.5	0.5	2.0
9	总氰化合物	一切排污单位	0.5	0.5	1.0
10	硫化物	一切排污单位	1.0	1.0	1.0
11	氨氮	医药原料药、染料、石油化工工业	15	50	—
		其他排污单位	15	25	—
		黄磷工业	10	15	20
12	氟化物	低氟地区(水体含氟量<0.5mg/L)	10	20	30
		其他排污单位	10	10	20

续表

序号	污染物	适用范围	一级标准/(mg/L)	二级标准/(mg/L)	三级标准/(mg/L)
13	磷酸盐(以P计)	一切排污单位	0.5	1.0	—
14	甲醛	一切排污单位	1.0	2.0	5.0
15	苯胺类	一切排污单位	1.0	2.0	5.0
16	硝基苯类	一切排污单位	2.0	3.0	5.0
17	阴离子表面活性剂(LAS)	一切排污单位	5.0	10	20
18	总铜	一切排污单位	0.5	1.0	2.0
19	总锌	一切排污单位	2.0	5.0	5.0
20	总锰	合成脂肪酸工业	2.0	5.0	5.0
		其他排污单位	2.0	2.0	5.0
21	彩色显影剂	电影洗片	1.0	2.0	3.0
22	显影剂及氧化物总量	电影洗片	3.0	3.0	6.0
23	元素磷	一切排污单位	0.1	0.1	0.3
24	有机磷农药(以P计)	一切排污单位	不得检出	0.5	0.5
25	乐果	一切排污单位	不得检出	1.0	2.0
26	对硫磷	一切排污单位	不得检出	1.0	2.0
27	甲基对硫磷	一切排污单位	不得检出	1.0	2.0
28	马拉硫磷	一切排污单位	不得检出	5.0	10
29	五氯酚及五氯酚钠(以五氯酚计)	一切排污单位	5.0	8.0	10
30	可吸附有机卤化物(AOX)(以Cl计)	一切排污单位	1.0	5.0	8.0
31	三氯甲烷	一切排污单位	0.3	0.6	1.0
32	四氯化碳	一切排污单位	0.03	0.06	0.5
33	三氯乙烯	一切排污单位	0.3	0.6	1.0
34	四氯乙烯	一切排污单位	0.1	0.2	0.5
35	苯	一切排污单位	0.1	0.2	0.5
36	甲苯	一切排污单位	0.1	0.2	0.5
37	乙苯	一切排污单位	0.4	0.6	1.0
38	邻二甲苯	一切排污单位	0.4	0.6	1.0
39	对二甲苯	一切排污单位	0.4	0.6	1.0
40	间二甲苯	一切排污单位	0.4	0.6	1.0
41	氯苯	一切排污单位	0.2	0.4	1.0
42	邻二氯苯	一切排污单位	0.4	0.6	1.0
43	对二氯苯	一切排污单位	0.4	0.6	1.0
44	对硝基氯苯	一切排污单位	0.5	1.0	5.0
45	2,4-二硝基氯苯	一切排污单位	0.5	1.0	5.0
46	苯酚	一切排污单位	0.3	0.4	1.0

续表

序号	污染物	适用范围	一级标准/(mg/L)	二级标准/(mg/L)	三级标准/(mg/L)
47	间甲酚	一切排污单位	0.1	0.2	0.5
48	2,4-二氯苯酚	一切排污单位	0.6	0.8	1.0
49	2,4,6-三氯苯酚	一切排污单位	0.6	0.8	1.0
50	邻苯二甲酸二丁酯	一切排污单位	0.2	0.4	2.0
51	邻苯二甲酸二辛酯	一切排污单位	0.3	0.6	2.0
52	丙烯腈	一切排污单位	2.0	5.0	5.0
53	总硒	一切排污单位	0.1	0.2	0.5
54	粪大肠菌群数	医院、兽医院及医疗机构含病原体污水	500个/L	1000个/L	5000个/L
		传染病、结核病医院污水	100个/L	500个/L	1000个/L
55	总余氯(采用氯化消毒的医院污水)	医院、兽医院及医疗机构含病原体污水	<0.5	≥3(接触时间≥1h)	≥2(接触时间≥1h)
		传染病、结核病医院污水	<0.5	≥6.5(接触时间≥1.5h)	≥5(接触时间≥1.5h)
56	总有机碳(TOC)	合成脂肪酸工业	20	40	—
		苎麻脱胶工业	20	60	—
		其他排污单位	20	30	—

第四节 大气中有毒有害物质的检测

一、二氧化硫的检测

二氧化硫是主要大气污染物之一。SO_2常用的测定方法有分光光度法、紫外荧光法、电导法、库仑滴定法、火焰光度法等。

1. 四氯汞钾溶液吸收-盐酸副玫瑰苯胺分光光度法

用氯化钾和氯化汞配制成四氯汞钾吸收液,二氧化硫被吸收后,生成稳定的二氯亚硫酸盐配合物,再与甲醛和盐酸副玫瑰苯胺作用,生成紫色配合物,其颜色深浅与SO_2含量成正比,用分光光度法测定。

显色pH值为1.5~1.7时,显色后溶液呈红紫色,最大吸收波长为548nm,摩尔吸光系数为4.77×10^4;显色pH值为1.1~1.3时,显色后溶液呈蓝紫色,最大吸收波长为575nm,摩尔吸光系数为3.7×10^4。SO_2的浓度可按式(3-11)计算。

$$\eta_{SO_2}(\text{mg/m}^3) = \frac{m_{SO_2}}{V_n} \times \frac{V_1}{V_2} \tag{3-11}$$

式中 m_{SO_2}——测定时所取样品溶液中SO_2含量,由标准曲线查知,μg;

V_1——样品溶液总体积,mL;

V_2——测定时所取样品溶液体积,mL;

V_n——标准状态下的采样体积,mL。

本法测定时须注意:温度、酸度、显色时间等因素影响显色反应;标准溶液和试样溶液操作条件应保持一致；氮氧化物、臭氧及锰、铁、铬等离子对测定有干扰；采样后放置20min，臭氧可自行分解；加入磷酸和乙二胺四乙酸二钠盐可消除或减少某些金属离子的干扰。

2. 钍试剂分光光度法

SO_2用过氧化氢溶液吸收并氧化为硫酸，与过量的高氯酸钡反应，生成硫酸钡沉淀，剩余钡离子与钍试剂作用生成钍试剂钡配合物（紫红色），最大吸收波长为520nm。

将采样后的吸收液定容（同标准色列定容体积），水作为参比测定吸光度，从标准曲线上查知标准SO_2浓度（η_c），按式(3-12)计算大气中的SO_2浓度。

$$\eta_{SO_2}(mg/m^3) = \frac{\eta_c V_t}{V_n} \tag{3-12}$$

式中　V_t——样品溶液总体积，mL；

　　　V_n——标准状态下的采样体积，mL。

测定时应注意：滤膜应每天更换，以防止尘埃中重金属元素的干扰；高氧酸钡乙醇溶液及钍试剂溶液加入量必须准确；钍试剂能与多种金属离子（如钙、镁、铁、铝等）配合，采样装置前应安装颗粒物过滤器。

3. 紫外荧光法

在波长190~230nm紫外线照射下，SO_2吸收紫外线被激发至激发态SO_2^*，激发态SO_2^*不稳定，瞬间返回基态，发射出波峰为330nm的荧光。荧光强度和SO_2浓度成正比，用光电倍增管及电子测量系统测量荧光强度，即可测出大气中SO_2的浓度。

4. 溶液电导率法

此法是在具有一定酸性的硫酸-过氧化氢吸收液的容器中，通以一定流量的环境中的空气，进行定时的接触反应。空气中所含SO_2被吸收液吸收后形成H_2SO_4，使吸收液的电导率随H_2SO_4的增加而增加，连续记录吸收液电导率的变化，可得到一定时间内SO_2浓度的平均值。根据记录曲线的斜率可得到SO_2浓度的瞬时变化。仪器工作原理如图3-12所示。

$$SO_2 + H_2O_2 \longrightarrow H_2SO_4$$

吸收液由送液泵泵入检测容器中，并通过物位检测器和电磁阀控制，使其保持一定的液位。被测空气通过滤尘器和流量计后经喷嘴进入反应容器中，且保持长时间不变的稳定流量，最后通过标准电极与测量电极检出电导率的变化，由记录仪进行连续记录，通过换算便可得到一定时间内SO_2浓度的平均值。被吸收后的气体经过烟雾收集器后排出。这里的撞击式测尘仪主要用来使气液混合发泡，以提高反应效率。测量后需将吸收液排入排液瓶，重新泵入新液，一般更换周期为1h，具体时间要根据空气中SO_2含量的多少来定。

经过一定检测时间后需要补充吸收液、清洗过滤器，必要时需用等效溶液进行校准。

5. 恒电流库仑滴定法

在H型的电解池中，装有0.3mol/L碱性碘化钾溶液和三个电极，即铂丝阳极、铂网阴极、活性炭参比电极，如图3-13所示。电解时由恒定电流供电，两电极上的反应为

阳极：　　　　　　　　　$3I^- \longrightarrow I_3^- + 2e$

阴极：　　　　　　　　　$I_3^- + 2e \longrightarrow 3I^-$

待测空气连续地被抽入仪器，首先，经过选择性过滤器，除去干扰物后进入库仑池。当气样中不含二氧化硫时，阳极上氧化的I^-与阴极上还原的I^-量相等。当气样中含二氧化硫时，与溶液中的碘发生下列反应

$$I_2 + SO_2 + 2H_2O \longrightarrow SO_4^{2-} + 4H^+ + 2I^-$$

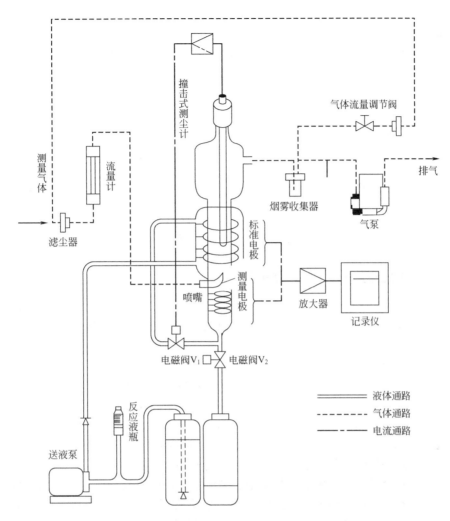

图 3-12　SO_2 溶液电导率法测定装置工作原理

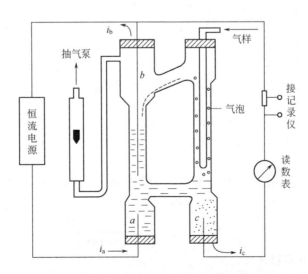

图 3-13　恒电流库仑滴定法测定仪器工作原理

使阴极液中 I_2 的含量减少，阴极电流下降。为维持电极向氧化还原平衡，降低的电流将由参比电极流出，$i_c=i_a-i_b$。气样中 SO_2 含量越大，消耗碘越多，导致阴极电流减小而参比电极流出的电流增大，可以根据参比电流直接算出 SO_2 含量，既减小了其他方法的测量误差，还不需要定期校验。参比电极电流和 SO_2 含量间的关系为

$$q_v=\frac{I_R M}{96500\times n}=0.000332 I_R \quad (3\text{-}13)$$

式中　q_v——每秒进入库仑池的 SO_2 量，$\mu g/s$；

I_R——参比电极电流，μA；

M——SO_2 分子量（64）；

n——参加反应的每个 SO_2 分子的电子变化数。

若通入库仑池的气样流量为 Q_F（L/min），SO_2 浓度为 η_c（$\mu g/L$），则每秒进入库仑池的 SO_2 量为

$$q_v=\frac{\eta_c Q_F}{60}\approx\frac{0.002}{Q_F} I_R \quad (3\text{-}14)$$

二、氮氧化物（NO_x）的检测

大气中含氮化合物有 NO、NO_2、N_2O_3、N_3O_4 和 N_2O_5 等多种形式。大气中的氮氧化物主要以一氧化氮（NO）和二氧化氮（NO_2）形式存在。常用的氮氧化物测定方法有盐酸萘乙二胺分光光度法、化学发光法及恒电流库仑滴定法等。

1. 盐酸萘乙二胺分光光度法

该方法采样和显色同时进行，根据采样时间不同分为两种情况。一是吸收液用量少，适于短时间采样，检出限为 $0.01\mu g/mL$（按与吸光度 0.01 相对应的亚硝酸根含量计），当采样体积为 6L 时，最低检出质量浓度（以 NO_2 计）为 $0.01mg/m^3$；二是吸收液用量大，适于 24h 连续采样，测定大气中 NO_x 的日平均浓度，其检出限为 $0.01\mu g/mL$；当 24h 采样体积为 288L 时，最低检出质量浓度（以 NO_2 计）为 $0.002mg/m^3$。

(1) 原理　在用对氨基苯磺酸和盐酸萘乙二胺配成的吸收液中，大气中的 NO_2 被转变为亚硝酸，在冰乙酸存在条件下，亚硝酸与对氨基苯磺酸发生重氮化反应，再与盐酸萘乙二胺偶合，生成玫瑰红色偶氮染料，于波长 540nm 下测定其吸光值。

由于 NO 不与吸收液发生反应，应将 NO 氧化成 NO_2 后测定。可通过三氧化铬石英砂氧化管氧化转化，再通入吸收液进行显色。因此，不通过三氧化铬石英砂氧化管，测得的是 NO_2 含量；通过氧化管，测得的是 NO_x 总量。二者之差为 NO 的含量。

用吸收液吸收大气中的 NO_2，并不是 100% 地生成亚硝酸，还有一部分生成硝酸。实验证明，转换率为 76%，因此在计算结果时须除以转化系数 0.76。

(2) 测定

① 标准曲线的绘制。用亚硝酸钠配制系列标准溶液，加入等量吸收液显色、定容，于 540nm 处测其吸光度，以试剂空白为参比，绘制标准曲线，或计算出单位吸光度相应的 NO_2 微克数。

② 试样溶液的测定。按照绘制标准曲线的条件和方法测定采样后的样品溶液吸光度，按式 (3-15) 计算气样中 NO（以 NO_2 表示）的含量。

$$\eta_{NO_x}(NO_2,mg/L)=\frac{(A-A_0)B_S}{0.76 V_n} \quad (3\text{-}15)$$

式中　A——试样溶液的吸光度；

A_0——试剂空白溶液的吸光度；

B_S——NO_2 质量，μg；

V_n——换算至标准状态下的采样体积，L。

2. 化学发光法

当气样中的 NO 与臭氧（O_3）接触时，发生反应生成激发态和基态的二氧化氮（NO^* 和 NO_2，其比例约为 92∶8）。激发态的二氧化氮跃迁到较低状态或基态时，发出波长范围 600~3000nm 的连续光谱，峰值波长 1200nm。在臭氧过量的情况下，其发光强度与气样中一氧化氮的浓度成正比。因此，通过发光强度的测定，即可定量得到气样中一氧化氮的浓度。

化学发光 NO_x 监测仪工作原理如图 3-14 所示。由图 3-14 可见，气路分为两部分：一是 O_3 发生气路，即氧气经电磁阀、膜片阀、流量计进入 O_3 发生器，在紫外线照射或无声放电等作用下，产生的 O_3 送入反应室；二是气样经尘埃过滤器进入转换器，将 NO_2 转换成 NO，再通过三通电磁阀、流量计到达反应室。气样中的 NO 与 O_3 在反应室中发生化学发光反应，产生的光量子经反应室端面上的滤光片获得特征波长光射到光电倍增管上，将光信号转换成与浓度成正比的电信号，显示读数。

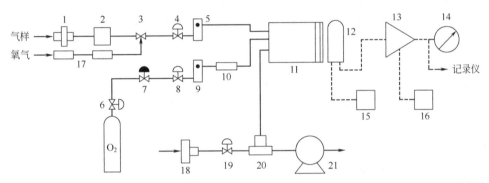

图 3-14 化学发光 NO_x 监测仪工作原理

1,18—尘埃过滤器；2—NO_2→NO 转换器；3,7—电磁阀；4,6,19—针形阀；5,9—流量计；
8—膜片阀；10—O_3 发生仪；11—反应室及滤光片；12—光电倍增管；13—放大器；14—指示表；
15—高压电源；16—稳压电源；17—氧气处理装置；20—三通管；21—抽气泵

切换 NO_2 转换器可以分别测出 NO_2 和 NO 含量。

3. 原电池库仑滴定法

原电池库仑滴定法的工作原理如图 3-15 所示。库仑池中有两个电极，一是活性炭阳极，二是铂网阴极。池内充 0.1mol/L 磷酸盐缓冲溶液（pH=7）和 0.3mol/L 的碘化钾溶液。当进入库仑池的气样中含有 NO_2 时，则与电解液中的 I^- 反应，将其氧化成 I_2。而生成的 I_2 又立即在铂网阴极上还原为 I^-，便产生微小电流。微电流大小与气样中 NO_2 浓度成正比，根据法拉第电解定律将产生的电流换算成 NO_2 的浓度，直接进行显示和记录。测定总氮氧化物时，将气样通过三氧化铬氧化管，将 NO 氧化成 NO_2。

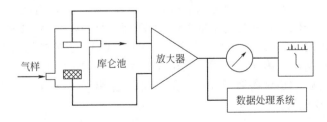

图 3-15 原电池库仑测定 NO_x 工作原理

三、一氧化碳的检测

一氧化碳（CO）是大气中的主要污染物之一，它主要来自石油、煤炭燃烧不充分的产物和汽车排气，一些自然灾害如火山爆发、森林火灾等也是来源之一。

测定大气中 CO 的方法有非分散红外吸收法、气相色谱法、定电位电解法、间接冷原子吸收法等。

1. 非分散红外吸收法

一氧化碳、二氧化碳等气体，对红外线有强烈的吸收作用，每种气体的吸收峰不同，如 CO 的红外吸收峰在 $4.5\mu m$ 附近，CO_2 在 $4.3\mu m$ 附近，水蒸气在 $3\mu m$ 和 $6\mu m$ 附近。因此，可根据这些气体对红外线的吸收作用，测定它们在空气中的浓度。因为空气中 CO_2 和水蒸气的浓度远大于 CO 的浓度，干扰 CO 的测定，在测定前用制冷或通过干燥剂的方法可除去水蒸气；用窄带光学滤光片或气体滤波室将红外辐射限制在 CO 吸收的窄带光范围内，可消除 CO_2 的干扰。

非分散红外吸收法 CO 监测仪的工作原理如图 3-16 所示。从红外光源发射出能量相等的两束平行光，被同步电机 M 带动的切光片交替切断。一束光通过参比室，称为参比光速，光强度不变；另一束光称为测量光束，通过测量室。由于测量室内有气样通过，气样中的 CO 吸收了部分特征波长的红外光，使射入检测室的光束强度减弱，且 CO 含量越高，光强减弱越多。由于射入检测室的参比光束强度大于测量光束强度，使两室中气体的温度产生差异，由其变化值即可得出气样中 CO 的浓度值，由指示表和记录仪显示和记录测量结果。

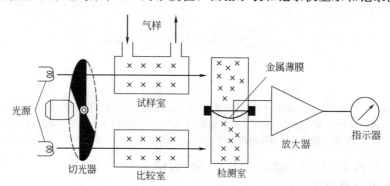

图 3-16 非分散红外吸收法 CO 装置原理示意图

测量时，先通入纯氮气进行零点校正，再用标准 CO 气体校正，最后通入气样，便可直接显示、记录气样中 CO 浓度，以 mg/m^3 表示。

2. 气相色谱法

大气中的 CO 在分子筛分离柱上分离，在热导检测器上进行直接检测，分离色谱图如图 3-17 所示。

将 CO 在氢气流中催化还原甲烷可用氧火焰检测器检测，此法有较高的灵敏度，同时还能检测 CO_2 和甲烷。图 3-18 为大气中的 CO、CO_2 和甲烷经 TDX-01 碳分子筛柱分离后，于氢气流中在镍催化剂（360℃±10℃）作用下，CO、CO_2 皆能转化为 CH_4，然后用氢火焰离子化检测器分别测定上述 3 种物质。其出峰顺序为：CO、CH_4、CO_2。

测定时，先在预定实验条件下用定量管加入各组分的标准气样，测其峰高，按式(3-16)计算定量校正值。

$$K=\frac{\eta_s}{h_s} \tag{3-16}$$

式中　K——定量校正值，表示每毫米峰高代表的CO（或CH_4、CO_2）质量浓度，mg/m^3；

　　　η_s——标准气样中CO（或CH_4、CO_2）质量浓度，mg/m^3；

　　　h_s——标准气样中CO（或CH_4、CO_2）峰高，mm。

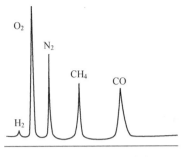

图3-17　色谱流出曲线

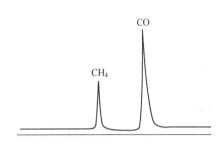

图3-18　CO催化还原色谱

在与测定标准气同样的条件下测定气样，测量各组分的峰高（h_x），按式（3-17）计算CO（或CH_4、CO_2）的浓度（η_x）

$$\eta_x = K h_x \tag{3-17}$$

为保证催化剂的活性，在测定之前，转化炉应在360℃下通气8h；氢气和氮气的纯度应高于99.9%。当进样量为2mL时，对CO的检测限为$0.2mg/m^3$。

3. 汞置换法

汞置换法也称间接冷原子吸收法。该方法基于气样中的CO与活性氧化汞在180～200℃发生反应，置换出汞蒸气，带入冷原子吸收测汞仪测定汞的含量，再换算成CO浓度。

为消除空气中的氢干扰测定，在校正零点时将霍加特氧化管串入气路，将空气中的CO氧化为CO_2后作为零气。

测定时，先将适宜浓度（η_s）的CO标准气由定量管进样，测量吸收峰高（h_x）或吸光度（A_x），再由定量管进气样，测其峰高（h_x）或吸光度（A_x），按式（3-18）计算气样中CO的浓度（%）。

$$\eta_x = \frac{\eta_s}{h_s} h_x \tag{3-18}$$

该方法检出限为$0.04mg/m^3$。

四、光化学氧化剂和臭氧的测定

大气污染物中，将所有能氧化碘化钾溶液的I^-而析出碘分子I_2的物质，称为总氧化剂，包括臭氧、过氧乙酰硝酸酯（PAN）和部分氮氧化合物等。这些物质中除去氮氧化物的其他氧化剂称为光化学氧化剂。计算公式为

$$光化学氧化剂 = 总氧化剂 - 0.269 \times 氮氧化物$$

式中，0.269为氮氧化物的校正系数，大气中有26.9%的氮氧化物与碘化钾反应。

1. 光化学氧化剂的测定

光化学氧化剂的测定采用硼酸碘化钾分光光度法。硼酸碘化钾吸收液吸收O_3的反应如下。

$$O_3 + 2I^- + 2H^+ \longrightarrow I_2 + O_2 + H_2O$$

I_2在352nm下有特征吸收峰，用分光光度法测定。

实际测定时，以硫酸酸化的碘酸钾、碘化钾溶液作为标准溶液（以O_3计）配制标准系

列，在 352nm 波长处以蒸馏水为参比测其吸光度，或者用最小二乘法建立标准曲线的回归方程式。光化学氧化剂浓度计算式为

$$\eta_{\text{光学氧化剂}}(O_3, \text{mg/m}^3) = \frac{[(A_1 - A_0) - a]}{bV_n K} - 0.269 \eta_{NO_2} \quad (3-19)$$

式中　A_1——气样吸收液的吸光度；
　　　A_0——试剂空白溶液的吸光度；
　　　a——回归方程式的截距；
　　　b——标准曲线的斜率，吸光度/$\mu g O_3$；
　　　V_n——标准状态下的采样体积，L；
　　　K——采样吸收效率，%；
　　　η_{NO_x}——同步测定试样中 NO_x 的浓度（NO_2，mg/m³）。

2. 臭氧（O_3）的检测

O_3 的测定方法有吸光光度法、化学发光法、紫外线吸收法等。

（1）硼酸碘化钾分光光度法　用含有 1% 碘化钾的硼酸溶液作为吸收液，大气中的 O_3 等氧化碘离子为碘分子，于 352nm 测定吸光度。标准溶液由 0.1mol/L 的碘酸钾标准溶液与碘化钾发生反应析出的碘组成。其物质的量浓度 η_c（$1/2I_2$）=0.01mol/L 溶液相当于 24×0.0100mg 臭氧。根据标准曲线建立回归方程式，按式（3-20）计算气样中 O_3 的浓度。

$$\eta_{O_3}(O_3, \text{mg/m}^3) = \frac{\phi_V [(A_1 - A_2) - a]}{bV_n} \quad (3-20)$$

式中　A_1——总氧化剂样品溶液的吸光度；
　　　A_2——零气（除去臭氧的空气）样品溶液的吸光度；
　　　ϕ_V——样品溶液最后体积与系列标准溶液体积之比；
　　　a——回归方程式的截距；
　　　b——回归方程式的斜率，吸光度/$\mu g O_3$；
　　　V_n——标准状态下的采样体积，L。

采样时串接三氧化铬管消除 SO_2、H_2S 等还原性气体干扰测定。

（2）化学发光法　测定臭氧的化学发光法有罗丹明 B 法、一氧化氮法和乙烯法。

将大气样品通入焦性没食子酸-罗丹明 B 乙醇溶液，则焦性没食子酸被 O_3 氧化，产生受激中间体，并迅速与罗丹明 B 作用，使罗丹明 B 被激发而发光。发光峰值波长为 584nm，发光强度与 O_3 浓度成正比，测定 O_3 浓度范围为 $(3 \sim 140) \times 10^{-6}$。

一氧化氮法是利用 NO 与 O_3 接触发生化学发光反应原理建立的。发光峰值波长为 1200nm，测定 O_3 浓度范围为 $(0.001 \sim 50) \times 10^{-6}$。

乙烯法是基于 O_3 与乙烯发生均相化学发光反应，生成激发态甲醛，当激发态甲醛瞬间回至基态时，放出光子，波长范围为 300～600nm，峰值波长 435nm，发光强度与 O_3 浓度成正比。

五、总烃及非甲烷烃的检测

总碳氢化合物常以两种方法表示：一种是包括甲烷在内的碳氢化合物，称为总烃（THC）；另一种是除甲烷以外的碳氢化合物，称为非甲烷烃（NMHC）。大气中的碳氢化合物主要是甲烷，其质量浓度范围为 2～6mg/m³，但当大气严重污染时会大量增加甲烷以外的碳氢化合物。

测定总烃和非甲烷烃的主要方法有气相色谱法、光电离检测法等。

1. 气相色谱法

以氮气或去甲烷净化空气为载气测定总烃和非甲烷烃的流程如图3-19所示，气相色谱仪中并联了两根色谱柱：一根是空柱，用于测定总烃；另一根填充GDX-502担体，用于测定甲烷。检测器为氢火焰离子化检测器（FID）。

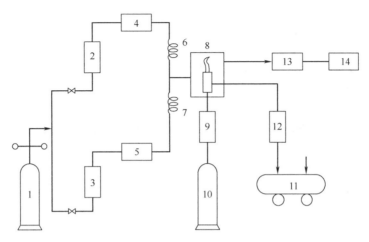

图3-19　气相色谱法测定总烃流程

1—氮气瓶；10—氢气瓶；2,3,9,12—净化器；4,5—六通阀；6—GDX-502柱；
7—空柱；8—FID；11—空气压缩机；13—放大器；14—记录仪

大气试样、甲烷标准气及除烃净化空气依次通过色谱仪空柱到达检测器，可分别得到3种气样的色谱峰。设大气试样总烃峰高（包括氧峰）为 h_t，甲烷标准气样峰高为 h_s，除烃净化空气峰高为 h_a。

在相同色谱条件下，大气试样、甲烷标准气样经GDX-502柱分离到达检测器，可得到气样中甲烷的峰高（h_m）和甲烷标准气样中甲烷的峰高（h'_s）。按式(3-21)及式(3-22)计算总烃、甲烷烃和非甲烷烃的含量。

$$总烃(以 CH_4 计, mg/m^3) = \frac{h_t - h_a}{h_s} \times c_s \tag{3-21}$$

$$甲烷(mg/m^3) = \frac{h_m}{h'_s} \times c_s \tag{3-22}$$

非甲烷烃浓度＝总烃浓度－甲烷浓度

式中　c_s——甲烷标准气浓度，mg/m^3。

2. 光电离（PID）的检测

光离子化检测法依据有机化合物分子在紫外线照射下可产生光电离的现象，收集产生的离子流的检测器为PID检测器。

凡是电离能小于PID紫外辐射能的物质（至少低0.3eV）均可被电离测定。PID光电离检测法通常使用10.2eV的紫外光源，此时氧、氮、二氧化碳、水蒸气等电离电位＞11eV，不被电离，CH_4 的电离能为12.98eV，也不被电离，这样可直接测定大气中的非甲烷烃。

六、苯及苯系物的检测

1. 气相色谱法

空气中苯及苯系物用活性炭管采集，然后用二硫化碳洗脱，用氢火焰离子化检测器的气相色谱仪分析测定。

空气中苯、甲苯或二甲苯的浓度按式（3-23）计算：

$$\eta_{苯} = \frac{(h-h')B_s}{V_0 E_s} \tag{3-23}$$

式中 $\eta_{苯}$——空气中苯或甲苯、二甲苯的浓度，mg/m^3；

　　　h——样品峰高的平均值，mm；

　　　h'——空白管的峰高，mm；

　　　B_s——计算因子，$\mu g/mm$；

　　　E_s——由实验确定的二硫化碳提取效率；

　　　V_0——标准状况下采样体积，L。

2. 光离子化法

离子化池中的苯类化合物吸收了紫外灯发出的光子能量后，产生电离，即

$$AB + h\nu \longrightarrow AB^-$$
$$AB \longrightarrow AB^+ + e$$

和载气的受激分子发生反应

$$N_2 + h\nu \longrightarrow N_2^-$$
$$N_2^- + AB \longrightarrow AB^- + N_2$$

单位时间内产生的离子对数目为

$$\frac{dN_i}{dt} = 2\delta_i N_\phi \{1 - \exp[-\delta_t N_{(t)} l]\} \tag{3-24}$$

式中　N_i——光离子对数；

　　　δ_i——光离子化吸收系数；

　　　δ_0——其他因素引起的吸收系数，$\delta_t = \delta_i + \delta_0$；

　　　N_ϕ——单位时间进入离子池的光子数；

　　　l——光程长；

　　　$N_{(t)}$——单位体积内被测物质的分子数，即样品浓度。

PID法具有灵敏度高、检测限低、线性范围宽、不破坏被测分子等优点，特别适合苯系物等环境污染物的监测。光离子化气体分析仪可进行连续测定。

七、总挥发性有机物的检测

测定总挥发有机物通常采用气相色谱法。选择合适的吸附剂（TenaxGC 或 TenaxTA），用吸附管采集一定体积的空气样品，空气流中的挥发性有机物保留在吸附管中。采样后，将吸附管加热，解析挥发性有机物，待测样品进行色谱分析、测定。采样管和吸附剂采样前进行处理或活化，使干扰最小，选择合适的色谱柱和分析条件。

吸附管内可以填充一种或多种吸附剂，并应使吸附层处于解析仪的加热区。根据吸附剂的相对密度，吸附管中可填充 200~1000mg 的吸附剂，吸附剂应按其吸附能力增加的顺序排列，并用玻璃纤维毛隔离开，吸附能力最弱的装填在吸附管的采样入口端。采样体积一般在 1~10L 左右，当总样量超过 1mg 时，采样体积应相应减少。采样结束后，密封管的两端将其放入可密封的金属或玻璃管中，样品可保留 5 天。

空气样品中待测样组分的浓度按式（3-25）计算：

$$\eta = \frac{m_x - m_s}{V_0} \times 1000 \tag{3-25}$$

式中 η——空气样品中待测组分的质量浓度，$\mu g/m^3$；

m_x——样品管中组分的质量，μg；

m_s——空白管中组分的质量，μg；

V_0——标准状态下的采样体积，L。

八、氟化物的检测

气态的氟在大气中除大部分是氟化氢外，还有少量氟化硅（SiF_4）和氟化碳（CF_4）以及含氟粉尘等。

大气中氟化物的测定方法有吸光光度法、滤膜（或滤纸）采样-氟离子选择电极法等。

1. 滤膜采样-氟离子选择电极法

大气中的气态氟化物被吸收固定在用磷酸氢二钾溶液浸渍的玻璃纤维滤膜上，或碳酸氢钠甘油溶液浸渍的玻璃纤维滤膜上，尘态氟化物同时被阻留在滤膜上。采样后的滤膜用水或酸浸取，氟离子选择电极法测定。

如采用双层滤膜采样法分别测尘态、气态氟化物，第一层滤膜为经柠檬酸溶液浸渍的纤维素酯微孔膜先阻留尘态氟化物，第二层为用磷酸氢二钾浸渍过的玻璃纤维滤膜采集气态氟化物。用水浸取滤膜，测定水溶性氟化物；用盐酸溶液浸取，测定酸溶性氟化物；用水蒸气热解法处理采样膜，可测定总氟化物。用式（3-26）计算氟化物含量：

$$\eta_{氟化物}(F, mg/m^3) = \frac{W_1 + W_2 - 2W_0}{V_n} \tag{3-26}$$

式中 W_1——上层浸渍膜样品中的氟含量，μg；

W_2——下层浸渍膜样品中的氟含量，μg；

W_0——空白浸渍膜平均氟含量，μg；

V_n——标准状态下的采样体积，L。

气态的氟化物可用离子选择电极法氟化氢测试仪测定。

2. 分子扩散采样氟试剂比色法

用浸渍氢氧化钠溶液的滤纸采样，则大气中的氟化物经分子扩散作用被固定，经水洗脱后，在一定pH值的缓冲液中，与镧盐和氟试剂反应生成蓝色配合物，比色定量或在620nm用分光光度法测定。

该方法将浸渍吸收液的滤纸自然暴露于大气中采样，对比前一种方法，不需要抽气动力，并且由于采样时间长（7天到1个月），测定结果能较好地反映大气中氟化物的平均污染水平。按式（3-27）计算氟化物含量：

$$\eta_{氟化物}[F, \mu g/(100cm^2 \cdot d)] = \frac{W - W_0}{Sn} \times 100 \tag{3-27}$$

式中 W——采样滤纸中氟含量，μg；

W_0——空白滤纸中平均氟含量，μg；

S——采样滤纸暴露在空气中的面积，cm^2；

n——样品滤纸采样天数。

九、车间空气中有害气体的最高容许浓度

车间空气中有害气体最高容许浓度见表3-5。

表 3-5 《工业企业设计卫生标准》中车间空气中有害气体的最高容许浓度

编号	物质名称	最高容许浓度/(mg/m³)	编号	物质名称	最高容许浓度/(mg/m³)
1	一氧化碳	30	37	甲基内吸磷(甲基E059)(皮)	0.2
2	一甲胺	5	38	甲基对硫磷(甲基E650)(皮)	0.1
3	乙醚	500	39	乐戈(乐果)(皮)	1
4	乙腈	3	40	敌百虫(皮)	1
5	二甲胺	10	41	敌敌畏(皮)	0.3
6	二甲苯	100	42	吡啶	4
7	二甲基甲酰胺(支)	10	43	金属汞	0.01
8	二甲基二氯硅烷	2	44	升汞	0.1
9	二氧化硫	15	45	有机汞化合物(皮)	0.005
10	二氧化硒	0.1	46	松节油	300
11	二氯丙醇(皮)	5	47	环氧氯丙烷(皮)	1
12	二硫化碳(皮)	10	48	环氧乙烷	5
13	二异氰酸甲苯酯	0.2	49	环己酮	50
14	丁烯	100	50	环己醇	50
15	丁二烯	100	51	环己烷	100
16	丁醛	10	52	苯(皮)	40
17	三乙基氯化锡(皮)	0.01	53	苯及其同系物的一硝基化合物(硝基苯及硝基甲苯等)(皮)	5
18	三氧化二砷及五氧化二砷	0.3			
19	三氧化铬、铬酸盐、重铬酸盐(换算成CrO₃)	0.05	54	苯及其同系物的二及三硝基化物(二硝基苯、三硝基甲苯等)(皮)	1
20	三氯氢硅	3	55	苯的硝基及二硝基氯化物(一硝基氯苯、二硝基氯苯等)(皮)	1
21	己内酰胺	10			
22	五氧化二磷	1	56	苯胺、甲苯胺、二甲苯胺(皮)	5
23	五氯酚及其钠盐	0.3	57	苯乙烯	40
24	六六六	0.1	58	五氧化二钒烟	0.1
25	丙体六六六	0.05	59	五氧化二钒粉尘	0.5
26	丙酮	400	60	钒铁合金	1
27	丙烯腈(皮)	2	61	苛性碱(换算成NaOH)	0.5
28	丙烯醛	0.3	62	氟化氢及氟化物(换算成F)	1
29	丙烯醇(皮)	2	63	氨	30
30	甲苯	100	64	臭氧	0.3
31	甲醛	3	65	氧化氮(换算成NO₂)	5
32	光气	0.5	66	氧化锌	5
33	内吸磷(E069)(皮)	0.02	67	氧化镉	0.1
34	对硫磷(E605)(皮)	0.05	68	砷化氢	0.3
35	甲拌磷(3911)(皮)	0.01	69	铅烟	0.03
36	马拉硫磷(4049)(皮)	2	69	铅烟	0.03

第三章 有毒有害物质检测

续表

编号	物质名称	最高容许浓度/(mg/m³)	编号	物质名称	最高容许浓度/(mg/m³)
71	四乙基铅(皮)	0.005	92	四氯化碳(皮)	25
72	硫化铅	0.5	93	氯乙烯	30
73	铍及其化合物	0.001	94	氯丁二烯(皮)	2
74	钼(可溶性化合物)	4	95	溴甲烷(皮)	1
75	钼(不溶性化合物)	6	96	碘甲烷(皮)	1
76	黄磷	0.03	97	溶剂汽油	350
77	酚(皮)	5	98	滴滴涕	0.3
78	萘烷、四氢化萘	100	99	羰基镍	0.001
79	氰化氢及氢氰酸盐(换算成HCN)(皮)	0.3	100	钨及碳化钨	6
				醋酸酯:	
80	联苯—联苯醚	7	101	醋酸甲酯	100
81	硫化氢	10	102	醋酸乙酯	300
82	硫酸及三氧化硫	2	103	醋酸丙酯	300
83	锆及其化合物	5	104	醋酸丁酯	300
84	锰及其化合物(换算成 MnO_2)	0.2	105	醋酸戊酯	100
85	氯	1	106	甲醇	50
86	氯化氢及盐酸	15	107	丙醇	200
87	氯苯	50	108	丁醇	200
88	氯苯及氯联苯(皮)	1	109	戊醇	100
89	氯化苦	1	110	糠醛	10
90	二氯乙烷	25	111	磷化氢	0.3
91	三氯乙烯	30			

注：1. 表中最高容许浓度是工人工作地点空气中有害物质所不应超过的数值。工作地点系指工人为观察和管理生产过程而经常或定时停留的地点，如生产操作在车间内许多不同地点进行，则整个车间均算为工作地点。

2. 有（皮）标记者为除经呼吸道吸收外，尚易经皮肤吸收的有毒物质。

第五节　企业常用安全分析

容器通常在泄料后，内部仍残存部分物料。对易燃、易爆物质来说，当容器在密封状态工作时，里面基本没有空气，不会形成爆炸性混合气体，一般是没有危险的。当泄料后，容器打开，空气进入容器内，由于残料挥发，与易燃气体混合达到爆炸极限，此时如遇火源，便会发生爆炸。而对一些剧毒、有毒物质，容器内即使只有很少一点的量，也是足以致人死亡的。所以，进入设备容器必须先经过置换、通风并经取样分析合格后，人员才能进入。

安全分析主要是指：①易燃、易爆气体含量的分析；②氧含量的分析，氧含量在19％～

22%为合格;③有毒气体含量的分析。

常见的可燃性气体和有毒气体性质见表3-6。

表3-6 常见的可燃性气体和有毒气体

序号	归属		物质名称	化学式	爆炸极限/%		允许浓度	
	可燃	有毒			LEL	UEL	$\times 10^{-6}$	mg/m³
1	√		乙炔	$HC\equiv CH$	2.5	100		
2	√		乙醛	CH_3CHO	4.0	6.0		
3	√		乙烷	C_2H_6	3.0	12.4		
4	√		乙胺	$C_2H_5NH_2$	3.5	13.95		
5	√		乙苯	$C_6H_5C_2H_5$	1.0	6.7		
6	√		乙烯	$CH_2\!=\!CH_2$	2.7	36		
7	√		氯乙烷	C_2H_5Cl	3.8	15.4		
8	√		氯乙烯	$CH_2\!=\!CHCl$	3.6	33		
9	√		环氧丙烷	CH_2CHCH_2O	2.1	21.5		
10	√		环丙烷	$CH_2CH_2CH_2$	2.4	10.4		
11	√		二甲胺	$(CH_3)_2NH$	2.8	14.4		
12	√		氢气	H_2	4.0	75		
13	√		丁二烯	$CH_2\!=\!CHCH\!=\!CH_2$	2.0	12		
14	√		丁烷	$CH_3(CH_2)_2CH_3$	1.8	8.4		
15	√		丁烯	C_4H_8	9.7			
16	√		丙烷	$CH_3CH_2CH_3$	2.1	9.5		
17	√		丙烯	$CH_3CH\!=\!CH_2$	2.4	11		
18	√		甲烷	CH_4	5.0	15.0		
19	√		二甲醚	CH_3OCH_3	3.4	27		
20	√	√	丙烯腈	$CH_2\!=\!CHCN$	3.0	17.0	20	2
21	√	√	一氧化碳	CO	12.5	74	50	30
22	√	√	丙烯醛	$CH_2\!=\!CHCHO$	2.8	31	0.1	0.3
23		√	氨气	NH_3	15	28	25	30
24	√	√	一氯甲烷	CH_3Cl	7	17.4	100	—
25	√		氧乙烯	$(CH_2)_2O$	3	100	50	
26	√	√	氰化氢	HCN	6	41	10	0.3
27	√	√	三甲基胺	$(CH_3)_3N$	2.0	12	10	
28	√	√	二硫化碳	CS_2	1.3	50	10	10
29	√	√	溴甲烷	CH_3Br	10	15	15	1
30	√	√	苯	C_6H_6	1.3	7.9	10	40
31	√	√	甲胺	CH_3NH	4.9	20.7	10	5
32	√	√	硫化氢	H_2S	4	4.4	10	10
33		√	二氧化硫	SO_2	—	5	15	
34		√	氯气	Cl_2	—	—	1	1

续表

序号	归属		物质名称	化学式	爆炸极限/%		允许浓度	
	可燃	有毒			LEL	UEL	$\times 10^{-6}$	mg/m³
35		√	二乙胺	$(C_2H_5)_2NH$	1.8	10	25	—
36		√	氟	F_2	—	—	1	1
37		√	光气	$SOCl_2$	—	—	0.1	0.5
38		√	氯丁二烯	C_4H_5Cl	4.0	20	25	2

链烷烃类的爆炸下限可用下式估算：

$$LEL = 0.55 C_0$$

式中，C_0 为可燃性气体完全燃烧时的化学计量浓度。

当某些环境中，由于存在多种可燃性气体，与空气形成具有复杂组成的可燃性气体混合物时，混合可燃气体的爆炸下限可根据各组分已知的爆炸下限求出，算法如下：

$$LEL_{混} = \frac{100}{\frac{C_1}{LEL_1} + \frac{C_2}{LEL_2} + \cdots + \frac{C_n}{LEL_n}}$$

式中，$LEL_{混}$ 为混合物爆炸下限；$C_1 \sim C_n$ 为各组分在总体积中所占的体积分数，且 $C_1 + C_2 + \cdots + C_n = 100\%$；$LEL_1 \sim LEL_n$ 为各组分爆炸下限。

有毒气体检测时，是以有毒气体浓度为检测对象，并以有毒气体的最高允许浓度为标准确定检测与报警指标的。所谓最高允许浓度，是指人员工作地点空气中有害物质在长期分次有代表性的采样测定中均不应超过的浓度值，以确保现场工作人员在经常性的生产劳动中不致发生急性和慢性职业危害。我国采用最高允许浓度作为卫生标准。除最高允许浓度（MAC）外，有毒气体还有以 TLV 作为卫生标准的。TLV 即阈限值（Threshold Limit Values），是指空气中有毒物质的浓度。在此浓度下，几乎全体现场工作人员每日重复接触都不会产生影响。

有毒气体的浓度单位一般不采用质量百分数来表示，而是用 ppm 或 mg/m³ 表示。ppm 是指一百万份气体总体积中，该气体所占的体积分数（ppm 为非法定计量单位，即百万分比浓度）。它是相对浓度表示法，与体积分数的换算关系为：ppm = （体积分数/%）$\times 10^4$。mg/m³ 是气体浓度的绝对表示法，是指 1m³ 空气中含该种气体的毫克数。我国卫生标准中的最高允许浓度是以 mg/m³ 为单位，两种单位的换算关系为：

$$(mg/m^3) = (ppm) \times \frac{M}{24.45}$$

$$(ppm) = (mg/m^3) \times \frac{24.45}{M}$$

式中，M 为有毒气体的分子量；24.45 为常数，是 25℃、101.325kPa 时气体的摩尔体积。

在取样分析时，要注意采样的位置，要深入现场调查，根据器内的具体情况和介质的性质，在最有代表性的部位采取。在容器内，一般采取上中下三个部位的气样。如对有毒气体来说，多数气体比空气重，易沉积在容器底部。由于窒息性气体一般都比空气重，故容器内由于生物或化学物质的耗氧而形成缺氧时，也常发生在底部。而对一些易燃、易爆物质来说，又常常比空气轻，如氢气比空气轻，在容器内易积聚在顶部，这些都是要考虑的，如果采样分析不合格，则仍须继续进行清洗、置换，直至分析结果符合要求为止。

按时间要求进行安全分析，并不是进入容器前 30min 的一次分析，还须视具体情况确定一次至数次安全分析。换句话说，安全分析的结果，只有在一定的时间范围内，才是符合客观现实的真实数据。超出这个时间规定，安全分析的结果便不能为正常安全工作提供可靠的依据。只有按规定的时间要求进行安全分析，才能保证器内工作人员的安全。

一、安全分析的分类、级别

1. 安全分析分类

安全分析分为三类：动火分析、氧含量分析、有毒气体分析。

工作中可根据下列情况决定进行哪一类安全分析。

① 工作区域的工作环境检测，进行有毒气体分析和氧含量的分析，主要目的是确定工作环境是否满足员工的工作需要。

② 在作业场所作业而不动火时，只做有毒气体分析、氧含量分析。

③ 在工作环境进行动火作业或者容器内动火，只做动火分析。

④ 在工作场所作业而且需动火时应同时做动火分析和有毒气体分析。

⑤ 如果在维修指定场所进行结构连接焊接，不进行动火分析。

⑥ 为了确保检修人员的绝对安全，凡在容器内作业由于装配和拆卸等工作可能引起碰撞产生火星等，原则按两类分析同时进行，需要进行作业分析的容器和管道必须设法预先吹净。

⑦ 在分厂指定的动火作业区进行结构焊接、切割，已经清洗置换合格的设备管道，不再进行安全分析。

⑧ 根据工作内容的要求由安全环保部门决定是进行进入容器许可还是动火作业许可的分析，同时将对不同的分析填写不同的许可证。

⑨ 原则上进行动火分析首先要满足有毒物体分析合格，可燃物分析也要合格，在容器内动火分析，一定要满足氧含量在合格范围。

2. 动火分析级别的确定

根据动火分析的规定分为特殊动火、一级动火、二级动火。

① 特殊动火，指在生产运行状态下的易燃易爆物品生产装置、输送管道、储罐、容器等部位上及其他特殊危险场所的动火作业。

特殊动火区：煤气化装置及管道；变换装置及管道；两洗中甲醇洗装置及管道；合成装置及管道；氨罐区及管道；空分氧气管道。

② 一级动火区，指在易燃易爆场所进行动火作业的区域：合成氨分厂内所有除特殊动火区外的所有工作场所动火；热电分厂油库区域动火；原料煤制粉装置动火。

③ 二级动火区：合成氨生产区除特殊动火区和一级动火区以外的其他工作区域。

④ 进行动火分析时，对任何级别的分析都按规定取样方式和分析方式进行，并认真做好各项记录。

二、安全分析取样及要求

1. 管道设备内取样要求

① 接到取样通知后，分析人要立即做好取样和分析准备工作，配备好取样的取样袋、取样管等取样设施，并检查好这些设施是否完好。检测电量，检查灵敏性，确定设施设备完好，可以进行取样和分析工作。

② 穿戴好工作服，携带好相应的防护工具。

③ 使用取样管取样。

a. 连接好取样管、负压球（或自动气体取样机泵，如图3-20所示）、气袋，将取样管管口伸入到管道或设备内，挤捏负压球将气体吸入气袋中，待样品收集数量达到要求时，迅速用弹簧夹夹紧袋口。

b. 使用机泵一般连接在分析仪器上，取样开始阶段要先注意置换，等经过仪器的气体与容器或管道中相同时，再进行检测。

④ 取样之前要确保要分析的管道设备经过充分置换，清洗基本达到作业时的各项指标要求。

⑤ 取样必须使用专用取样管（金属管和胶管）、取样袋、负压球等工具，取样前检查这些器件，确保完好没有破损。

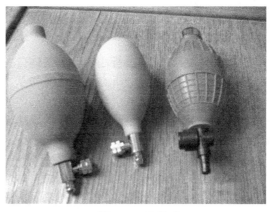

图 3-20　取样球

⑥ 取样时取样管口要在容器内各个点摄取样品，特别是拐角死角处，要特别注意，确保取样分析。如果条件允许，在有一定防护措施的前提下进入容器取样确保样品具有代表性。

⑦ 取样要求同一般化学品取样一样，用分析环境的气体先置换取样管和取样袋，保证样品的准确性。

⑧ 如果是机泵取样，同上述要求一致，确保样品的代表性和准确性。

如果使用仪器直接测量，要确保仪器的取样点就是工作区域，对接近区域也要检测，保证工作不会受周围环境影响。

⑨ 取样时如果是进入容器内或攀爬设备要注意有人监护和自身的安全防护。取样时若情况不明，人尽可能站在上风口取样。

2. 管道设备外取样要求

① 管道设备外取样，主要是针对环境安全分析，环境分析取样，由于多在平地或各种设备外部，需要综合考虑。

② 在平地上进行安全作业，作业对象不是在用更换下来的容器或设施，按一般环境分析处理，在指定地点进行作业的，不进行取样分析。如果是在用设施，需置换清洗，取样分析合格后进行安全作业。

③ 在生产现场的管道设备外部安全作业，需在作业点附近多处取样分析，确保环境达到作业要求。管道或设备要求进行置换或清洗后对设施取样分析，该取样要求同管道设备内取样，要求一致。

④ 在生产现场，但不在管道和设备外安全作业，取样按一般环境安全作业取样，但要确保管道设备没有泄漏。

3. 取样综合要求及留样

① 无论是在什么环境下，只要进行安全分析，使用负压球或机泵采取用于奥式法分析的样品，同时取两份样，一份用于分析，一份用保存留样。

② 对于直接使用现场安全分析仪进行分析的，因为分析仪都自带机泵取样，分析可以直接进行。所以在进行分析时同时采用负压球或取样机泵用球胆取样一份保留样品。

③ 留样保存的要求，样品保存24h。

④ 对于在24h内在同一个点进行分析的，前面保留的样可在第二次进行分析时取消保留。

⑤ 留样要准确地标识，包括取样时间、位置、注明是安全分析还是动火分析、取样人。

⑥ 取样时的样袋、取样管等选择耐受硫腐蚀的材料，如果是不含硫的样，也可用一般

的样袋和取样管。

三、安全分析方法

安全分析主要有仪器分析法、奥氏气体分析法、检气管测定法。

各方法的适用范围与分析方法的选择如下。

仪器分析可直接测量氧气含量，可燃气体的含量，还可以根据配置测定不同成分的有毒气体，对有毒气体检测一般值低。优点是速度快、准确，缺点是不能进行有些成分的常量分析，需确定分析环境已经置换充分才能进行。

奥氏分析仪，可以分析 O_2、CO 等组分，分析样成分一般为常量。优点是经典分析方法，对常量可靠性和准性保证度较高，缺点是不利于低含量分析且分析时间较长。

检气管一般用于低含量的测定，为单一成分分析。优点为有利于成分不复杂的样品分析且操作方便，缺点为对复杂样品需配置较多种类的检气管，不利于工作。

1. M40 专用气体检测仪

能够分析氧含量、可燃气体，CO、H_2S 可独立测定的专用分析仪，分析可针对氧含量、可燃爆气体含量、有毒气体含量。

（1）适用范围 可燃气体、O_2、CO 和 H_2S 分析。

（2）分析原理 仪器为专用分析装置，采用专项敏感元件，可同时测定，也可分开单项选择分析。

（3）仪器

① 专用分析仪型号：美国英思科 M40 气体检测仪。

M40 多气体检测仪专门用于危险环境和密闭空间进入检测。可同时检测以下四种气体：可燃气体、O_2、CO 和 H_2S。

工作原理：可燃气体——催化电化原理；氧气和有毒气体——电化学原理。

② 传感器技术指标。可燃气体：0～100%LEL，分辨率 1%LEL，即显示值为 LEL，即可燃气体在空气中的爆炸下限。氧气：0～30%（体积百分数），分辨率 0.1%（体积百分数）。一氧化碳：0～999ppm，分辨率 1ppm。硫化氢：0～500ppm，分辨率 1ppm（1ppm＝1×10^{-6}）。

（4）基本条件

① 电源。可充电锂离子电池工作 18h（带泵工作 12h）。

② 报警。声光和高亮液晶显示屏显示报警，高低浓度值根据需要设定，超出设定值或低于设定值即可按设定指标报警。

③ 使用温度范围：－20～50℃

④ 湿度范围：15%～95%RH（标准）

（5）操作步骤（图 3-21）

① 开机。按左下方第二个电源键打开 M40 分析仪电源，随后机器进入自检，20s 后进入正常工作状态。

② 检查仪器电量是否在能满足分析需要的有效范围。如果开机后，电池显示有一格以上无闪烁表示正常，可进行下一步工作；有红灯闪烁一般是电量不足提示，需充电，充电时间为 5h。

③ 空气调零。电量满足分析要求时，先进行空气调零，在新鲜空气环境按下右侧第一个功能键，进入调式状态，按右下侧第二个执行键，进入调试状态，调试自动完成后，H_2S、CO、可燃气体几项显示值为零，氧气值为 20.9%。

④ 测量。一切正常及进入检测状态，可以进行分析，若接有取样泵，必须等泵启动以后才可以进行检测。若显示值不符合，证明仪器有故障，应立即报告，并停止使用。

一般在容器外或开阔环境进行安全分析,可以直接使用。

容器、塔内或管道安全分析,要按要求配上机泵取样套,并保证泵套密闭,以保证取样的准确和可靠,同时接上取样管检测空气状态是否正常,没有任何阻挡(防止管道有阻碍物)。

⑤ 现场分析。一般工作环境直接测量,确保测量 2min 以上,直接在仪器显示屏上读取各分析项的结果。

塔内、容器或管道分析,首先向现场人员了解设施的吹洗、通风等情况,在保证置换充分的情况下再进行分析,以免因所测分析物浓度过高,造成传感器中毒或老化引起仪器损坏。对于较深的容器采用特制的辅助延长管帮助吸取样品。容器分析原则上从容器中上部将采样管逐渐放下检测,因为用采样管要保证结果,在各点检测应保证 5min 以上。并保证检测点到仪器的直线距离(采样管直线距离)不超过 10m。

图 3-21 M40 气体检测仪

(6) 分析结果 分析结果为直读式,只需将结果如实记录即可。有毒分析结果的判定依照有关规定进行。可燃气体显示结果即判定不合格,要求重新置换。

(7) 关闭仪器 分析完成后在新鲜空气中置换 5min,按下右下方第二个键(电源开关)出现 H 符号,连续按住约 5s 关闭分析仪。

(8) 注意事项

① 仪器为敏感度较高的仪器。

② 环境温度,-20~50℃。

③ 取样用的管子是特殊抗硫腐蚀的,不可随便使用其他的管子。

④ 分析场所基本没有灰尘。

⑤ 不能在雨水中或环境水分太大的情况下使用。

⑥ 不能在电量提示不足的情况下使用。

⑦ 含量超标提示(显示)时要即时撤出仪器。

⑧ 检测完毕在新鲜空气中置换 5min 后,关机。

⑨ 仪器保存在干燥无污染、常温、避光直射的场所。

⑩ 高低指标设定及其他一些重要参数设定,关系到仪器的使用效果,一般使用人员不需要随时进行这些设定,由分厂指定人员负责,操作遵循仪器说明书。

(9) 仪器校验 仪器为特种分析设备,根据使用频率和仪器工作情况校验工作,在半年到一年内进行一次校验工作,寄送回生产厂家或专职检验机构进行校验。

2. PGM-1191/NH₃ 气体检测仪

(1) 适用范围 用于气体中 NH_3 含量检测。

(2) 分析原理 仪器为专用分析装置,采用专项敏感元件只针对氨进行测定,探头为针对氨有特殊敏感反应的专用探头,反应原理为电化学反应。

(3) 测量范围 规格:0~50ppm。

量程:0~50ppm。

显示:结果为直读式。

图 3-22 PGM-1191/NH₃ 气体检测仪

(4) 操作步骤 (图 3-22)

① 按下开关键,保证仪器电量满足,电池显示部分不出现

闪烁即为正常,若出现闪烁,表示电量不足,需更换电池。

② 先在新鲜空气中置换,将开机后处于工作状态的测量仪置于新鲜空气中,置换 5min。

③ 将仪器直接放置在要分析的环境中进行分析,测试时间 2min 以上即可。

④ 记录分析结果后在新鲜空气中置换 5min。

⑤ 按下开关键 5s 即关机。

(5) 分析结果　分析结果为直读式,只需将结果如实记录即可。

(6) 注意事项

① 环境温度,$-20 \sim 50℃$。

② 分析场所基本没有灰尘。

③ 不能在雨水中或环境水分太大的情况下使用。

④ 仪器为 NH_3 专项分析仪,只能用于气体中微量 NH_3 的分析。

⑤ 分析前确定分析环境通风、吹洗置换充分。

⑥ 如果确定是含有 H_2S 或 SO_2 的环境不使用该仪器,以免造成传感器污染失效。

⑦ 含量超标提示(显示)时要即时撤出仪器。

⑧ 检测完毕在新鲜空气中置换 5min 后,关机。

⑨ 仪器保存在干燥无污染、常温、避光直射的场所。

⑩ 仪器为内置式探头,适于敞开式工作环境,若要进入容器内使用,操作人员必须先佩戴好防护装置,本机未配置延伸取样管,不能测量工作人员不能到达的场所。

(7) 仪器校验　仪器为特种分析设备,根据使用频率和仪器工作情况校验工作,在半年到一年内进行一次校验工作,寄送回生产厂家或专职检验机构进行校验。

3. 检测管分析

(1) 气体检测管一般使用方法　检测管(图 3-23)使用方法虽然简单,但除去检测管本身质量之外,正确的使用方法也是保证测量结果准确的关键,使用方法一般为"吸入法"和"推入法"两种,吸入法因采样工具不同而分为三种形式。

图 3-23　检测管

① 强负压吸入法。其采样工具为手动采样器,构造如图 3-24 所示。

它由铝合金和橡塑件组成,每冲程采气量为 100mL 和 50mL,具有操作简便、便于携带的优点。它的缺点是开始进气负压很大造成流速不均衡,有些检测管用它测量结果误差较

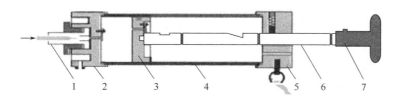

图 3-24　手动采样器示意图
1—检测管插入口；2—前端盖；3—活塞；4—气缸；5—后端盖；6—拉杆；7—手柄

大，同时量程扩展有局限性并需进行日常维护，否则会有漏气现象，适用于劳动安全卫生领域的空气监测。

② 电动泵法。德尔格检测管配套的采样器，每分钟流速固定，用时间控制采样量，可连续数小时工作，可测瞬间含量值也可测时间加权平均值，缺点是价格高、构造复杂，需专人维护。

③ 注射器法。这是较传统的方法，将已折断封口的检测管用短胶管与注射器相接，拉动活塞使样气先经过检测管，再计量采样体积，此方法测量含量小的气样对其准确度影响不大，但对于被测组分含量较大的气样，由于是先吸收后计量，会造成实际采样体积的计量不准确，影响了测量结果的准确性。

④ 推入法（图 3-25）。先用注射器采集一定体积的气体样品用短胶管与将折断封口的检测管相接，将已采的样品气匀速推入检测管。

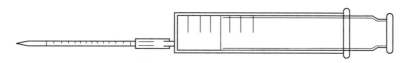

图 3-25　推入法

用注射器作采样器具有易得、价廉、基本无需维护和调试的优点，尤其是它可以人为做到匀速进样，克服了手动采样器那样进气速度不匀的缺点，而且可以在 100mL 内任意调整进样体积，以便于检测管量程的扩展，但在采样量大于 100mL 时需要重复操作，稍有不便。

(2) 氨（NH_3）的分析

① 分析项目。分析项目为气体中的氨。

② 分析原理。NH_3 的分析为检测管吸附比色分析。

③ 检测管规格和采样器。氨检测管，规格 0.0002%～0.02%的比长式检测管；检定器或医用注射器（100mL）；连接注射器和检测管的抗腐蚀的胶管。

④ 操作。把检测管两端切开，用短胶管把检测管尾端连接在注射器的入气口上，在 100s 的时间内匀速抽取气样 50mL，氨与指示剂起反应，产生变色柱。

由变色柱上端所指示的高度可直接从检测管上读出氨气的百分含量，检测管上的数字"4"代表 0.004%，"8"代表 0.008%，依此类推，一大格又分为 2 小格，每小格代表 0.002%。

⑤ 分析结果的换算。将体积百分浓度换算成以毫克每升表示的浓度

测量结果(mg/L)＝检测管读数(氨的百分含量)×17×10/22.4

例如：从检测管上读出 NH_3 的含量是 0.004%，现将 NH_3＝0.004%换算成 mg/L

$$NH_3(mg/L)＝0.004×17×10/22.4＝0.031$$

⑥ 注意事项

a. 检测管因为有各种规格，实际操作要根据当时的环境做出选择，计算也要根据使用

检测管和要求报出的单位确定。

b. 取样要有代表性，检测管使用后应妥善处理，不能当作其他用具或玩具，因其有腐蚀性。注意取样时站在上风口。

c. 检测管确保在有效期内使用，过期作废，不得再用。

d. 操作时，环境温度和被分析的气体的温度≤40℃。

(3) 硫化氢（H_2S）的分析

① 分析项目。分析项目为气体中硫化氢含量。

② 分析原理。H_2S 的分析为检测管吸附比色分析。

③ 检测管规格和采样器。硫化氢检测管，规格 0.001%～0.1%。检定器或医用注射器（100mL）。

④ 操作

a. 把检测管两端切开，用短胶管将检测管尾端连接在注射器的进口上，在 100s 的时间内匀速抽气样 100mL，硫化氢与指示胶起反应产生一个变色柱。

b. 由变色柱上端所指示的高度可直接从检测管上读出硫化氢的百分含量。检测管上的数字"2"代表 0.02%，"4"代表 0.04%，依此类推，一大格又分为 4 小格，每小格代表 0.005%。

⑤ 分析结果的换算。将体积百分浓度换算为以毫克每升表示的浓度。

测量结果(mg/L)=检测管读数(硫化氢百分含量)×34.08×10/22.4

例如：从检测管上读出硫化氢的含量为 0.04%，现将 H_2S=0.04(%) 换算成 mg/L。

H_2S(mg/L)=0.04×34.08×10/22.4=0.61

⑥ 注意事项

a. 检测管因为有各种规格，实际操作（取样量、检测管量值范围）要根据当时的环境做出选择，计算也要根据使用检测管和要求报出的单位确定。

b. 取样要有代表性，检测管使用后应妥善处理，不能当作其他用具或玩具，因其有腐蚀性。注意取样时站在上风口。

c. 检测管确保在有效期内使用，过期作废，不得再用。

d. 操作温度要求：≤50℃。

(4) 一氧化碳分析

① 分析项目。分析项目为气体中的一氧化碳。

② 分析原理。利用 CO 检测管吸附比色分析。

③ 检测管规格和采样器。比长式一氧化碳检测管规格 11.65～582.5mg/m³（0.001%～0.05%）；100mL 医用注射器。

④ 操作

a. 把检测管两端切开，连接在检定器上按照检定器使用方法，使 50mL 样气在 100s 内均匀通过检测管，CO 与指示胶起反应，产生棕色变色环。

b. 由变色环上端指示的数字直接从检测管上读出 CO 含量。数字"1"代表 116.5mg/m³，"2"代表 233.0mg/m³。一大格分为 5 小格，每小格代表 23.3mg/m³。

⑤ 分析结果的换算。将体积分数换算为以毫克每升表示的浓度

测量结果(mg/L)=检测管读数(CO 百分含量)×34.08×10/22.4

例如：从检测管上读出 CO 的含量为 0.04%，现将 CO=0.04(%) 换算成 mg/L。

CO(mg/L)=0.04×34.08×10/22.4=0.61

⑥ 注意事项

a. 检测管因为有各种规格，实际操作（取样量、检测管量值范围）要根据当时的环境

做出选择,计算也要根据使用检测管和要求报出的单位确定。

　　b. 取样要有代表性,检测管使用后应妥善处理,因其有腐蚀性。注意取样时站在上风口。

　　c. 检测管确保在有效期内使用,过期作废,不得再用。

　　d. 操作温度要求：$\leqslant 0 \sim 40℃$。

四、安全分析相关事宜及注意事项

1. 动火证、进入容器许可证申请与分析要求

① 动火证是动火分析的依据,动火单位要严格按要求申请;进入容器等受限空间也同样严格按照要求进行。

② 申请动火单位申请到动火证后,要组织人员进行隔离、阻断、清洗或置换等前期工作;要进入容器必须先期进行通风置换随后申请相关许可证。

③ 申请单位在动火准备和进入容器前期工作进行后,认为基本满足分析要求,通知进行分析工作,同时在动火证上或进入容器许可证上填写申请单位应该填写的事项,如工作地点等。

④ 接到安全分析通知后,要立即安排分析人员前往指定工作地点进行动火分析或进入容器安全分析,分析完成后,将分析结果和结论认真写在许可证上,并确定是否合格。

2. 置换及安全分析环境要求

① 对环境动火,要求对现场环境易燃物进行清理,为了防止发生意外,最好采取挡板等隔离物将动火区进行隔离。在框架上动火要注意框架下方区域是否有可燃易燃物;对进入容器的要确保进入通道顺畅,通风设施正常。

② 设备外部安全分析与设备管道内的安全分析同等要求。

③ 设备和管道安全分析,要求进行隔断、清洗或置换(采取的方式依据各种容器、管道的功能和作用确定)。

④ 由于安全分析仪是安全分析的主要使用仪器,且分析的成分含量范围多数较低,如果置换清洗不充分,长期在高浓度下使用,将加速探头的老化,缩短使用周期,而且分析后也要反复置换清洗,延误维修工期。置换清洗最好一次充分完成。

3. 安全许可证的填写

① 安全分析人员在填写结果和签名之前一定要看清申请方填写的相关设备名称,工作区域,防护措施,安全分析所针对的安全行为(是动火操作还是进入容器),对动火的要确定等级等是否与动火工作场所一致,确定后才能填报结果和签名认可。

② 时间的填写。安全作业对时间有严格的要求,分析人员要准确填写,并且确定从填写时间开始 30min 内安全作业工作开始进行,超过 30min,要主动提出重新分析,重新填报分析结果。安全作业有效的时间以相关规定执行。

4. 安全分析人员的要求

① 安全分析人员要求必须是取得相应分析化验资质,并且经工厂或安全部门认定可以进行安全分析的人员。

② 安全分析人员在从事分析时,必须处于身体正常状况,头脑清醒,四肢灵活。如果身体条件不适不能派其前往进行安全分析。

③ 安全分析时,必须根据级别要求,在所有该到场人员全部到场后才能进行,分析完成后要求分析人员在安全作业进行后确证所进行的安全作业安全有效才以可离开作业现场,如现场需要分析人员留下连续监测的,按现场要求进行。

④ 安全分析人员要认真学习相关工艺和设备方面的知识,这样有利于安全分析工作。

⑤ 安全分析工作经常在框架、管道高处作业,本身就有一定危险性,从事安全分析的

人员，一定要穿戴好防护用品，保证有较好的精力。

5. 其他要求

安全分析的设施必须经过校验且在有效期内使用；对于使用过的探头，每个季度用高纯氮气充分置换一次；探头使用到期后及时更换。按校验期要求进行校验；对于分厂或安全作业单位不满足条件也要求开具许可证的坚决拒绝。对于特殊情况的安全分析要即时向分厂汇报；安全分析一定要穿戴好防护用品；安全分析原则上两人前往，必要时进行监护。

技能训练
水样pH值的测定

pH值是最常用的水质指标之一，天然水的pH多在6～9内；饮用水pH要求在6.5～8.5；某些工业用水的pH应保证在7.0～8.5，否则将对金属设备和管道产生腐蚀。pH值和酸度、碱度既有区别又有联系。pH值表示水的酸碱性的强弱，而酸度或碱度是水中所含酸或碱物质的含量。水质中pH值的变化预示了水污染的程度。

一、实验目的

1. 明确水体物理指标对水质评价的意义。
2. 掌握用直接定位法测定水溶液pH的原理和方法。
3. 掌握pH计的操作方法。

二、实验原理

pH值使用电位计法测定，以玻璃电极为指示电极，饱和甘汞电极为参比电极，插入溶液中形成原电池。25℃时每相差一个pH单位（即氢离子活度相差10倍），工作电池产生59.1mV的电位差，以pH值直接读出。

三、实验仪器和试剂

1. 仪器

测定仪器有数字pH计或pHS-3F酸度计（或其他类型酸度计）；231型pH玻璃电极和232型饱和甘汞电极（或使用pH复合电极）；温度计。

2. 试剂

（1）两种不同pH的未知液（A）和（B）。

（2）pH＝4.00的标准缓冲液　称取在110℃下干燥过1h的苯二甲酸氢钾5.11g，用无CO_2的水溶解并稀释至500mL。贮存于用所配溶液涮洗过的聚乙烯试剂瓶中，贴上标签。

（3）pH＝6.86标准缓冲液　称取已于（120±10）℃下干燥过2h的磷酸二氢钾1.70g和磷酸氢二钠1.78g，用无CO_2水溶解并稀释至500mL。贮存于用所配溶液涮洗过的聚乙烯试剂瓶中贴上标签。

（4）pH＝9.18标准缓冲液　称取1.91g四硼酸钠，用无CO_2水溶解并稀释至500mL。贮存于用所配溶液涮洗过的聚乙烯试剂瓶中贴上标签。

（5）广泛pH试纸。

四、实验内容与操作步骤

1. pH试纸测定

pH试纸法是一种简单的粗略测定方法。常用的pH试纸有两种，一种是广泛pH试纸，可以测定的pH范围为1～14；另一种是精密pH试纸，可以比较精确的测定一定范围的pH值。

测定步骤：取一条试纸剪成4～5块，放在干净干燥的玻璃板上，用干净的玻璃棒分别沾取少许待测水样于 pH 试纸上，片刻后，观察试纸颜色，并与标准色卡对照，确定水样的 pH 值。

2. pH 计测定

(1) 配制 pH 分别为 4.00、6.86 和 9.18 的标准缓冲溶液各 250mL。

(2) pH 计使用前准备

① 接通电源，预热 20min。

② 调零：置选择按键开关于"mV"位置（注意：此时暂时不要把玻璃电极插入插座内），若仪器显示不为"000"，可调节仪器"调零"电位器，使其显示为正或负"000"，然后锁紧电位器。

(3) 电极选择、处理和安装

① 选择、处理和安装 pH 玻璃电极。根据被测溶液大致 pH 范围（可使用 pH 试纸试验确定），选择合适型号的 pH 玻璃电极，在蒸馏水中浸泡 24h 以上。将处理好的 pH 玻璃电极用蒸馏水冲洗，用滤纸吸干外壁水分后，固定在电极夹上，球泡高度略高于甘汞电极下端。

注意：玻璃电极球泡易碎，操作要细心。电极引线插头应干燥、清洁，不能有油污。

② 检查、处理和安装甘汞电极。取下电极下端和上侧小胶帽。检查饱和甘汞电极内液位、晶体、气泡及微孔砂芯渗漏情况并作适当处理后，用蒸馏水清洗电极外部，并用滤纸吸干外壁水分后，将电极置于电极夹上。电极下端略低于玻璃电极球泡下端。

将电极导线接在仪器后右角甘汞电极接线柱上；玻璃电极引线柱插入仪器后右角落玻璃电极输入座。

(4) 校正 pH 计（二点校正法）

① 将选择按键置于"pH"位置。取一洁净塑料杯（或 100mL 烧杯）用 pH＝6.86（25℃）的标准缓冲溶液淌洗三次，倒入 50mL 左右该标准缓冲溶液。用温度计测量标准缓冲溶液的温度，调节"温度"调节器，使指示的温度刻度为所测得的温度。

② 将电极插入标准缓冲溶液中，小心轻摇几下试杯，以促使电极平衡。

注意：电极不要触及杯底，插入深度以溶液浸没玻璃球泡为限。

③ 将"斜率"调节器顺时针旋转充分，调节"定位"调节器，使仪器显示值为此温度下该标准缓冲溶液的 pH。随后将电极从标准缓冲溶液中取出，移去试杯，用蒸馏水清洗二电极，并用滤纸吸干电极外壁水。

④ 另取一清净试杯（或 100mL 小烧杯），用另一种与待测试液（A）pH 相接近的标准缓冲溶液淌洗三次后，倒入 50mL 左右该标准缓冲溶液。将电极插入溶液中，小心轻摇几下试杯，使电极平衡。调节"斜率"调节器，使仪器显示值为此温度下该标准缓冲溶液的 pH。

注意：校正后的仪器即可用于测量待测溶液的 pH，但测量过程中不应再动"定位"调节器，若不小心碰动"定位"或"斜率"调节器应重复 (4) 中①～③步骤，重新校正。

(5) 测量待测试液的 pH

① 移去标准缓冲溶液，清洗电极，并用滤纸吸干电极外壁水。取一洁净试杯（100mL 小烧杯）用待测试液（A）淌洗三次后倒入 50mL 左右试液。用温度计测量试液的温度，并将温度调节器置于此温度位置上。

注意：待测试液温度应与标准缓冲溶液的温度相同或接近。若温度差别大，则应待温度相近时再测量。

② 将电极插入被测试液中，轻摇试杯以促使电极平衡。待数字显示稳定后读取并记录被测试液的 pH。平行测定二次，并记录。

（6）按步骤（4）、（5）测量另一未知液（B）的pH [若（B）与（A）的pH相差大于3个pH单位，则必须重新定位、定斜率，若相差小于3个pH单位，一般可以不需要重新定位]。

（7）实验结束工作。关闭pH计电源开关，拔出电源插头。取出玻璃电极用蒸馏水清洗干净后浸泡在蒸馏水中。取出甘汞电极用蒸馏水清洗，再用滤纸吸干外壁水分，套上小帽存放在盒内。清洗试杯，晾干后妥善保存。用干净抹布擦净工作台，罩上仪器防尘罩，填写仪器使用记录。

五、注意事项

1. 酸度计的输入端（即测量电极插座）必须保持干燥清洁。在环境湿度较高的场所使用时，应将电极插座和电极引线柱用干净纱布擦干。读数时电极引入导线和溶液应保持静止，否则会引起仪器读数不稳定。

2. 标准缓冲溶液的配制要准确无误，否则将导致测量结果不准确。

3. 若要测定某固体样品水溶液的pH，除特殊说明外，一般应称取5g样品（称准至0.01g）用无CO_2的水溶解并稀释至100mL，配成试样溶液，然后再进行测量。

4. 由于待测试样的pH常随空气中CO_2等因素的变化而改变，因此，采集试样后应立即测定，不宜久置。

5. 注意用电安全，合理处理、排放实验废液。

复习思考题

1. 根据检测的对象，有毒有害物质检测内容可分为哪几类？
2. 常用的有毒有害物质检测方法有哪些？如何进行选择？
3. 水中常见的重金属物质有哪些？试比较用二硫腙分光光度法测定汞、镉、铅的原理，显色条件有何异同？
4. 简述水质指标COD、BOD、TOD、TOC的含义及测定方法。
5. 水样中氨氮的检测方法有哪些？简述纳氏比色法测定氨氮的基本原理及适用范围。
6. 大气中SO_2的检测方法有哪些？简述库仑滴定法检测SO_2有什么特点？
7. 简述盐酸萘乙二胺分光光度法检测大气中NO_x的原理，怎样区分NO和NO_2影响检测准确性的因素。
8. 简述非分散红外吸收CO分析仪的基本组成及用于检测大气中CO的原理。
9. 企业常用的安全分析有哪几类？实际工作中如何选定？
10. 企业常用的安全分析方法有哪些？

第四章 噪声检测

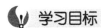

1. 了解噪声的危害及分类。
2. 熟悉噪声的度量和噪声频谱。
3. 了解噪声测量仪器和测量要求。
4. 掌握噪声作业级别评定。
5. 了解噪声控制的途径和方法。

第一节 概述

噪声有两种意义：一种是在物理上指不规则的、间歇的或随机的声振动；另一种是指任何难听的、不和谐的声音或干扰。有时也指在有用频带内的任何不需要的干扰。这种噪声干扰不仅是由声音的物理性质决定的，还与人们的心理状态有关。

噪声对人体的危害是个很古老而至今仍未解决的问题。噪声可引起听力损伤，在公元一世纪老普林尼就描述了居住在尼罗河瀑布附近居民的听力下降。为预防其危害，早在公元前600年左右，意大利南部古城锡巴里斯（Sybarls）就禁止在市区进行金属加工。自从我国发明火药以来，就有了爆震性耳聋的记载。13世纪蒙古西征军把火药带到了中东继而传到了欧洲，欧洲就开始有了耳聋的报道。随着现代工业的发展，噪声的危害日益严重，目前已成为四大污染之一，是工业环境和军事环境中最常见的一种职业危害。

从生理学上来判断，噪声就是人们不需要的，不希望存在的声音。它干扰人们的工作、学习和生活，甚者危害健康，其中以听觉的损伤为主，长期在超标噪声环境下作业或短时间接触高强度噪声，若无适当的保护措施，必将引起暂时性的或永久性的听力损伤甚至耳聋。我国及国外都把职业性耳聋列为重要的职业病。噪声除对听觉的损伤外，还可对神经、心血管、消化、内分泌与免疫、生殖系统等产生不良影响。即使未造成健康问题，也可影响工作效率，影响劳动安全。

据统计，在我国约有 1000 万工人在高噪声环境下工作，其中约有 100 万人患有不同程度的职业性耳聋。据九省市噪声对听觉系统影响的调查，高频听力损伤发生率为 65.54%，其中达中、重度者为 28.14%；语频听力损伤发生率为 14.37%。军事噪声的危害同样相当严重，据美军的一项报告，服役两年的士兵，听力损失发生率为 20%～30%，服役 10 年的士兵，听力损失发生率可高达 50% 以上。因耳聋退伍的人员可占退伍总人数的 20%。

为了作业人员的健康和安全，应采取一系列降低噪声及个体防护措施。但由于经济条件及技术上的问题，许多作业环境的噪声还不能降到对人体无害的水平。许多国家采取完善法规、执行听力保护计划等措施，有效地控制了职业噪声的危害。我国在军事噪声方面已经制订了《军事作业噪声容许限值及测量》(GJB 50A—2011)，《常规兵器发射或爆炸时脉冲噪声和冲击波对人员听觉器官的安全限值》(GJB 2A—96)，舰艇、飞机、装甲车辆等都颁布了相应的噪声容许限值。在诊断和处理方面也公布了《军事噪声性听力损失诊断及处理原则》(GJB 2121—94)，《军事噪声性听力伤残分级》(GJB 3123—1997)，军事噪声性听力损失防治规范也正在制订。相对而言，目前我国工业噪声的法规尚不完善，建议有关部门尽快颁布工业噪声暴露限值及听力保护计划方面的法规，以法律形式促使噪声控制，严格控制噪声排放。在作业噪声还难以降到安全界限时，应执行听力保护计划，以法律的形式通过监督监测、定期检查、个体防护等措施来保护作业人员的健康和安全。

随着工业的发展，噪声已成为一种主要公害，它影响人们的生活和工作，使人感到烦躁，严重时会引起神经、内分泌等系统的疾病及职业性耳聋。高强度噪声还能影响仪器设备的正常工作。因此排除或减少噪声污染已日益被人们重视。

按噪声源的不同，噪声主要分为三大类。

① 空气动力噪声。它是由于气体振动产生的。当气体中有了涡流或压力发生突然变化时，因气体的扰动、气体与物体的相互作用而产生噪声。如喷气式飞机、鼓风机等产生的噪声。

② 机械性噪声。因机器设备中撞击、摩擦和交变应力的作用引起的振动所产生的噪声。如电锯、锻锤冲击的噪声。

③ 电磁性噪声。由于电磁相互作用，产生周期性的交变力，引起电磁振动而产生的噪声，如电磁铁、交流接触器、变压器铁芯等所引起的噪声。

第二节 噪声的物理量度和主观量度

一、噪声的物理量度

噪声是声音的一种，具有声波的一切特性。对噪声的物理量度用声压级、声强级、声功率级表示其强弱，用占有的频率和频谱表示其高低。

1. 声压、声强和声功率

声波引起空气质点的振动，使大气压力产生迅速的波动，这种波动称为声压 p。也可以说，在声场中单位面积上由于声波而引起的压力增量称为声压，其单位是 Pa（帕）。通常都用声压来衡量声音的强弱。

声音在传播过程中,声压 p 是随时间波动变化的,通常以一段时间 T 内声压的有效值,亦即声压随时间变化的方均根值来衡量声压的大小:

$$p = \sqrt{\frac{1}{T} \int_0^T p^2 t \, dt} \tag{4-1}$$

声波作为一种波动形式,它是将声源振动的能量向空间辐射的过程。因此,也常用能量大小表示声辐射的强弱。

声强 I 就是垂直指定传播方向的单位面积上平均每单位时间内传播的声音能量,其单位是 W/m^2。

声功率 W 就是声源在一个周期内,平均每单位时间内辐射的总声能,其单位是 W。

声强 I 是衡量声音强弱的标志,声音的大小和离开声源的距离远近有关。如果在一个没有反射声存在的自由声场,有个向四周均匀辐射声音的点声源,在相距点声源 r 处的声强 I 与声功率 W 之间的关系是:

$$I = \frac{W}{4\pi r^2} \tag{4-2}$$

声压与声强之间有着内在联系,当声波在自由声场中传播时,在传播方向上声强 I 与声压 p 有下列关系:

$$I = \frac{p^2}{\rho c} \tag{4-3}$$

式中　I——声强,W/m^2;

　　　p——声压,Pa;

　　　ρ——空气密度,kg/m^3;

　　　c——声速,m/s;

　　　ρc——特性阻抗,$Pa \cdot s/m$。

从式(4-3)可以看出,声强与声压的平方成正比,因此,测量出声压 p,进而可以求出声强 I 和声功率 W。

2. 声压级、声强级和声功率级

声压的变化范围很广,从人耳刚能听到的声音一直到感觉耳膜疼痛的声音声压为 $2 \times 10^{-5} \sim 20 Pa$,相差百万倍。在这样宽广的范围内,用声压或声强的绝对值来衡量声音的强弱很不方便,而且人耳对声音的感觉并不是与声压成比例,而是与声压的对数相关性较好。因此,声学工程中引出"级"的概念。声压、声强、声功率的级的划分,采用数学中常用对数标度来表达,单位称作 dB(分贝)。

声压级 L_p 的定义用数学式表示为

$$L_p(dB) = 20 \lg \frac{p}{p_0} \tag{4-4}$$

式中　p——声压,Pa;

　　　p_0——基准声压,取值 $2 \times 10^{-5} Pa$。

在引入声压级的概念后,原来声压相差一百万倍的变化范围,就只有 $0 \sim 120 dB$ 的变化区间了,这样做既方便又明了,同时也符合人耳的听觉特性。目前国内外声学仪器上都采用分贝刻度,从仪器上可以直接读出声压级的分贝数。

与声压级一样,声强级 L_I 可用下式表示

$$L_I(dB) = 10 \lg \frac{I}{I_0} \tag{4-5}$$

式中　I_0——基准声强,通常取 1000Hz 时声波能够引起人耳听觉的最弱声强($10^{-12} W/m^2$)。

按式(4-3)，$I/I_0 = p^2/p_0^2$，以此式代入式(4-4) 得

$$L_I = 10\lg\frac{I}{I_0} = 10\lg\frac{p^2}{p_0^2} = 20\lg\frac{p}{p_0} = L_p$$

可见声压级与声强级在一定条件下是相同的。

声功率级 L_W 的数学表达式

$$L_W(\text{dB}) = 10\lg\frac{W}{W_0} \tag{4-6}$$

式中　W_0——基准声功率，取值 10^{-12} W（频率为 1000 Hz 时）。

3. 噪声的复合

在现场测量时，噪声源往往不止一个，有时就是一个噪声源，其噪声级也因频率成分不同而异，所以常常要进行总噪声级的分贝计算。

设 n 个声源同时发声，它们在某处形成的总声强相当于 n 个能量的叠加，即有

$$I = I_1 + I_2 + \cdots + I_n = \sum I_i \tag{4-7}$$

则总声强级为：

$$L_I = 10\lg\frac{I}{I_0} = 10\lg\frac{\sum I_i}{I_0} \tag{4-8}$$

设第 i 个声源在该处产生的声强 I_i，由式(4-5) 得：

$$\frac{I_i}{I} = 10^{0.1 L_{Ii}}$$

则

$$L_I = 10\lg(10^{0.1 L_{p1}} + 10^{0.1 L_{p2}} + \cdots + 10^{0.1 L_{pn}}) \tag{4-9}$$

因 $L_I = L_p$，故

$$L_p = 10\lg(10^{0.1 L_{p1}} + 10^{0.1 L_{p2}} + \cdots + 10^{0.1 L_{pn}}) \tag{4-10}$$

式(4-9) 和式(4-10) 计算麻烦，可用下式进行近似计算：

$$L_p = L_{pb} + \Delta L_p \tag{4-11}$$

式中　L_p——总噪声级，dB；

　　　L_{pb}——噪声源中较大的一个声压级，dB；

　　　ΔL_p——复合增值，根据两个噪声源声压级之差，由表4-1 查出。

表 4-1　噪声复合增值　　　　　　　　　　单位：dB

两个噪声级之差	0	1	2	3	4	5	6	7	8	9	10
复合增值	3.0	2.5	2.1	1.8	1.5	1.2	1.0	0.8	0.6	0.5	0.4

若有 n 个相同的声压级 L_{p1}，则

$$L_p = 10\lg(10^{0.1 L_{p1}} \times n) = L_{p1} + 10\lg n$$

二、噪声的主观量度

1. 响度级和响度

声压和声强都是客观物理量，声压越高，声音越强；声压越低，声音越弱。但是它们不能完全反映人耳对声音的感觉特性。

人耳对声音的感觉，不仅和声压有关，也和频率有关。一般对高频声音感觉灵敏，对低频声音感觉迟钝，声压级相同而频率不同的声音听起来可能不一样响。为了既考虑到声音的

物理量效应，又考虑到声音对人耳听觉的生理效应，把声音的强度和频率用一个量统一起来，这样就引出了响度级的概念。

使用等响实验方法，可以得到一组不同频率、不同声压级的等响度曲线。实验时用1000Hz 的某一强度（如 40dB）的声音为基准，用人耳试听的办法与其他频率（如 100Hz）声音进行比较，调节此声音的声压级，使它与 1000Hz 声音听起来响度相同，记下此频率的声压级（如 50dB）。再用其他频率试验并记下它们与 1000Hz 声音响度相等的声压级，将这些数据画在坐标上，就得到一条与 1000Hz、40dB 声压级等响的曲线。这条曲线用 1000Hz 时的声压级数来表示它们的响度级值，单位为方（phon），这里就是 40 方。同样以 1000Hz 其他声压级的声音为基准，进行不同频率的响度比较，可以得出其他的等响度曲线。经过大量试验得到的纯音的声压级与频率关系等响度曲线如图 4-1 所示。

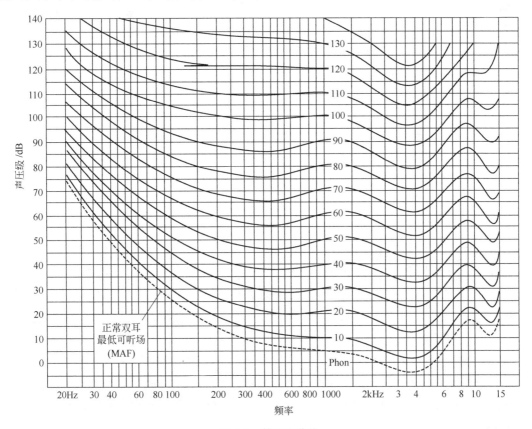

图 4-1 等响度曲线

响度级虽然定量地确定了响度感觉与频率和声压级的关系，但是却未能确定这个声音比那个声音响多少。如一个 80 方的声音比另一个 50 方的声音究竟响几倍，为此人们引出了响度的概念。响度与响度级的关系如图 4-2 所示。

1947 年国际标准化组织采用了一个新的主观评价量——宋（son），并以 40 方为 1 宋。响度级每增加 10 方，响度增加一倍，如 50 方为 2 宋，60 方为 4 宋等。其表示式为：

$$S(宋)=2^{\frac{L_N-40}{10}}$$

或
$$L_N(方)=40+33.3\lg S \tag{4-12}$$

式中 S——响度，宋；

L_N——响度级，方。

用响度表示声音的大小可以直接计算出声音响度增加或降低的百分数。如果声源经过隔声处理后响度级降低了 10 方，相当于响度降低了 50％；响度级降低 20 方，相当于响度降低了 75％等。

2. 声级和 A 声级

声压级只反应声音强度对人响度感觉的影响，不能反映声音频率对响度感觉的影响。响度级和响度解决了这个问题，但是用它们来反映人们对声音的主观感觉过于复杂，于是又提出了声级，即计权声压级的概念。声级就是用一定频率计权网络测量得到的声压级。

在声学测量仪器中，通常根据等响度曲线，设置一定的频率计权电网络，使接收的声音按不同程度进行频率滤波，以模拟人耳的响度感觉特性。当然我们不可能做无穷多个电网络来模拟无穷多根等响度曲线，一般设置 A、B 和 C 三种计权网络，其中 A 计权网络是模拟人耳对 40 方纯音的响度，当信号通过时，其低、中频段（1000Hz 以下）有较大的衰减。B 计权网络是模拟人耳对 70 方纯音的响度，它对信号的低频段有一定衰减。而 C 计权网络是模拟人耳对 100 方纯音的响度，在整个频率范围内有近乎平直的响度。A、B、C 计权的频率响应曲线（计权曲线）已由国际电工委员会（IEC）定为标准，并示于图 4-3。

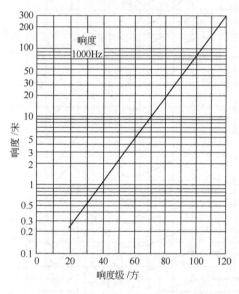

图 4-2 响度与响度级之间的关系

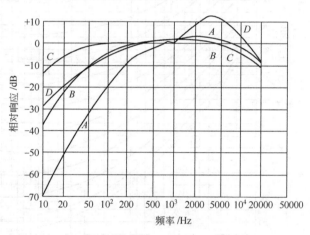

图 4-3 计权频率响应曲线

利用具有一定频率计权网络的声学测量仪器对声音进行声压级测量，所得到的读数称为计权声压级，简称声级，单位为 dB。使用什么计权网络应在测量值后面注明，如 70dB（C）或 C 声级 70dB。

表 4-2 列出了几种常见声源的 A 声级。

表 4-2 几种常见声源的 A 声级（测点距离声源 1～1.5m）

A 声级/dB(A)	声源
20～30	轻声耳语
40～60	普通室内
60～70	普通交谈声、小空调机
80	大声交谈、收音机、较吵的街道
90	空压机站、泵房、嘈杂的街道
110～120	凿石机、球磨机、柴油发动机
120～130	风铆、高射机枪、螺旋桨飞机

续表

A 声级/dB(A)	声 源
130~150	高压大流量放风、风洞、喷气式飞机、高射炮
160 以上	宇宙火箭

在实际测量时到底用哪一种计权网络呢？以前曾有规定，声级小于 70dB 时用 A 网络测量，声级大于 70dB 但小于 90dB 时用 B 网络测量，声级大于 90dB 时用 C 网络测量。近年来研究表明，不论噪声强度多少，利用 A 声级都能较好地反应噪声对人吵闹的主观感觉和人耳听力损伤的影响。因此，现在基本上都用 A 声级作为噪声评价的基本量。C 声级只作为可听声范围的总声压级的读数来使用，B 声级基本上不用了，有时只是为了判断噪声的频率特性，才附带测量 C 声级和 B 声级。在有些声学测量仪器中还具有 D 计权网络，它主要用于航空噪声的测量。用 D 计权网络测得的 D 声级再加上 7dB，就直接得到飞机噪声的感觉噪声级。

3. 等效连续声级 L_{ep}

A 声级能够较好地反映人耳对噪声的强度和频率的主观感觉，对于一个连续的稳定噪声，它是一种较好的评价方法，但是对于起伏的或不连续的噪声，则很难确定 A 声级的大小。如测量交通噪声，当有汽车通过时噪声可能是 85dB，但当没有汽车通过时可能只有 60dB，这时就很难说交通噪声是 85dB 还是 60dB，为此提出了用噪声能量平均的方法来评价噪声对人的影响，这就是等效连续声级，用 L_{ep} 表示。这里仍用 A 计权，故亦称等效连续 A 声级。

等效连续 A 声级定义为：在声场中某一定位置上，用某一段时间能量平均的方法，将间歇出现的变化的 A 声级以一个 A 声级来表示该段时间内的噪声大小，并称这个 A 声级为此时间段的等效连续 A 声级，即

$$L_{eq} = 10\lg \frac{1}{T}\int_0^T \left[\frac{p_A(t)}{p_0}\right]^2 dt = 10\lg \frac{1}{T}\int_0^T 10^{0.1L_A} dt \qquad (4-13)$$

式中，$p_A(t)$ 为瞬时 A 计权声压；p_0 为参考声压（2×10^{-5}Pa）；L_A 为变化 A 声级的瞬时值，dB；T 为某段时间的总量。

实际测量噪声是通过不连续的采样进行测量，假如采样时间间隔相等，则

$$L_{ep} = 10\lg \frac{1}{N}\sum_{i=1}^N 10^{0.1L_{Ai}} \qquad (4-14)$$

式中，N 为测量的声级总个数；L_{Ai} 为采样到的第 i 个 A 声级。

对于连续的稳定噪声，等效连续声级就等于测得的 A 声级。

4. 昼夜等效声级

通常噪声在晚上比白天更显得吵，尤其对睡眠的干扰更是如此。评价结果表明，晚上噪声的干扰通常比白天高 10dB。为了把不同时间噪声对人干扰不同的因素考虑进去，在计算一天 24h 的等效声级时，要对夜间的噪声加上 10dB 的计权，这样得到的等效声级为昼夜等效声级，以符号 L_{dn} 表示。

$$L_{dn} = 10\lg \frac{1}{24}[15\times 10^{L_d/10} + 9\times 10^{(L_n+10)/10}] \qquad (4-15)$$

式中　L_d——白天的等效声级；
　　　L_n——夜间的等效声级。

白天与夜间的定义可依地区的不同而异。15 为白天小时数，9 为夜间小时数。

5. 噪声暴露量（噪声剂量）

一个人在一定的噪声环境下工作，也就是暴露在噪声环境下时，噪声对人的影响不仅与噪声的强度有关，而且与噪声暴露的时间有关。为此，提出了噪声暴露量，并用 L_E 表示。

噪声暴露量 L_E 定义为噪声的 A 计权声压值平方的时间积分，即：

$$L_E = \int_0^T [p_A(t)]^2 dt \qquad (4\text{-}16)$$

式中，T 为测量时间，h；$p_A(t)$ 为瞬时 A 计权声压。

假如 $p_A(t)$ 在试验期保持恒定不变，则：

$$L_E = p_A^2 T \qquad (4\text{-}17)$$

我国《工业企业噪声卫生标准》（试行草案）中，规定工人每天工作 8h，噪声声级不得超过 85dB，相应的噪声暴露量为 $1Pa^2 \cdot h$。如果工人每天工作 4h，允许噪声声级增加 3dB，噪声暴露量仍保持不变。

6. 累计百分声级（统计声级）L_{Nj}

由于环境噪声，如街道、住宅区的噪声，往往呈现不规则且大幅度变动的情况，因此需要用统计的方法，用不同的噪声级出现的概率或累积概率来表示。L_{Nj} 表示某一 A 声级，且大于此声级的出现概率为 N%。如 $L_5 = 70dB$ 表示整个测量期间噪声超过 70dB 的概率占 5%。L_{10}、L_{95} 的意义依此类推。

L_5 相当于峰值平均噪声级，L_{50} 相当于平均噪声级，又称中央值，L_{95} 相当于背景噪声（或称本底噪声）。如果测量是按一定时间间隔（如每 5s 一次）读取指示值，那么 L_{10} 表示 10% 的数据比它高，L_{50} 表示有 50% 的数据比它高，L_{90} 表示有 90% 的数据比它高。

7. 交通噪声指数

通常，起伏的噪声比稳态的噪声对人的干扰更大，交通噪声指数就是考虑到了噪声起伏的影响，加以计权而得到的，通常记为 TNI。因为噪声级的测量是用 A 计权网络，所以它的单位为 dB（A），其数学表达式为：

$$TNI = L_{90} + 4d - 30 \qquad (4\text{-}18)$$
$$d = L_{10} - L_{90}$$

d 反映了交通噪声起伏的程度，d 越大，表示噪声起伏越大，则 TNI 也越大，也就是说对人的干扰越大。噪声干扰亦同噪声的本底有关，L_{90} 越高，即本底越大，对人的干扰也越大。

第三节 噪声频谱

不同频率的噪声，对人的影响是不一样的，由此除了要知道噪声的总强度外，还要求知道各频率分量所对应的噪声强度。这种表示声音强度与频率的关系图称为噪声频谱。依频率高低声音可划分为：次声、可听声、超声。低于 20Hz 的声波称为次声，高于 20000Hz 的声波称为超声。人耳能听到的声频范围一般是在 20～20000Hz 之间。在噪声控制工程中所讨论的主要是可听声。

通常以频率为横坐标，声压级为纵坐标，画出它们的关系图，称作频谱图，如图 4-4 所示。噪声频谱图可以形象直观地进行频谱分析，帮助了解声源的性质，

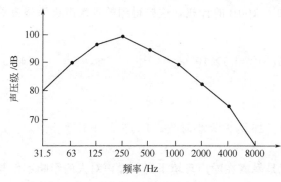

图 4-4　噪声频谱图

为噪声控制的声学设计提供依据。

在频谱分析中为了方便起见，常常将宽广的声频范围划分为若干小频段，即所谓频带或频程。

一、等百分比频程

设频带宽度 Δf（通带），其上限 f_u，下限 f_1，中心频率 f_c，则

$$f_u = 2^n f_1 \tag{4-19}$$

$$f_c = (f_u f_1)^{\frac{1}{2}} \tag{4-20}$$

式中　n——倍频程数。

可以得出

$$\Delta f = f_u - f_1 = (2^{\frac{n}{2}} - 2^{-\frac{n}{2}}) f_c \tag{4-21}$$

所以百分比

$$\frac{\Delta f}{f_c} = 2^{\frac{n}{2}} - 2^{-\frac{n}{2}} = 常数 \tag{4-22}$$

最常用的是 $n=1$、$n=1/3$，即 1 倍频程和 1/3 倍频程，其百分比 $\Delta f/f_c$ 分别为 0.71 和 0.23。

等百分比频程有两种主要形式。其中一种形式：具有一个固定的中心频率和带宽，如 1 倍频程及 1/3 倍频程，这种频程在噪声测量中使用非常广泛。另一种形式：具有可变的中心频率和带宽，即有若干个 $\Delta f/f_c$ 值供选择。

为了统一起见，国际标准化组织（ISO）规定了 1 倍频程和 1/3 倍频程的中心频率，1 倍频程的中心频率及频率范围见表 4-3，1/3 倍频程的中心频率及频率范围见表 4-4。1 倍频程将可闻声频域划分为十个频段，1/3 倍频程则有三十个频段。

表 4-3　1 倍频程的中心频率与频率范围　　　　　　　　　　　　　　单位：Hz

中心频率	31.5	63	125	250	500	1000	2000	4000	8000	16000
频率范围	22.5~45	45~90	90~180	180~355	355~710	710~1400	1400~2800	2800~5600	5600~11200	11200~22400

表 4-4　1/3 倍频程的中心频率与频率范围　　　　　　　　　　　　　　单位：Hz

中心频率	频率范围	中心频率	频率范围	中心频率	频率范围	中心频率	频率范围
25	22.4~28	160	140~180	1000	910~1120	6300	5600~7100
31.5	28~35.5	200	180~224	1250	1120~1400	8000	7100~9000
40	35.5~45	250	224~280	1600	1400~1800	10000	9000~11200
50	45~56	315	280~355	2000	1800~2240	12500	11200~14100
63	56~71	400	355~450	2500	2240~2800	16000	14100~17800
80	71~90	500	450~560	3150	2800~3550	20000	17800~22400
100	90~112	630	560~710	4000	3550~4500		
125	112~140	800	710~900	5000	4500~5600		

在声学测量中使用滤波器把一段一段的频率成分选出来进行测量，这种滤波器只能允许一定范围的频率成分通过，其他频率成分通不过。相应的有倍频程滤波器和 1/3 倍频程滤波器。滤波器的中心频率、频带宽度和衰减特性等要符合 GB/T 3241—2010《电声学　倍频程和分数倍频程滤波器》标准的要求，该标准按特性要求不同而将滤波器分为 0，1，2 三个

级别。与老标准 IEC 225 比较，新标准要求更加详细、严格，满足老标准只相当于达到新标准 2 级要求。

以中心频率（Hz）为横坐标，以声压级（dB）为纵坐标，做出噪声按 1 倍频带或 1/3 倍频带的声压分布图，就可表示各频率分量的声音强度的分布规律，这个方法称为噪声的 1 倍频带或 1/3 倍频带频谱分析。图 4-5 和图 4-6 分别画出两种机器的 1 倍频带和 1/3 倍频带噪声频谱。

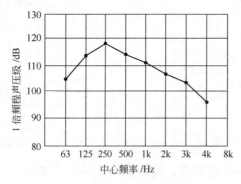
图 4-5　铲车噪声频谱（1 倍频程）

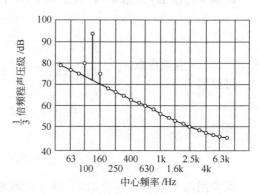
图 4-6　鼓风机噪声频谱（1/3 倍频程）

二、等带宽频程

等带宽频程的特点是：不论其中心频率是多少，在整个频率范围内，其带宽 Δf 均为常数，并且其带宽是可调的，如 Δf 可为 5Hz、10Hz、20Hz 或 4Hz、30Hz、200Hz 等。

在噪声控制工作中，了解噪声源的频谱很重要，降低不同频率成分的噪声，采用的控制方法及选用的声学材料也不一样。对症下药，才能有效合理地降低噪声。

第四节　常用噪声测量仪器

声测量系统有两大类，分别是以声级计和声强计为核心。目前最常用的是以声级计为核心的声测量系统，主要由传声器、声级计、信号分析仪、校准器以及一些其他附加设备（如记录仪、示波器）等测量仪器组成。

一、声级计

声级计是根据国际标准和国家标准，按照一定的频率计权和时间计权测量声压级的仪器，它是声学测量中最基本、最常用的仪器，适用于室内噪声、环境保护、机器噪声、建筑噪声等各种噪声测量。

1. 声级计的分类

（1）按精度　根据国际标准 IEC 61672—2002，声级计分为 1 级和 2 级两种。在参考条件下，1 型声级计的准确度 ±0.7dB，2 型声级计的准确度 ±1dB（不考虑测量不确定度）。

（2）按功能　按功能可分为测量指数时间计权声级的通用声级计、测量时间平均声级的积分平均声级计、测量声暴露的积分声级计（以前称为噪声暴露计）。另外有的具有噪声统计分析功能的称为噪声统计分析仪，具有采集功能的称为噪声采集器（记录式声级计），具有频谱分析功能的称为频谱分析仪。

第四章 噪声检测

(3) 按大小 分为台式、便携式、袖珍式。
(4) 按指示方式 分为模拟指示（电表、声级灯）、数字指示、屏幕指示。

表 4-5 给出了一般声级计的性能。

表 4-5 一般声级计的性能

型号	AWA5661	AWA5661A	AWA5661B	AWA5661C	AWA5663	AWA5663A
符合标准	GB/T 3785 1 型 IEC 61672 Class 1				GB/T 3785 2 型 IEC 61672 Class 2	
频率范围/Hz	20~16000	10~2000	16~16000	20~125000	31.5~8000	
测量范围/Hz	27~140dB(A) 38~140dB(L)	25~140dB(A) 35~140dB(L)	20~140dB(A) 30~140dB(L)	50~160dB(A) 63~160dB(L)	28~120dB(A)	35~130dB(A)
传声器类型	Φ12.7(mm) 自由场(200V)	Φ12.7(mm) 自由场	Φ12.7(mm) 自由场(200V)	Φ12.7(mm) 自由场(28V)	Φ12.7(mm)预极化测试电容传声器	
频率计权	A、C 计权和 Z 不计权				A	A、C、Z(不计权)
时间计权	F(快)、S(慢)、I(脉冲)、Peak(峰值需计算机配合)				F(快)、S(慢)	
显示器	3 位半 LCD,有欠压数指示、低限指示、过载指示				3 位半 LCD	
测量方式	L_p、L_{max}					
滤波器	可外接 AWA5721 型倍频程滤波器或 AWA5722 型分数倍频程滤波器				外接 AWA5721 或 AWA5722	
输出	AC、RS232C 至计算机				AC、DC	
电源	4×LR6 或外接 5~9V 电源				4×R6 或外接	
外形尺寸/mm³	220×72×32					
质量/kg	0.3					
传声器灵敏度	40mV/Pa	50mV/Pa	50mV/Pa	5mV/Pa	40mV/Pa	40mV/Pa
检波器特性	数字检波、真有效值、峰数因数容量≥10				真有效值、峰数因数容量≥3	
特点	基本型	高性能	低声级测量	高声级测量	自动量程转换	通用型

2. 声级计的构造及工作原理

声级计[图 4-7(a)]的构造及工作原理如图 4-7(b) 所示。

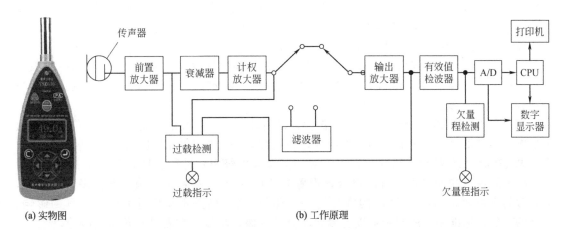

(a) 实物图　　　　　　　　　　(b) 工作原理

图 4-7 声级计

(1) 传声器 用来把声信号转换成交流电信号的换能器，在声级计中一般均用电容式测试传声器，它具有性能稳定、动态范围宽、频响平直、体积小等特点。电容传声器由相互紧靠着的后极板和绷紧的金属膜片所组成，后极板和膜片在电气上互相绝缘，构成以空气为介质的电容器的两个电极。两电极上加有电压（极化电压 200V 或 28V），电容器充电，并贮有电荷。当声波作用在膜片上时，膜片发生振动，使膜片与后极板之间的距离变化，电容也变化，于是就产生一个与声波呈比例的交变电压信号，送到后面的前置放大器。

电容传声器的灵敏度有三种：自由场灵敏度、声压灵敏度和扩散场灵敏度。自由场是指声场中只有直达声波而没有反射声波的声场。扩散场是由声波在一封闭空间内多次漫反射而引起的，它满足下列条件。

① 空间各点声能密度均匀。
② 从各个方向到达某一点的声能流的概率相同。
③ 各方向到某点的声波相位是没有规律的。

传声器自由场灵敏度是传声器输出端的开路电压与传声器放入前该点自由场声压之比值。传声器声压灵敏度是传声器输出端的开路电压与作用在传声器膜片上的声压之比值。传声器扩散场灵敏度是传声器输出端的开路电压与传声器未放入前该点扩散场声压之比值。由于传声器放入声场某一点，声场产生散射作用，从而使实际作用在膜片上的声压比传声器放入前该点的声压大，高频时比较明显。

与三种灵敏度相对应，上述自由场灵敏度平直的传声器称自由场型（或声场型）传声器，主要用于消声室等自由场测试，它能比较真实地测量出传声器放入前该点原来的自由场声压，声级计中就是使用这种传声器。声压灵敏度平直的传声器称声压型传声器，主要用于仿真耳等腔室内使用。扩散场灵敏度平直的称扩散场型传声器，用于扩散场测量，有的国家规定声级计用扩散场型传声器。

传声器灵敏度单位为 V/Pa（或 mV/Pa），并以 1V/Pa 为参考，称为灵敏度级。如 1 英寸电容传声器标称灵敏度为 50mV/Pa，灵敏度级为 $-26dB$。传声器出厂时均提供它的灵敏度级以及相对于 $-26dB$ 的修正值 K，以便声级计内部电校准时使用。

传声器的外形尺寸有 1in（英寸）（Φ23.77mm）、1/2in（Φ12.7mm）、1/4in（Φ6.35mm）、1/8in（Φ3.175mm）等。外径小，频率范围宽，能测高声级，方向性好，但灵敏度低，现在用得最多的是 1/2in，它的保护罩外径为 Φ13.2mm。

(2) 前置放大器 由于电容传声器电容量很小、内阻很高，而后级衰减器和放大器阻抗不可能很高，因此中间需要加前置放大器进行阻抗变换。前置放大器通常由场效应管接成源极跟随器，加上自举电路，使其输入电阻达到几百兆欧以上，输入电容小于 3pF 甚至 0.5pF。输入电阻低影响低频响应，输入电容大则降低传声器灵敏度。

(3) 衰减器 将大的信号衰减，提高测量范围。

(4) 计权放大器 将微弱信号放大，按要求进行频率计权（频率滤波），A、B、C 及 D 频率计权频率响应如图 4-3 所示。声级计中一般均有 A 计权，另外也可有 C 计权或不计权（Zero，简称 Z）及平直特性（F）。

(5) 有效值检波器 将交流信号检波整流成直流信号，直流信号大小与交流信号有效值成比例。检波器要有一定的时间计权特性，在指数时间计权声级测量中，"F" 特性时间常数为 0.125s，"S" 特性时间常数为 1s。在时间平均声级中，进行线性时间平均。为了测量不连续的脉冲声和冲击声，有的声级计设置有 "I" 特性，它是一种快上升、慢下降特性，上升时间常数为 35ms，下降时间常数为 1s。但是，I 特性并不反应脉冲声对人耳的影响。在新的声级计标准中，还规定可以有测量峰值 C 声级的功能，它测量 C 声级的峰值。

(6) 电表 模拟指示器，用来直接指示被测声级的分贝数。

(7) A/D 将模拟信号变换成数字信号,以便进行数字指示或用 CPU 进行计算、处理。

(8) 数字指示器 以数字形式直接指示被测声级的分贝数,读数更加直观。数字显示器件通常为液晶显示(LCD)或发光二极管显示(LED),前者耗电低,后者亮度高。采用数字指示的声级计又称为数显声级计,如 AWA5633 数显声级计。

(9) CPU 微处理器(单片机),对测量值进行计算、处理。

(10) 电源 一般是 DC/DC,将供电电源(电池)进行电压变换及稳压后,供给各部分电路工作。

(11) 打印机 打印测量结果,通常使用微型打印机。

二、积分平均声级计和积分声级计(噪声暴露计)

积分平均声级计是一种直接显示某一测量时间内被测噪声等效连续声级(L_{ep})的仪器,通常由声级计及内置的单片计算机组成。单片机是一种大规模集成电路,可以按照事先编制的程序对数据进行运算、处理,进一步在显示器上显示。积分平均声级计的性能应符合 IEC 804 和 GB/T 3785.2—2010 标准的要求。

积分平均声级计通常具有自动量程衰减器,使量程的动态范围扩大到 80~100dB,在测量过程中无需人工调节量程衰减器。积分平均声级计可以预置时间,可设为 10s、1min、5min、10min、1h、4h、8h 等,当到达预置时间时,测量会自动中断。积分平均声级计除显示 L_{ep} 外,还能显示声暴露级 L_{AE} 和测量经历时间,当然它还能显示瞬时声级。声暴露级 L_{AE} 是在 1s 期间保持恒定的声级,它与实际变化的噪声在此期间内具有相同的能量。声暴露级用来评价单发噪声事件,如飞机飞越、轿车和卡车开过时的噪声。已知测量经历时间和此时间内的等效连续声级,就可以计算出声暴露级。

积分平均声级计不仅测量出噪声随时间的平均值,即等效连续声级,而且可以测出噪声在空间分布不均匀的平均值,只要在需要测量的空间移动积分平均声级计,就可测量出随地点变动的噪声的空间平均值。

积分平均声级计主要用于环境噪声的测量和工厂噪声测量,尤其适宜作为环境噪声超标排污收费使用。典型产品有 AWA5688 型(M4-1)多功能声级计,它还具有测量噪声暴露量或噪声剂量的功能,并可外接滤波器进行频谱分析。

用于测量声暴露的声级计称为积分声级计,又称噪声暴露计。噪声暴露量 L_E 是噪声 A 计权声压值平方的时间积分。已知等效连续声级及噪声暴露时间 T,可由下式计算声暴露量:

$$L_E = TP^2 \lg^{-1}\left(\frac{L_{ep}}{10}\right) \quad (4-23)$$

M4-1 AWA 5688 型 多功能声级计

作为个人使用的测量噪声暴露量的仪器称为个人声暴露计(M4-2)。另一种测量并指示噪声剂量的仪器称为噪声剂量计,噪声剂量以规定的允许噪声暴露量作为 100%。如规定每天工作 8h,噪声标准为 85dB,也就是噪声暴露量为 $1Pa^2 \cdot h$,则以此为 100%。对于其他噪声暴露量,可以计算相应的噪声剂量值。但是各国的噪声允许标准不同而且还会修改,如美国、加拿大等国家暴露时间减半,允许噪声声级增加 5dB,而我国及其他大多数国家仅允许增加 3dB,因此不同国家、不同时期所指的噪声剂量不

M4-2 个人 声暴露计

能互相比较。个人声暴露计主要用在劳动卫生、职业病防治所和工厂、企业对职工作业场所的噪声进行监测。典型产品是 AWA5911 型个人声暴露计,它的体积仅为一支钢笔大小,可插在上衣口袋内进行测量,可以直接显示声暴露量、噪声剂量以及瞬时声级、等效声级和暴露时间等。

三、噪声统计分析仪

噪声统计分析仪是用来测量噪声级的统计分布，并直接指示累计百分声级 L_N 的一种噪声测量仪器，它还能测量并用数字显示 A 声级、等效连续声级 L_{ep}，以及用数字或百分数显示声级的概率分布和累计分布。它由声级测量及计算处理两大部分构成，计算处理由单片机完成。随着科学技术的进步，尤其是大规模集成电路的发展，噪声统计分析仪的功能越来越强，使用也越来越方便，国产的噪声统计分析仪已完全能满足环境噪声自动监测的需要。现以 AWA6218B 型噪声统计分析仪为例进行介绍。

AWA6218B 型噪声统计分析仪是一种内装单片机（电脑）的智能化仪器，其最大优点是采用 120×32 点阵式 LCD，既可显示数据也可显示图表，既有数字显示又有动态条图显示瞬时声级，而且可以同时显示 8 组数据。可以直接显示 L_p、L_{ep}、L_{max}、L_{min}、L_5、L_{10}、L_{50}、L_{90}、L_{95}、SD、T、L_{AE}、E、L_d、L_n、L_{dn} 16 个测量值以及组号，可以设定 11 种测量时间：手动、10s～24h。既可进行常规单次测量，也可进行 24h 自动监测，每小时测量一次，每次测量时间可以设定。仪器内部有日历、时钟，关机后时钟仍在继续走动，因此不需每次开机后进行调整。该仪器还具有储存 495 组或 24h 测量数据的功能，平时只需将主机（仅 0.5kg）带至现场测量，测量结束后，数据自动储存在机内，将主机带回办公室接上打印机打印或送微型计算机进一步处理并存盘，储存数据可靠，不会丢失。所储数据还可以通过调阅开关调阅任一组，并将其单独打印出来。如发现该组数据不正常，也可通过删除键将其删除，补测一组数据替代。所配 UP40TS 打印机既可仅打印数据，也可既打印数据又打印统计分布图、累计分布图或 24h 分布图。尽管该仪器功能很多，但操作起来非常容易，人机界面友好，在任何时候使用者均能清楚知道仪器目前的工作状态，如显示的是什么数据、测量时间设定多长、是否在采样、是常规测试还是 24h 监测、储存数据组数是否已满等。该仪器在每组测试后可以查阅瞬时值记录，利用"回删"功能，可以很科学且很方便地将异常（突发）噪声剔除，L_{ep}、L_N 等数据重新计算。它的外形设计对声波阻力小，电池既可用充电电池，也可用普通电池，更换非常方便。整机性能符合 IEC 804 和 GB/T 3785.2—2010 对 2 型积分声级计的标准。可以外接倍频程或 1/3 倍频程滤波器进行自动频谱分析，LCD 上显示频谱图或表，也可由打印机打印或送微机进一步保存和处理。

AWA6218A 型噪声统计分析仪比 AWA6218B 功能更加强大，可作为噪声采集器，同时储存 12 万个瞬时值，可以进行机场环境噪声测量。

AWA6218C 型噪声统计分析仪是 AWA6218 的改型产品，保留了 AWA6218 操作简单、使用方便等优点，又采用了数字检波技术，使仪器稳定性大大提高。采用塑料外壳，更换电池非常方便，体积小巧、携带方便。

四、滤波器和频谱分析仪

噪声是由许多频率成分组成的，为了了解这些频率成分，需要进行频谱分析，通常采用倍频程滤波器或 1/3 倍频程滤波器。这是两种恒百分比带宽的带通滤波器，倍频程滤波器的带宽是 100%，1/3 倍频程滤波器是 23%。为了统一起见，国际标准及国家标准对滤波器的中心频率、带宽及衰减特性等做了规定。

AWA5721 型倍频程滤波器和 AWA5722 型分数倍频程滤波器是采用新型元件——开关电容滤波器设计创造的。它不需任何外部元件，只需改变时钟频率，就可改变滤波器的中心频率。其性能优良，完全满足 GB/T 3240—82 对 2 级滤波器的要求，大部分指标达到 1 级要求。它们主要用来配合 AWA5661、AWA5671(A)、AWA5610B、AWA5633A 等声级计、积分声级计使用，组成频谱分析仪，进行倍频程、1/3 倍频程谱分析。当与

AWA6218B 型噪声统计分析仪配合使用时，还可在 LCD 上列表显示每个频带的声压级或显示频谱分布图，还可通过 UP40TS 打印机，列表打印或打印频谱分布图。

有的仪器将声级计和滤波器装在一个机壳内组成频谱分析仪，如 AWA6270 型噪声频谱分析仪，是一种 1 型的性能优良的声学测试仪器。既可以进行倍频程、1/3 倍频程谱分析，也可以进行噪声的统计分析，还可用于机场噪声和建筑声学的测量。AWA6270A/B/C 型噪声频谱分析仪内置倍频程滤波器，可以进行倍频程谱分析，也可进行统计分析。两种仪器都可以连接打印机及微机，将测量结果打印出来或进一步处理。

五、实时分析和数字信号处理

在信号频谱分析中，前面介绍的不连续档级滤波器分析方法对稳态信号是完全适用的，但对于瞬态信号的分析，则只能借助于磁带记录器把瞬态信号记录下来，做成磁带环进行反复重放，使瞬态信号变成"稳态信号"，然后再进行分析。如果用实时分析仪，则只要将信号直接输入分析仪，立刻就可以在荧光屏上显示出频谱变化，并可将分析得到的数据输出并记录下来。有些实时分析仪还能做相关函数、相干函数、传递函数等分析，其功能也就更多。

实时分析仪有模拟的、模拟数字混合的以及采用数字技术的，而现在普遍采用数字技术来进行实时分析。

数字频率分析仪是一种采用数字滤波、检波和平均技术代替模拟滤波器来进行频谱分析的分析仪。数字滤波器是一种数字运算规则，当模拟信号通过采样及 A/D 转换成数字信号后，进入数字计算机进行运算，使输出信号变成经过滤波的信号，也就是说，这种运算起了滤波器的作用。我们称这种起滤波器作用的数字处理机为数字滤波器。

快速傅里叶变换（FFT）是一种用以获得离散傅里叶变换（DFT）的快速算法。与直接计算方法相比，它大大减少了运算次数。最初，FFT 算法是在大型计算机上用高级语言（如 FORTRAN）实现的，随后以汇编语言在小型计算机上实现。自从微处理器出现以后，计算机和仪器成为一个整体的小型 FFT 分析仪。

FFT 分析仪现在已有许多种，不仅有单通道的，而且有双通道甚至多通道的。单通道 FFT 分析仪可用于正反 FFT 变换、功率谱密度、自相关、传递函数等分析。双通道 FFT 分析仪则还可以进行函数、相干函数、互功率谱、倒功率谱分析和声强测量。

第五节 噪声测量要求

一、测点的选择

1. 根据测量要求选点

按劳动保护和环境要求，考虑到噪声对人们的身体健康影响，测点（传声器）选择在操作者经常工作的位置，高度以人耳为宜，测点数一般不少于四个点（四周均匀布置）。

2. 根据测量对象选点

① 测点距机器的位置见表 4-6。

由于现场情况较复杂，要具体仔细分析，如周围有无反射面等，测点要均匀分布。有一些机器属于小型，但噪声很大，故测点宜取在相距 5～10m 处等。

② 对于运行车辆检测噪声。测点应在离车体 7.5m、高出地面 1.2m 处。

③ 对于空气动力设备的进排气噪声。进气噪声的测点应在进气口轴向位置，与管口平

面距离 1m 左右。排气噪声的测点应选在排气轴线 45°方向上，与管口平面上外壳表面的距离等于管口直径。

表 4-6 测点距机器的位置要求

机器分布	机器最大尺寸/cm	测点距机器位置/cm
小	<30	30
中	30~50	50
大	>50~100	100
特大	>100	150（或更远）

二、噪声测量场所和环境影响

1. 测量场所影响

在消声室还是在现场或一般实验室进行检测，需考虑它们的结构和基础是否符合自由声场的要求、本底噪声是否低于 10dB，否则按表 4-7 给予纠正。

表 4-7 扣除本底噪声的修正量

所测噪声与本底噪声之差 Δ/dB	3	4~5	6~9
修正量/dB	3	2	1

2. 背景噪声的影响

在实际测量中，除了被测声源所产生的噪声外，还可能存在其他噪声，使得待测噪声读数加大而不真实。通常假定所要测量的噪声比背景噪声高，待测的噪声可以利用分贝之差的方法进行修正。

3. 环境温度的影响

主要影响传声器的灵敏度和干电池的使用寿命。

4. 风和气流的影响

风使空气产生噪声，风速超过 4 级时，可在传声器上带上防风罩或包上一层绸布。在排气口测量时，传声器应避开风口和气流。传声器在管道和管壁口测量时，要带上防风鼻锥。

5. 噪声源附近物体的反射影响

噪声源附近的设备、墙壁、地面、工作人员都会引起反射，所以测量时，仪器尽量避免靠近墙壁或墙角，至少应离它们 2~3m 以上，如果无法避免，则应在噪声附近的设备上铺上一层吸声材料。工作人员不应靠近声级计，尤其是传声器一般离开人体 0.5m 以上较为合适。

三、传声器的布置方向

主要根据传声器校准时的频率响应来确定，若是掠入射（90°入射）具有良好的频率响应，则传声器的布置方向应为掠入射为宜。

第六节 噪声测量方法

关于噪声测量方法，国家已经针对不同对象制定了几十个国家标准和部颁标准，通常应按这些标准进行噪声测量，这样也有利于测量结果可以相互比较。

第四章 噪声检测

一、作业场所噪声测量

(1) 测量的参数　A计权声级、等效声级、倍频带频谱。
(2) 测量仪器
① 1型或2型声级计或积分声级计、噪声统计分析仪、噪声剂量计。
② 倍频程滤波器。含有中心频率为31.5～8000Hz的九个倍频程。
(3) 测点　测点应当选在职工作业点的人头位置，职工无需在场，如职工需在场或在周围走动，测点高度应参照人耳高度，距外耳道水平距离约0.1m。
(4) 测量方法
① 对稳态噪声，使用声级计A网络及"慢档"时间特性，并取5s内的平均读数为等效连续声级。
② 对非稳态噪声，用2型以上的积分声级计或个人声暴露计（剂量计）直接测量等效连续声级。
③ 对噪声强度超标时，应测量中心频率为31.5～8000Hz的九个倍频带的声压级。

二、城市区域环境噪声测量方法

1. 方法概述

① 测量仪器。精度为2型以上的积分声级计及环境噪声自动监测仪器。
② 气象条件。无雨、无雪的天气条件下进行，风速不大于5.5m/s。传声器应加风罩。
③ 测点选择。选在居住或工作建筑物外，离任一建筑物距离不小于1m。传声器距地面垂直距离不小于1.2m。传声器指向主要声源（道路交通噪声指向道路）。
④ 测量时间。分昼间和夜间两部分进行。
⑤ 采样方式。用"快"响应，采样时间间隔不大于1s，数据连续采集。
⑥ 室内测量。不得不在室内测量时，室内噪声限值低于所在区域标准10dB。测点距墙面和其他主要反射面不小于1m，距地板1.2～1.5m，离窗户处1.5m，开窗状态下测量。
⑦ 铁路两侧区域环境噪声测量。测量时应避开列车通过的时段。
⑧ 测量中应尽可能减少对声场的干扰，应防止人群围观。应尽可能使用三脚架支撑仪器，测量者尽可能远离（1m以外）测点。

2. 城市区域环境噪声普查方法

其目的是为了了解某一类区域或整个城市的总体环境噪声水平、环境噪声污染的时间与空间分布规律。

(1) 网格测量法——噪声污染空间分布　将要普查的城市某一区域或整个城市划分成多个等面积的正方格，总数应多于100个，测点布在每个网格的中心，分别在昼间和夜间测量。在规定的测量时间内，每次每个测点测量10min的L_{eq}。

将全部网格中心测得的10min L_{eq}进行算术平均，此平均值代表某一区域或全市的噪声水平。如所测量的区域仅执行某一类区域环境噪声标准，那么该平均值可按该区域的适用标准进行评价。

将测量得到的L_{eq}按5dB一档分级（60～65、65～70、70～75），用不同颜色或阴影线表示每一档L_{eq}，绘制在覆盖某一区域或城市的网格上，表示区域或全市的噪声污染分布情况。

(2) 定点测量方法——噪声污染时间分布　在标准规定的城市建成区中，优化选取一个或多个有代表性的测点，进行长期定点噪声监测，进行24h测量，测量每小时的L_{eq}及L_d

和 L_n。某一区域或城市昼间（或夜间）的环境噪声平均水平由下式计算：

$$L = \sum_{i=1}^{n} L_i \frac{S_i}{S} \tag{4-24}$$

式中 L_i——为第 i 个测点测得的昼间（或夜间）的 L_{eq}；
　　S_i——为第 i 个测点所代表的区域面积，m^2；
　　S——为整个区域或城市的总面积，m^2。

按各类区域对应标准，评估测量区域的噪声水平。

将每小时测得的 L_{eq} 按时间排列，得到 24h 声级变化图形，表示某一区域或城市环境噪声的时间分布规律。

3. 城市交通干线噪声平均值的测量方法

在城市规划部门划定的城市主、次交通干线，每个自然路段布一个测点，测点距任一路口的距离应大于 50m，长度不足 100m 的路段，测点设于路段中间。测点位于人行道上距路面（含慢车道）20cm 处。每个测点（路段）测量 20min 的等效声级，以及累积百分声级 L_5、L_{50}、L_{95}，同时记录车流量（辆/h）。测得的 L_{eq} 及 L_5 表示该路段道路交通噪声评价值。

由各路段测得的交通噪声级 L_{eq}、L_5，按路段长度加权算术平均方法计算全市的道路交通干线噪声平均值，计算公式如下：

$$L = \frac{\sum_{i=1}^{n} L_i I_i}{\sum_{i=1}^{n} I_i} \tag{4-25}$$

式中 L——为全市交通干线噪声平均值，dB(A)；
　　L_i——为第 i 条路段测得的等效声级，dB(A)；
　　I_i——为第 i 条路段的长度，m；
　　n——为干线路段总数，m。

三、工业企业厂界噪声测量方法

① 测量仪器和测量气象条件同上。
② 测量时间应选在被测企事业单位正常工作时间内进行，分为昼间和夜间两部分。
③ 用"快"响应，采样时间间隔不大于 1s。
④ 稳态噪声测量 1min 的 L_{eq}，周期性噪声测量一个周期的 L_{eq}，当声级分布明显分段时，可按不同声级段简化测量，并按不同时段权重计算等效声级。非周期非稳态噪声测量整个工作时间的等效声级。
⑤ 测点位置选在法定厂界外 1m、高 1.2m 以上噪声敏感处，如有围墙，测点应高于围墙。若厂界与居民住宅相连，测点应选在居室中央，室内限值比室外低 10dB（A）。若要了解厂界噪声扰民情况，应在工厂周围有敏感建筑物的厂界布点，采用等间隔布点方法，每两点间的声级差不超过 3dB，或采用等声级布点方法，声级间隔可选择 3dB 或 5dB。若建立区域环境噪声源档案，可选择厂界噪声级最高处设一个测点。若要全面了解一个企业的厂界噪声分布，应采用等间隔或等声级方法在整个厂界布点。具体测试时可按如下几个原则进行布点：距强噪声源最近原则；敏感点最近原则；等间隔布点原则；避开屏障声影区原则；适当移位原则；测量结果准确、方法简便易行原则；视情况与厂方协商原则。

四、铁路边界噪声测量方法

① 使用 2 型及以上积分声级计。
② 用"快"档,采样间隔不大于 1s。
③ 气象条件。无雨雪、加风罩、4 级风以上停止测量。
④ 测量时间。昼间、夜间各选在接近其机车车辆运行平均密度的某一个小时,用其分别代表昼间、夜间。必要时,昼间、夜间分别进行全段时间测量。
⑤ 测点选在铁路边界(距铁路外侧轨道中心线 30m 处)高于地面 1.2m,距反射物不小于 1m 处。
⑥ 测量 1h 的 L_{eq} 值。

五、建筑施工场界噪声测量方法

① 使用仪器为 2 型及以上积分声级计或环境噪声自动监测仪。
② 测点。距地面 1.2m 的边界线敏感处,如有围墙,可高于 1.2m。
③ 气象条件。无雨雪,风速超过 1m/s 加风罩,超过 5m/s 停止测量。
④ 测量时间。分昼间和夜间,昼间测 20min 的 L_{eq} 表征该点的昼间噪声值,夜间测 8h 的 L_{eq} 表征该点的夜间噪声值。
⑤ 选用"快"特性,采样时间间隔不大于 1s。
⑥ 测量期间,各施工机械应处于正常运行状态,包括进出车辆。

六、机场周围飞机噪声测量方法

① 使用仪器为 2 型及以上声级计或机场噪声监测系统及其他适当仪器。
② 传声器位置。高于地面 1.2m,离其他反射壁面 1m 以上的开阔平坦地方,注意避开高压电线和大型变压器。传声器膜片基本位于飞机标称飞行航线和测点所确定的平面内,即掠入射。
③ 无雨、无雪,地面上 10m 高处风速不大于 5m/s,相对湿度不应超过 90%,不应小于 30%。
④ 测量方法。
a. 精密测量——需要作为时间函数的频谱分析的测量。
b. 简易测量——只需经频率计权的测量。
⑤ 由一次飞行事件测得的频带声压级或最大声级和最大声级下 10dB 的持续时间,计算一次飞行事件的有效感觉噪声级 L_{EPN}。
⑥ 以能量平均方法,计算相继 N 次事件的有效感觉噪声级的平均值 $\overline{L}_{EPN}$。
⑦ 计算一昼夜 24h 的有效连续感觉噪声级 L_{WECPN}。

七、内燃机噪声测定方法

① 使用仪器为 1 型声级计和 1/1 或 1/3 倍频程滤波器。
② 测点。测点应均匀地分布在测量表面上,距内燃机简化表面为 1m,布置在内燃机两侧、两端面和顶部。测点数目视内燃机外形尺寸和声场特性而定。
③ 测量值。测每一测点的 A 声级,必要时选几个特征测点测量 1/1 或 1/3 倍频程频谱。然后由测得的 A 声级计算噪声声功率级。

八、噪声的频谱分析

① 使用仪器为 2 型以上声级计及倍频程或 1/3 倍频程滤波器,或噪声频谱分析仪。

② 测量每个频段的噪声级。
③ 将所得数据依次列表或画出曲线，即得到噪声的频谱，可作为噪声治理的参考依据。
④ 使用自动噪声频谱分析仪，可由打印机直接打印出频谱图或列表。
⑤ 使用实时分析仪可在很短时间内同时得到 1/1 或 1/3 倍频程频谱图，或 FFT 分析。

第七节 噪声作业级别评定

一、分级方法

指数法（表 4-8）：根据噪声作业实测的工作日等效连续 A 声级和接噪时间对应的卫生标准，计算噪声危害指数，进行综合评价。

表 4-8 噪声危害指数分级表

噪声危害指数	指数范围	级别
安全作业	$L<0$	0 级
轻度危害	$0<L<1$	Ⅰ 级
中度危害	$1<L<2$	Ⅱ 级
高度危害	$2<L<3$	Ⅲ 级
极度危害	$L>3$	Ⅳ 级

计算公式

$$L=(L_w-L_s)/6 \tag{4-26}$$

式中 L——噪声危害指数；
L_w——噪声作业实测工作日等效连续 A 声级，dB；
L_s——接噪时间对应的卫生标准，dB（见工作场所噪声允许标准）；
6——分数常数。

二、工作场所噪声允许标准

工作场所噪声允许标准见表 4-9。

表 4-9 工作场所噪声允许标准

序号	地点类别		噪声限制值/dB
1	生产车间及作业场所（每天连续接触噪声 8h）		85
2	高噪声车间设置的值班室、观察室、休息室（室内背景噪声级）	无电话通信要求时	75
		有电话通信要求时	70
3	精密装配线、精密加工车间的工作地点、计算机房（正常工作状态）		70
4	车间所属办公室、实验室、设计室（室内背景噪声级）		70
5	主控制室、集中控制室、通信室、电话总机室、消防值班室（室内背景噪声级）		60
6	厂部所属办公室、会议室、设计室、中心实验室（包括试验、化验、计量室）（室内背景噪声级）		60
7	医务室、教室、哺乳室、托儿所、工人值班宿舍（室内背景噪声级）		55

第八节 噪声控制

采用工程技术措施控制噪声源的声输出,控制噪声的传播和接收,以得到人们所要求的声学环境,即为噪声控制。

同水体污染、大气污染和固体废物污染不同,噪声污染是一种物理性污染,它的特点是局部性和即时性。噪声在环境中只是造成空气物理性质的暂时变化,噪声源的声输出停止之后,污染立即消失,不留下任何残余物质。噪声的防治主要是控制声源和声的传播途径,以及对接收者进行保护。

解决噪声污染问题的一般程序是首先进行现场噪声调查,测量现场的噪声级和噪声频谱,然后根据有关的环境标准确定现场容许的噪声级,并根据现场实测的数值和容许的噪声级之差确定降噪量,进而制订技术上可行、经济上合理的控制方案。

一、声源控制

运转的机械设备和运输工具等是主要的噪声源,控制它们的噪声有两条途径:一是改进结构,提高其中部件的加工精度和装配质量,采用合理的操作方法等,以降低声源的噪声发射功率。二是利用声的吸收、反射、干涉等特性,采用吸声、隔声、减振、隔振等技术,以及安装消声器等,以控制声源的噪声辐射。

采用各种噪声控制方法,可以收到不同的降噪效果。如将机械传动部分的普通齿轮改为有弹性轴套的齿轮,可降低噪声15～20dB;把铆接改成焊接,把锻打改成摩擦压力加工等,一般可减低噪声30～40dB。

二、传声途径的控制

传声途径控制的主要措施如下。

① 声在传播中的能量是随着距离的增加而衰减的,因此使噪声源远离需要安静的地方,可以达到降噪的目的。

② 声的辐射一般有指向性,处在与声源距离相同而方向不同的地方,接收到的声强度也就不同。不过多数声源以低频辐射噪声时,指向性很差;随着频率的增加,指向性就增强。因此,控制噪声的传播方向(包括改变声源的发射方向)是降低噪声尤其是高频噪声的有效措施。

③ 建立隔声屏障,或利用天然屏障(土坡、山丘)以及其他隔声材料和隔声结构来阻挡噪声的传播。

④ 应用吸声材料和吸声结构,将传播中的噪声声能转变为热能等。

⑤ 在城市建设中,采用合理的城市防噪声规划。

此外,对于固体振动产生的噪声采取隔振措施,以减弱噪声的传播。

三、接收者的防护

为了防止噪声对人的危害,可采取下述防护措施。

① 佩戴护耳器,如耳塞、耳罩、防声盔等。

② 减少在噪声环境中的暴露时间。

③ 根据听力检测结果,适当调整在噪声环境中的工作人员。人的听觉灵敏度是有差别

的。如在85dB的噪声环境中工作，有人会耳聋，有人则不会。可以每年或几年进行一次听力检测，把听力显著降低的人调离噪声环境。

四、控制措施的选择

合理的控制噪声的措施是根据噪声控制费用、噪声容许标准、劳动生产效率等有关因素进行综合分析确定的。在一个车间，如果噪声源是一台或少数几台机器，而车间里工人较多，一般可采用隔声罩，降噪效果为10～30dB；如果车间里工人少，经济有效的方法是用护耳器，降噪效果为20～40dB；如果车间里噪声源多而分散，工人又多，一般可采取吸声降噪措施，降噪效果为3～15dB；如果工人不多，可用护耳器，或者设置供工人操作用的隔声间。机器振动产生噪声辐射，一般采取减振或隔振措施，降噪效果为5～25dB。如机械运转使厂房的地面或墙壁振动而产生噪声辐射，可采用隔振机座或阻尼措施。

五、隔声罩

隔声罩（sound insulation encasing）（图4-8）是一种可取的有效降噪措施，它把噪声较大的装置封闭起来，可以有效地阻隔噪声的外传，减少噪声对环境的影响，但会给维修、监视、管路布置等带来不便，并且不利于所罩装置的散热，有时需要通风以冷却罩内的空气。隔声罩的设计应考虑如下要点。

图4-8 隔声罩

① 选择适当的形状。为了减少隔声罩的体积和噪声的辐射面积，其形状应与该声源装置的轮廓相似，罩壁尽可能接近声源设备的外壳；但也要考虑满足检修监测方便、通风良好、进排气及其消声器正常工作的要求。此外，曲面形体应有较大的刚度，有利于隔声。要尽量少用方形平行罩壁，以防止罩内空气声的驻波效应，使隔声量出现低谷。

② 隔声罩的壁材应具有足够大的透射损失。隔声罩的罩壁材料可采用铅板、钢板、铝板等壁薄、密度大的板材，一般采用2～3mm钢板即可。

③ 金属板面上加筋或涂贴阻尼层。通过加筋或涂贴阻尼层，以抑制和避免钢板之类的轻型结构罩壁发生共振和吻合效应，减少声波的辐射。阻尼层的厚度应不小于罩壁厚度的2～4倍，一定要粘贴紧密牢固。

④ 隔声罩内表面应当有较好的吸声性能。罩内通常用50mm厚的多孔吸声材料进行处理，吸声系数一般不应低于0.5。一般在3mm厚的钢板上，牢固涂贴一层厚7mm的沥青石棉绒作阻尼层，内衬50mm厚的超细玻璃棉（容重25kg/m³）作吸声层，玻璃棉护面层由一层玻璃布和一层穿孔率为25%的穿孔钢板构成。这种构件的平均透射损失在34～45dB之间。

⑤ 隔振处理。隔声罩与机器之间不能有刚性连接，通常将橡胶或毛毡等柔性连接夹在两者之间吸收振动，否则会将机器的振动直接传递给罩体，使罩体成为噪声辐射面，从而降低隔声效果。机器与基础之间、隔声罩与机器基础之间也均需要隔振措施。

⑥ 罩壳上孔洞的处理。隔声罩内声能密度很大，隔声罩上很小的开孔或缝隙都能传出很大的噪声。研究表明，只要在隔声罩总面积上开 0.01 面积的孔洞，其隔声量就会减少 20～25dB 以下。若仍需在罩上开孔时应对孔洞进行处理：a. 传动轴穿过罩的开孔处加一套管，管内衬以吸声材料，吸声衬里的长度应大于传动轴与吸声衬里之间的缝隙 15 倍，这样既避免了声桥，又通过吸声作用降低了缝隙漏声；b. 因吸排气或通风散热需要开设的孔洞，可设置消声箱来减声；c. 罩体拼接的接缝以及活动的门、窗、盖子等接缝处，要垫以软橡胶之类的材料，当盖子或门在关闭时，要用锁扣扣紧以保证接缝压实，防止漏声；d. 对于进出料口的孔一般应加双道橡胶刷，以便让料通过，而声音不易外逸。

虽然隔声罩的隔声量主要是由罩壁的面密度与吸声材料的吸声系数、吸声量、噪声频率所确定，但上述设计要点如不注意，也会影响隔声效果。

(1) 钢球磨噪声治理　隔声罩是在声音传播途径上控制噪声的设备。隔声罩外壳采用薄金属板做成，内壁涂喷摩擦阻尼大的黏滞性材料，中间饰有吸声系数 α 高于 0.6 的吸声材料，留有足够的空气层，并在内表面饰穿孔板等。优点：a. 隔声罩体积小，依用户需要设计；b. 隔声罩是可拆式，现场安装，检修方便；c. 隔声罩采用先进的隔声材料，可使噪声降低 15～30dB(A)；d. 隔声罩美化环境，提高文明生产水平。

(2) 水泵房噪声治理措施
① 墙面及吊顶做吸声处理。
② 机房内厚门窗更换成隔声门及隔声窗。
③ 为了隔绝振动及固体声传播，在地面与基础之间安装减振器。
④ 水泵的进出管道上安装橡胶软管连接。
⑤ 机房内所有管道进行悬空处理，安装阻尼弹簧吊架减振器。
⑥ 机房如需安装排风扇，排风扇需加装消声器。

(3) 空压机噪声治理措施
① 消声器控制压缩机的进气、排气噪声，可采用安装消声器的方法。
② 隔声室或通风隔声罩控制压缩机的机体噪声、电动机噪声，可采用建隔声室或通风消声隔声罩的方法，把人和机器分开。机房门窗使用隔声门窗。
③ 包扎阻尼降低排气管道噪声，采用管道包扎的办法或将管道埋在地下，减少噪声辐射。降低储气罐噪声，也可以采用包扎阻尼的方法。
④ 隔振。

(4) 变电站的噪声治理方法
① 将平时供运行人员和检修人员通过的门改为特制防火隔声门，将不需开口的窗户全部封闭。
② 在原消防及散热的排风风扇出口加装通风消声器。
③ 室内墙面及吊顶均做吸声处理。
④ 变压器及其他设备均设置脚座减振器；有悬挂部分均采用弹簧吊架减振器。控制压缩机机体的振动，可在机器底座下设置减振器或设计制作隔振基础。

(5) 锅炉房噪声治理
① 把鼓引风机、水泵等设备都集中在一个大隔声间内，再配置隔声门和隔声窗或通风消声百叶窗，进风口安装进风消声器。
② 在烟囱上或引风机排烟管道上设置适宜的消声道或消声器。

③ 为解决引风机等振动问题，在风管连接处采用金属波纹管或耐温软管，在风机的基础设减振台架。

六、吸声与隔声的基本概念

吸声与隔声是完全不同的两个声学概念。吸声是指声波传播到某一边界面时，一部分声能被边界面反射（或散射），一部分声能被边界面吸收（这里不考虑在媒质中传播时被媒质吸收），这包括声波在边界材料内转化为热能被消耗掉或是转化为振动能沿边界构造传递转移，或是直接透射到边界另一面空间。对于入射声波来说，除了反射到原来空间的反射（散射）声能外，其余能量都可看作被边界面吸收。在一定面积上被吸收的声能与入射声能之比称为该边界面的吸声系数。例如室内声波从开着的窗户传到室外，则开窗面积可近似地认为百分之百地"吸收"了室内传来的声波，吸声系数为1。当然，我们所要考虑的吸声材料主要不是靠开口面积的吸声，而要靠材料本身的声学特性来吸收声波。

对于两个空间中间的界面隔层来说，当声波从一室入射到界面上时，声波激发隔层的振动，以振动向另一面空间辐射声波，此为透射声波。通过一定面积的透射声波能量与入射声波能量之比称透射系数。对于开启的窗户，透射系数可近似为1（吸声系数也为1），其隔声效果为0，即隔声量为0dB。对于又重又厚的砖墙或厚钢板，单位面积质量大，声波入射时只能激发起此隔层的微小振动，使对另一空间辐射的声波能量（透射声能）很小，所以隔声量大，隔声效果好。但对于原来空间而言，绝大部分能量被反射，所以吸声系数很小。

对于单一材料（不是专门设计的复合材料）来说，吸声能力与隔声效果往往是不能兼顾的。如砖墙或钢板虽可以作为好的隔声材料，但吸声效果极差；反过来，如果拿吸声性能好的材料（如玻璃棉）做隔声材料，即使声波透过该材料时声能被吸收99%（这是很难达到的），只有1%的声能传播到另一空间，则此材料的隔声量也只有20dB，并非好的隔声材料。有人把吸声材料误称为"隔声材料"是不对的。

七、吸声材料

吸声材料（sound-absorbing material）是具有较强的吸收声能、减低噪声性能的材料。吸声材料按吸声机理分为：①靠从表面至内部许多细小的敞开孔道使声波衰减的多孔材料，以吸收中高频声波为主，有纤维状聚集组织的各种有机或无机纤维及其制品以及多孔结构的开孔型泡沫塑料和膨胀珍珠岩制品；②靠共振作用吸声的柔性材料（如闭孔型泡沫塑料，吸收中频）、膜状材料（如塑料膜或布、帆布、漆布和人造革，吸收低中频）、板状材料（如胶合板、硬质纤维板、石棉水泥板和石膏板，吸收低频）和穿孔板（各种板状材料或金属板上打孔而制得，吸收中频）。以上材料复合使用，可扩大吸声范围，提高吸声系数。用装饰吸声板贴壁或吊顶，多孔材料和穿孔板或膜状材料组合装于墙面，甚至采用浮云式悬挂，都可改善室内音质，控制噪声。多孔材料除吸收空气声外，还能减弱固体声和空气声所引起的振动。将多孔材料填入各种板状材料组成的复合结构内，可提高隔声能力并减轻结构重量。

吸声材料主要用于控制和调整室内的混响时间，消除回声，以改善室内的听闻条件；用于降低喧闹场所的噪声，以改善生活环境和劳动条件（见吸声降噪）；还广泛用于降低通风空调管道的噪声。吸声材料按其物理性能和吸声方式可分为多孔性吸声材料和共振吸声结构两大类。后者包括单个共振器、穿孔板共振吸声结构、薄板吸声结构和柔顺材料等。

选用吸声材料，首先应从吸声特性方面来确定合乎要求的材料，同时还要结合防火、防潮、防蛀、强度、外观、建筑内部装修等要求，综合考虑进行选择。

材料的吸声性能常用吸声系数 α 表示。入射到材料表面的声波，一部分被反射，一部分透入材料内部而被吸收。被材料吸收的声能与入射声能的比值，称为吸声系数。
$$\alpha = E_a/E_i = (E_i - E_r)/E_i = 1 - r$$

式中　E_i——入射声能；
　　　E_a——被材料或结构吸收的声能；
　　　E_r——被材料或结构发射的声能；
　　　r——反射系数。

当入射声能被完全反射时，$\alpha = 0$，表示无吸声作用；当入射声波完全没有被反射时，$\alpha = 1$，表示完全被吸收。一般材料或结构的吸声系数 $\alpha = 0 \sim 1$，α 值越大，表示吸声性能越好，它是目前表征吸声性能最常用的参数。材料吸声系数的大小与声波的入射角有关，随入射声波的频率而异。以频率为横坐标，吸声系数为纵坐标绘出的曲线，称为材料吸声频谱。它反映了材料对不同频率声波的吸收特性。测定吸声系数通常采用混响室法和驻波管法。混响室法测得的为声波无规则入射时的吸声系数，它的测量条件比较接近实际声场，因此常用此法测得的数据作为实际设计的依据。驻波管法测得的是声波垂直入射时的吸声系数，通常用于产品质量控制、检验和吸声材料的研制分析。混响室法测得的吸声系数一般高于驻波管法。

多孔性吸声材料：这类材料的物理结构特征是材料内部有大量的、互相贯通的、向外敞开的微孔，即材料具有一定的透气性。工程上广泛使用的有纤维材料和灰泥材料两大类。前者包括玻璃棉和矿渣棉或以此类材料为主要原料制成的各种吸声板材或吸声构件等；后者包括微孔砖和颗粒性矿渣吸声砖等。

吸声机理和频谱特性：多孔吸声材料的吸声机理是当声波入射到多孔材料时，引起孔隙中的空气振动，由于摩擦和空气的黏滞阻力，使一部分声能转变成热能；此外，孔隙中的空气与孔壁、纤维之间的热传导也会引起热损失，使声能衰减。

多孔材料的吸声系数随声频率的增高而增大，吸声频谱曲线由低频向高频逐步升高，并出现不同程度的起伏，随着频率的升高，起伏幅度逐步缩小，趋向一个缓慢变化的数值。

影响多孔材料吸声性能的参数主要有：①流阻。它是在稳定的气流状态下，吸声材料中的压力梯度与气流线速度之比。当厚度不大时，低流阻材料的低频吸声系数很小，在中、高频段，吸声频谱曲线以比较大的斜率上升，高频的吸声性能比较好。增大材料的流阻，中、低频吸声系数有所提高；继续加大材料的流阻，材料从高频段到中频段的吸声系数将明显下降，此时，吸声性能变劣。所以，对一定厚度的多孔材料，有一个相应适宜的流阻值，过高和过低的流阻值都无法使材料具有良好的吸声性能。②孔隙率。指材料中连通的孔隙体积与材料总体积之比，多孔吸声材料的孔隙率一般在 70% 以上，多数达 90%。③结构因数。材料中间隙的排列是杂乱无章的，但在理论上往往采用毛细管沿厚度方向纵向排列的模型，所以，对具体的多孔材料必须引进结构因数加以修正。多孔材料结构因数一般在 2～10 之间，也有高达 20～25 的。在低频范围内，结构因数基本不起作用，这是因为在这个范围内，空气惯性的影响很小，而弹性起主要作用。当材料流阻比较小时，若增大结构因数，在高、中频范围内，可以看到吸声系数的周期性变化。

在吸声理论中，用流阻、孔隙率、结构因数来确定材料的吸声特性，而在实际应用上，通常是以材料厚度、容重（重量/体积）来反映其结构状态和确定其吸声特性。增加材料的厚度，可提高低、中频吸声系数，但对高频吸收的影响很小。如果在吸声材料和刚性墙面之间留出空间，可以增加材料的有效厚度，提高对低频的吸声能力。由于材料流阻和容重往往存在着对应关系，因此在工程应用上往往通过调整材料的容重以控制材料的流阻。容重对材料吸声性能的影响是复杂的，但是厚度的变化比容重的变化对材料吸声性能的影响要大，也就是厚度的影响是第一位的，而容重的影响则是第二位的。

此外，材料的表面处理、安装和布置方式以及温度、湿度等对材料吸声性能也有影响。

由于多孔性材料的低频吸声性能差，为解决中、低频吸声问题，往往采用共振吸声结构，其吸声频谱以共振频率为中心出现吸收峰，当远离共振频率时，吸声系数就很低。在实际应用上，共振吸声结构有以下几种基本类型。

① 单个共振器。是一个有颈口的密闭容器，相当于一个弹簧振子系统，容器内空气相当于弹簧，而进口空气相当于和弹簧连接的物体。当入射声波的频率和这个系统的固有频率一致时，共振器孔颈处的空气柱就激烈振动，孔颈部分的空气与颈壁摩擦阻尼，将声能转变为热能。

② 穿孔板吸声结构。在打孔的薄板后面设置一定深度的密闭空腔，组成穿孔板吸声结构，这是经常使用的一种吸声结构，相当于单个共振器的并联组合。当入射声波频率和这一系统的固有频率一致时，穿孔部分的空气就激烈振动，加强了吸收效应，出现吸收峰，使声能衰减。通常若穿孔率超过20%，穿孔板将不起共振吸声作用。

穿孔板共振吸声频带比较窄，在穿孔板后面加上一层多孔材料或纺织品，可以加宽吸收峰的宽度；同时使用几种共振峰互相衔接的穿孔板，也可以得到较宽的吸声频带。如果将孔径缩小到1mm以下，板厚在1mm以下，穿孔率1%～3%，则穿孔板与板后空腔可组成微穿孔板吸声结构。由于它比穿孔板声阻大，质量小，因而在吸声系数和吸声带宽方面都高于穿孔板。

③ 薄板吸声结构。在薄板后设置空气层，就成为薄板共振吸声结构。当声波入射时，激发系统的振动，由于板的内部摩擦，使振动能量转化为热能。当入射声波频率与系统的固有频率一致时，即产生共振，在共振频率处出现吸收峰。增加板的单位面密度或空腔深度时，吸声峰就移向低频。在空腔内沿龙骨处设置多孔吸声材料，在薄板边缘与龙骨连接处放置毛毡或海绵条，以增加结构的阻尼特性，可以提高吸声系数和加宽吸声频带。

④ 柔顺材料。是内部有许多微小的、互不贯通的独立气泡，没有通气性能，在一定程度上具有弹性的吸声材料。当声波入射到材料上时，激发材料做整体振动，为克服材料内部的摩擦而消耗了声能。它的吸声频率特性是高频声吸收系数很低，中、低频的吸声系数类似共振吸收，但无显著的共振吸收峰而呈复杂的起伏状态。

八、消声器

消声器（Muffler）是阻止声音传播而允许气流通过的一种器件，是消除空气动力性噪声的重要措施。消声器是安装在空气动力设备（如鼓风机、空压机）的气流通道上或进、排气系统中的降低噪声的装置。消声器能够阻挡声波的传播，允许气流通过，是控制噪声的有效工具。

1. 消声器种类

消声器的种类很多，但究其消声机理，又可以把它们分为六种主要的类型，即阻性消声器、抗性消声器、阻抗复合式消声器、微穿孔板消声器、小孔消声器和有源消声器。

阻性消声器主要是利用多孔吸声材料来降低噪声的。把吸声材料固定在气流通道的内壁上或按照一定方式在管道中排列，就构成了阻性消声器。当声波进入阻性消声器时，一部分声能在多孔材料的孔隙中摩擦而转化成热能耗散掉，使通过消声器的声波减弱。阻性消声器就好像电学上的纯电阻电路，吸声材料类似于电阻。因此，人们就把这种消声器称为阻性消声器。阻性消声器对中高频消声效果好，对低频消声效果较差。

抗性消声器是由突变界面的管和室组合而成的，好像是一个声学滤波器，与电学滤波器相似，每一个带管的小室是滤波器的一个网孔，管中的空气质量相当于电学上的电感和电阻，称为声质量和声阻。小室中的空气体积相当于电学上的电容，称为声顺。与电学滤波器类似，每一个带管的小室都有自己的固有频率。当包含有各种频率成分的声波进入第一个短管时，只有在第一个网孔固有频率附近的某些频率的声波才能通过网孔到达第二个短管口，而另外一些频率的声波则不可能通过网孔，只能在小室中来回反射，因此，我们称这种对声波有滤波功能的结构为声学滤波器。选取适当的管和室进行组合，就可以滤掉某些频率成分的噪声，从而达到消声的目的。抗性消声器适用于消除中、低频噪声。

把阻性结构和抗性结构按照一定的方式组合起来，就构成了阻抗复合式消声器。

微穿孔板消声器一般是用厚度小于1mm的纯金属薄板制作，在薄板上用孔径小于1mm的钻头穿孔，穿孔率为1%～3%。选择不同的穿孔率和板厚不同的腔深，就可以控制消声器的频谱性能，使其在需要的频率范围内获得良好的消声效果。

小孔消声器的结构是一根末端封闭的直管，管壁上钻有很多小孔。小孔消声器的原理是以喷气噪声的频谱为依据的，如果保持喷口的总面积不变而用很多小喷口来代替，当气流经过小孔时，喷气噪声的频谱就会移向高频或超高频，使频谱中的可听声成分明显降低，从而减少对人的干扰和伤害。

有源消声器的基本原理是在原来的声场中，利用电子设备再产生一个与原来的声压大小相等、相位相反的声波，使其在一定范围内与原来的声场相抵消。这种消声器是一套仪器装置，主要由传声器、放大器、相移装置、功率放大器和扬声器等组成。

2. 消声器选购衡量指标

衡量消声器的好坏，主要考虑以下三个方面。
① 消声器的消声性能（消声量和频谱特性）。
② 消声器的空气动力性能（压力损失等）。
③ 消声器的结构性能（尺寸、价格、寿命等）。

消声器的适用风速一般为6～8m/s，最高不宜超过12m/s，同时注意消声器的压力损失。

注意消声器的净通道截面积，风管和消声器连接时，必要时（风速有限制时）需作放大处理。

消声器等消声设备安装，须有独立的承重吊杆或底座；与声源设备须通过软接头连接。

当两个消声弯头串联使用时，两个弯头的连接间距应大于弯头截面对角线长度的2.5倍。

对于高温、高湿、有油雾、水汽的环境系统一般选用微孔结构消声设备，对于有洁净要求的诸如手术室、录音室、洁净厂房等环境系统，应采用微孔结构消声设备。

相邻用房管路串通时，注意室内噪声通过管路相互影响，必要时风口作消声处理。

3. 消声器的选用

消声器的选用应根据防火、防潮、防腐、洁净度的要求，安装的空间位置，噪声源频谱特性，系统自然声衰减，系统气流再生噪声，房间允许噪声级，允许压力损失，设备价格等诸因素综合考虑并根据实际情况有所偏重。一般的情况是：消声器的消声量越大，压力损失及价格越大；消声量相同时，如果压力损失越小，消声器所占空间就越大。

技能训练

学校区域噪声检测实训

一、实验目的

1. 熟悉学校区域环境噪声的检测方法，并对校园生活区、教学区等不同功能区噪声污染进行评价。

2. 熟悉声级计的使用。

3. 掌握环境噪声测量的基本技能和方法。

二、实验仪器

实验仪器为噪声声级计一套，计算机一台。

三、实验依据

本实验依据国标 GB 3096—2008《声环境质量标准》进行测定，并依据此标准对所测区域进行评价。

四、实验方案设计

1. 测量布点

本次实验整个班级分组进行。测点：选取校园内 5 个不同的典型位置（临街→操场→图书馆区→宿舍区→教学区），每个测点每 2min 读数一次，共计读数 16 组。

2. 测量条件

要求天气条件为无雨无雪，声级计应保持传声器膜片清洁，风力在三级以上必须加风罩（以避免风噪声的干扰），五级以上大风则应停止测量。测量过程中，一人手持仪器测量，另一人记录瞬时声级，传声器要求距离地面 1.2m，测量时噪声仪距任意建筑物不得小于 1m，传声器对准声源方向。

3. 测量方法

测量时，声级计离地面高度为 1.2m，并且远离任何其他反射物，数据记录方法采取直读法记录，即每隔 2min 随机读取一个瞬时 A 声级 L_A 值，连续读取数据，测量应在无雨雪、无雷电天气，风速 5m/s 以下时进行。将每个测点测得的瞬时 A 声级 L_A 数据进行统计，并且按照《声环境质量标准》中的公式计算出连续等效 A 声级 L_{eq}。

$$L_{eq} = 10\lg\left(\frac{1}{T}\int_0^T 10^{0.1L_A} dt\right)$$

式中　L_A——t 时刻的瞬时 A 声级；

　　　T——规定的测量时间段。

4. 噪声水平的评估

对所测数据进行排序，并按照本章第七节内容进行区域噪声作业级别评定。

五、实验报告及数据处理要求

1. 要求简要说明实验原理和意义。

2. 根据实验方案设计绘制实验流程图。

3. 详细记录不同区域噪声测量数据。

4. 对不同区域进行噪声级别评定。

5. 提出噪声控制措施，要求具有可操作性、针对性和实用性。

六、注意事项

1. 要注意环境对检测结果的影响，测点布置时注意声级计高度、与建筑物的距离等问题。

2. 注意进行噪声级别评定时选用的是等效连续 A 声级，所以在计算过程中要参考标准进行检测数据的整理。

复习思考题

1. 对于声强为 I 的噪声，其声压级和声强级是否相同？为什么？

2. 测得 3 个噪声的声压级分别为 88dB、90dB、92dB，试求其复合声压级为多少？

3. 为什么要在噪声研究中引入响度和响度级等度量？
4. 一台噪声很大的机械设备经治理后响度级降低了20方，相当于响度下降了多少？
5. 在噪声控制工程中，了解噪声源的频谱有什么用途？
6. 城市环境噪声普查的测点如何布置？测量哪些项目？
7. 噪声污染有什么特点？控制噪声的方法有哪些？
8. 如何合理选择控制噪声的措施？

第五章 振动检测

学习目标

1. 了解振动及其危害。
2. 熟悉振动的防护措施。
3. 熟悉手持式机械作业防振要求。

第一节 概述

物体在外力作用下沿直线或弧线以中心位置（平衡位置）为基准的往复运动，称为机械运动，简称振动。物体离中心位置的最大距离为振幅。单位时间（s）内振动的次数称为频率，它是评价振动对人体健康影响的常用基本参数。

机械振动是自然界、工程技术和日常生活中普遍存在的物理现象。各种机器、仪器和设备在其运行时，由于诸如回转件的不平衡、负载的不均匀、结构刚度的各向异性、润滑状况不良以及间隙等原因而引起力的变化、各部件之间的碰撞和冲击，以及由于使用、运输和外界环境条件下能量的传递、存储和释放等都会诱发或激励机械振动。

在大多数情况下，机械振动是有害的。振动往往会破坏机器的正常工作和原有性能，振动的动载荷使机器加快失效、缩短使用寿命，甚至导致设备损坏，造成安全事故。机械振动产生的噪声，致使环境和劳动条件恶化，危害人们的健康，成为现代社会的一种公害。

振动对人体的影响分为全身振动和局部振动。全身振动是由振动源（振动机械、车辆、活动的工作平台）通过身体的支持部分（足部和臀部），将振动沿下肢或躯干传布全身。局部振动是指振动通过振动工具、振动机械或振动工件传向操作者的手和臂。

一、常见的振动作业

全身振动的频率范围主要在 1～20Hz。局部振动作用的频率范围在 20～1000Hz。上述划分是相对的，在一定频率范围（如 100Hz 以下）既有局部振动作用又有全身振动作用。

① 局部振动作业。主要是使用振动工具的各工种，如砂铆工、锻工、钻孔工、捣固工、研磨工及电锯、电刨的使用者等进行作业。

② 全身振动作业。主要是振动机械的操作工，如震源车的震源工、车载钻机的操作工；钻井发电机房内的发电工及地震作业、钻前作业的拖拉机手等野外活动设备上的振动作业工人。

二、振动对人体的不良影响及危害

从物理学和生物学的观点看，人体是一个极复杂的系统，振动的作用不仅可以引起机械效应，更重要的是可以引起生理和心理的效应。

人体接受振动后，振动波在组织内的传播，由于各组织的结构不同，传导的程度也不同，其大小顺序依次为骨、结缔组织、软骨、肌肉、腺组织和脑组织，40Hz 以上的振动波易为组织吸收，不易向远处传播；而低频振动波在人体内传播得较远。

全身振动和局部振动对人体的危害及其临床表现是明显不同的。

1. 全身振动对人体的不良影响

振动所产生的能量，能通过支承面作用于坐位或立位操作的人身上，引起一系列病变。

人体是一个弹性体，各器官都有它的固有频率，当外来振动的频率与人体某器官的固有频率一致时，会引起共振，因而对那个器官的影响也最大。全身受振的共振频率为 3～14Hz，在该种条件下全身受振作用最强。

接触强烈的全身振动可能导致内脏器官的损伤或位移，周围神经和血管功能的改变，可造成各种类型的、组织的、生物化学的改变，导致组织营养不良，如足部疼痛、下肢疲劳、足背脉搏动减弱、皮肤温度降低；女工可发生子宫下垂、自然流产及异常分娩率增加。一般人可发生性机能下降、气体代谢增加。振动加速度还可使人出现前庭功能障碍，导致内耳调节平衡功能失调，出现脸色苍白、恶心、呕吐、出冷汗、头疼头晕、呼吸浅表、心率和血压降低等症状。晕车晕船即属全身振动性疾病。全身振动还可造成对腰椎损伤等运动系统影响。

2. 局部振动对人体的不良影响

局部接触强烈振动主要是以手接触振动工具的方式为主，由于工作状态的不同，振动可传给一侧或双侧手臂，有时可传到肩部。长期持续使用振动工具能引起末梢循环、末梢神经和骨关节肌肉运动系统的障碍，严重时可患局部振动病。

① 神经系统。以上肢末梢神经的感觉和运动功能障碍为主，皮肤感觉、痛觉、触觉、温度功能下降，血压及心率不稳，脑电图有改变。

② 心血管系统。可引起周围毛细血管形态及张力改变，上肢大血管紧张度升高，心率过缓，心电图有改变。

③ 肌肉系统。握力下降，肌肉萎缩、疼痛等。

④ 骨组织。引起骨和关节改变，出现骨质增生、骨质疏松等。

⑤ 听觉器官。低频率段听力下降，如与噪声结合，则可加重对听觉器官的损害。

⑥ 其他。可引起食欲不振、胃痛、性机能低下、妇女流产等。

三、振动病

我国已将振动病列为法定职业病。振动病一般是对局部病而言，也称职业性雷诺现象、振动性血管神经病、气锤病和振动性白指病等。

振动病主要是由于局部肢体（主要是手）长期接触强烈振动而引起的。长期受低频、大振幅的振动时，由于振动加速度的作用，可使植物神经功能紊乱，引起皮肤分析器与外周血管循环机能改变，久而久之，可出现一系列病理改变。早期可出现肢端感觉异常、振动感觉减退。主诉手部症状为手麻、手疼、手胀、手凉、手掌多汗、手疼，多在夜间发生；其次为手僵、手颤、手无力（多在工作后发生），手指遇冷即出现缺血发白，严重时血管痉挛明显。X片可见骨及关节改变。如果下肢接触振动，以上症状出现在下肢。

振动的频率、振幅和加速度（加速度增大，可使白指病增多）是振动作用于人体的主要因素，气温（寒冷是促使振动致病的重要外界条件之一）、噪声、接触时间、体位和姿势、个体差异、被加工部件的硬度、冲击力及紧张等因素也很重要。

四、振动的防护措施

① 改革工艺设备和方法，以达到减振的目的，从生产工艺上控制或消除振动源是振动控制的最根本措施。

② 采取自动化、半自动化控制装置，减少接触振动装置。

③ 改进振动设备与工具，降低振动强度，或减少手持振动工具的重量，以减轻肌肉负荷和静力紧张等。

④ 改革风动工具，改变排风口方向，工具固定。

⑤ 改革工作制度，专人专机，及时保养和维修。

⑥ 在地板及设备地基采取隔振措施（橡胶减振动垫层、软木减振动垫层、玻璃纤维毡减振垫层、复合式隔振装置）。

⑦ 合理发放个人防护用品，如防振保暖手套等。

⑧ 控制车间及作业地点温度，保持在16℃以上。

⑨ 建立合理的劳动制度，坚持工间休息及定期轮换工作制度，以利各器官系统功能的恢复。

⑩ 加强技术训练，减少作业中的静力作业成分。

⑪ 保健措施。坚持就业前体检，凡患有就业禁忌症者，不能从事该做作业；定期对工作人员进行体检，尽早发现受振动损伤的作业人员，采取适当的预防措施及时治疗振动病患者。

随着现代工业技术的发展，对各种机械设备提出了低振动和低噪声的要求。尽管振动的理论研究已经发展到很高的水平，但是实际所遇到的振动问题非常复杂，结构中的许多参数，如阻尼系数、边界条件等要通过实验来确定。对于现成的机械或结构，为改善其抗震性能，也要测量振动的强度（振级）、频谱甚至动态响应，以了解振动的状况，寻找振源，采取合理的减振措施（如隔振、吸振、阻振等）。因而振动的测试在生产和科研的许多方面占有重要的地位。振动测试大致有以下两方面内容。

① 振动基本参数的测量。测量振动物体上某点的位移、速度、加速度、频率和相位。其目的是了解被测对象的振动状态，评定振动量级和寻找振源，以及进行监测、识别、诊断和评估。

② 结构或部件的动态特性测量。以某种激振力作用在被测件上，对其受迫振动进行测试，以便求得被测对象的振动力学参量或动态性能，如固有频率、阻尼、阻抗、响应和模态等。这类测试又可分为振动环境模拟试验、机械阻抗试验和频率响应试验等。

第二节　振动测量的类型

为了研究与认识振动，进而控制振动，首先必须区分振动的不同类别。从测量的观点出发，按振动量随时间的变化规律将振动分为简谐振动、周期振动、脉冲式振动和随机振动四大类。各类振动具有其不同的特点与参数。

一、简谐振动

很多机械在受到简谐干扰力时都会产生受迫振动，这些自由振动和简谐力激励出的振动，都是简谐振动。简谐振动的振动量随时间的变化规律如图 5-1 所示。

简谐振动可用下式表达

$$x = A\sin(\omega t + \varphi_0)$$

$$\dot{x} = \omega A\cos(\omega t + \varphi_0) = v_m \sin\left(\omega t + \varphi + \frac{\pi}{2}\right)$$

$$\ddot{x} = -\omega^2 A\sin(\omega t + \varphi_0) = a_m \sin(\omega t + \varphi + \pi) \tag{5-1}$$

式中　A——位移振幅，m 或 mm；

　　　v_m——速度振幅，m/s 或 mm/s；

　　　a_m——加速度振幅，m/s^2 或 mm/s^2 或 g；

　　　ω——振动角频率，rad/s；

　　　φ_0——初相位角，弧度。

振动的一周期 T 对应于正弦函数中的相位角增加 2π，即有

$$\omega(t+T) + \varphi_0 = (\omega t + \varphi_0) + 2\pi$$

可得

$$T = \frac{2\pi}{\omega} \tag{5-2}$$

及

$$f = \frac{\omega}{2\pi} = \frac{1}{T} \tag{5-3}$$

由式 (5-1) 可见，在 $t=0$ 时，有幅值

$$x_0 = A\sin\varphi_0$$

$$\dot{x}_0 = \omega\cos\varphi_0$$

由此二式得

$$A = \left[x_0^2 + \left(\frac{\dot{x}_0}{\omega}\right)^2\right]^{\frac{1}{2}}$$

$$\varphi_0 = \tan^{-1}\left(\frac{\omega x}{\dot{x}_0}\right) \tag{5-4}$$

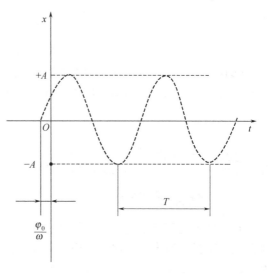

图 5-1　简谐振动波形

由此可知，简谐振动的位移、速度和加速度的波形和频率都是固定的，其速度和加速度的幅值与频率有关。在相位上，速度超前位移 $\pi/2$，加速度亦超前速度 $\pi/2$。对于简谐振动，只要测定出位移、速度、加速度和频率这四个参数中的任意两个，便可推算出其余两个参数。

二、周期振动

实际的机械振动,往往不是单一的简谐振动,如二滚动轴承上支持着一根轴,轴上有几只齿轮,当这一部件运转时,便会产生多个简谐振动。尽管这些简谐振动(来自轴承环、滚动体、轴、齿轮及轮齿啮合)有不同的频率和初相位,但叠加起来后仍然是有一定周期的振动,如图5-2所示。

对于周期振动,振幅 x 及频率 f 不能完全揭示其本质,还要通过模拟量频谱分析或数字量频谱分析,才能分清其中的各个频率以及各频率成分的多少。图5-3便是功率频谱图,由图可见,此周期振动共含有 f_1、f_2、f_3 及 f_4 四种频率的简谐振动,其纵坐标是功率,由图中谱线长短可知,频率为 f_2 的振动最强,频率为 f_4 的振动最弱。

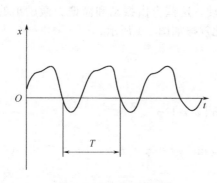

图 5-2 周期振动波形

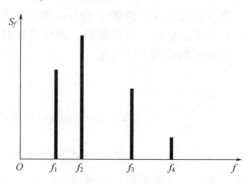

图 5-3 功率频谱图

当二简谐振动的频率非常接近时,合成的周期振动将出现"拍"的现象。因为有
$$x_1 = A\cos\omega_1 t$$
$$x_2 = A\cos\omega_2 t$$

二者叠加得

$$x = 2A\cos\left(\frac{\omega_1 - \omega_2}{2}t\right)\cos\left(\frac{\omega_1 + \omega_2}{2}t\right) \tag{5-5}$$

此时 $|\omega_1 - \omega_2| \ll \omega_1 + \omega_2$,因此合成的振动频率是二组成分频率的平均值,而振幅则随时间呈周期性变化,其周期可由式(5-6)求得:

$$T = \frac{4\pi}{\omega_1 - \omega_2} \tag{5-6}$$

在研究周期振动时,如果出现拍的波形,在做频谱分析时要求有较高的频率分辨率。实际工作中,两个或几个不相关联的周期振动混合作用时,便会产生这种振动。

三、脉冲式振动

瞬态振动是不具备完整周期性的振动,其时间历程往往十分短暂。在工程中如爆炸、机械碰撞、落锤、敲击、金属加工中的断续切削等,都会发生脉冲式振动。脉冲波形如图5-4所示。

表征脉冲的特征量,除脉冲高度 $x_{\max}$ 外,还有脉冲持续时间,亦即脉宽 b。

实际的脉冲振动,其频谱分布于 $0 \sim f_c$ 的范围内,如图5-5所示。脉宽越宽频谱分布范围越窄。

由于脉冲包含着从 $0 \sim f_c$ 范围内的所有频率成分的振动,如果受到脉冲的机械、机构或零件具有在 $0 \sim f_c$ 范围内的某一固有频率,就会被激发起共振。

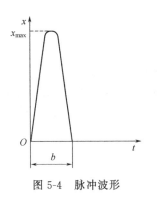

图 5-4 脉冲波形

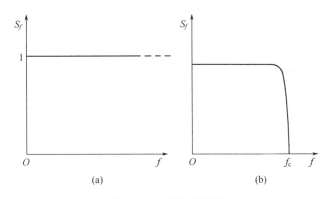

图 5-5 脉冲振动频谱

四、随机振动

确定性振动系统受到随机力的激励；或者是具有随机变化特性的系统受到确定性力的激励；或者是具有随机变化特性的系统受到随机力的激励，都会产生随机振动。随机振动不仅没有确定的周期，而且振动幅值与时间之间亦无一定的联系，如图 5-6 所示。如路面不平对车辆的激励、加工工件表面几何物理状况的不均匀对工艺系统的激励、波浪对舰船的激励、大气湍流对飞行器的激励等，都会产生随机振动。

与一般随机信号的处理一样，随机振动的统计参数通常有均值、均方值、方差、自相关函数和自功率谱密度函数等。

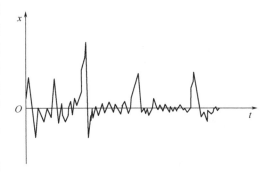

图 5-6 随机振动波形

第三节 振动测量的基本原理和方法

物体的机械振动是指物体在其平衡位置附近周期性地往复运动。它与结构强度、工作可靠性、设备的性能有着密切的关系，特别是当结构复杂，难以从理论上正确计算时，进行振动试验和检测是研究和解决实际工程技术中不可缺少的手段。

振动检测主要是指振动的位移、速度、加速度、频率、相位等参数的测量。

一、振动测量原理

振动检测按测量原理可分为相对式与绝对式（惯性式）两类。
振动检测按测量方法可分为接触式与非接触式两类。

1. 相对式振动测量

是将振动变换器安装在被测振动体之外的基础上，它的测头与被测振动体采用接触或非接触的测量，所以它测出的是被测振动体相对于参考点的振动量。

图 5-7 所示为相对式测振仪原理图，直接测量出被测振动体相对于参考点的振动量或记录振动的波形。

2. 绝对式振动测量

采用弹簧-质量系统的惯性型传感器（或拾振器），把它固定在振动体上进行测量，所以测出的是被测振动体相对于大地或惯性空间的绝对运动，工作原理如图5-8所示。质量块通过弹簧和阻尼器安装在传感器壳体基座上，组成单自由度振荡系统。当测振时，基座随外界被测振动体而振动，引起质量块相对基座的运动，这个相对位移量 x 与振动体输入位移 y 具有一定的比例关系，这个比例关系取决于被测振动的频率 ω 及传感器本身的参数——质量块质量 m、阻尼系数 c、弹簧刚度 k。

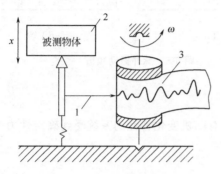

图 5-7 相对式测振仪原理
1—测量笔针；2—施动体；3—走动纸

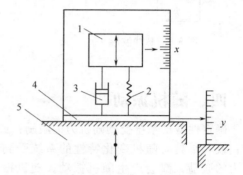

图 5-8 绝对式测振仪原理
1—质量块；2—弹簧；3—阻尼器；
4—壳体机座；5—振动体

当被测振体和传感器基座按 $y = A\sin\omega t$ 规律运动时，根据单自由度系统强迫振动理论可以导出系统的运动方程

$$m\ddot{y} + c\dot{y} + ky = \omega^2 A\sin\omega t \tag{5-7}$$

式中 A——被测振动的振幅。

将上式除以 m

$$\ddot{y} + \frac{c}{m}\dot{y} + \frac{k}{m}y = \frac{1}{m}\omega^2 A\sin\omega t$$

设 $\omega_0 = \sqrt{\frac{k}{m}}$（振动系统的固有频率），$2b = \frac{c}{m}$

得方程

$$\ddot{y} + 2b\dot{y} + \omega^2 y = \frac{1}{m}\omega^2 A\sin\omega t \tag{5-8}$$

解式(5-8)得质量块 m 对外壳体的相对位移为

$$y = B\sin(\omega t - \varphi) \tag{5-9}$$

$$B = \frac{\eta_\omega^2 A}{\sqrt{(1-\eta_\omega^2)^2 - 4\xi^2\eta_\omega^2}} \tag{5-10}$$

$$\varphi = \mathrm{tg}^{-1}\frac{2\xi\eta_\omega}{1-\eta_\omega^2} \tag{5-11}$$

式中 B——相对振幅；
　　　φ——质量块 m 和输入位移量 y 间的相位差；
　　　η_ω——频率比，$\eta = \omega/\omega_0$
　　　ξ——阻尼比，$\xi = c/(2\sqrt{mk})$。

根据所选择的频率比和阻尼比的不同，传感器将具有能反映不同振动参数的性能，即相对振幅与基本参数之间的关系。

二、振动运动量的测量

1. 测量振动位移

由式(5-10)可以求得相对振幅与被测振幅的比值为

$$\frac{B}{A} = \frac{\eta_\omega^2}{\sqrt{(1-\eta_\omega^2)^2 + 4\xi^2\eta_\omega^2}} = \frac{1}{\sqrt{\left(1-\frac{1}{\eta_\omega^2}\right)^2 + 4\xi^2\frac{1}{\eta_\omega^2}}} \tag{5-12}$$

当被测振体频率比传感器的固有频率高得多($\omega \gg \omega_0$),且阻尼比 $\xi < 1$ 时

$$\frac{1}{\sqrt{\left(1-\frac{1}{\eta_\omega^2}\right)^2 + 4\xi^2\frac{1}{\eta_\omega^2}}} \approx 1 \tag{5-13}$$

即:$B \approx A$,$\varphi = \pi$(相位落后 180°)。图 5-9 是式(5-12)的曲线关系。

由图可见,质量块的相对振幅近似等于被测物体的振幅,因此可以利用测试相对振幅 B 来求得被测振幅(位移)A,这就是位移检测仪的基本原理。因为 $\omega_0 = \sqrt{\frac{k}{m}}$,故在设计或选用位移检测仪时,应使传感器的弹性系统刚度 k 尽量小,而质量块的质量 m 尽量大。

2. 测量振动速度

有两种速度计原理,分别介绍如下。

(1) 当 $\eta_\omega \approx 1$ 时

$$\omega_0 \approx \omega = \sqrt{\frac{k}{m}}, \xi = \frac{C}{\sqrt{mk}}, 2b = \frac{c}{m}$$

则

$$\frac{B}{A_v} = \frac{B}{\omega A} \approx \frac{1}{\omega^2 \xi} = \frac{1}{2b} = \frac{m}{c} = 常数 \tag{5-14}$$

式中 A_v——速度幅值,$A_v = \omega A$。

从式(5-14)进一步可得:

$$2n\frac{B}{A_v} = 2\xi\frac{B}{A} = \frac{2\xi\eta_\omega^2}{\sqrt{(1-\eta_\omega^2)^2 + 4\xi^2\eta_\omega^2}} \tag{5-15}$$

式(5-15)表明相对幅值 B 与被测物体的速度幅值 A_v 近似成正比。图 5-10 曲线说明 $2n\frac{B}{A_v}$ 与 η_ω 之间的关系,由曲线可以看出,阻尼比 ξ 愈大,可测量的范围愈宽。当 $\xi \gg 10$ 时比较理想,但使传感器灵敏度下降,并使相频特性线性度变差,所以这种速度计应用上受到影响。

(2) 当 $\eta_\omega \gg 1$ 时

$$\frac{B_v}{A_v} = \frac{\omega B}{\omega A} = \frac{B}{A} \approx 1 \tag{5-16}$$

式中 B_v——相对速度幅值。

式(5-16)表明,相对速度幅值 B_v 近似等于被测物体速度幅值 A_v。即测出相对速度幅值 B_v,就可得到要测的被测速度幅值 A_v,实际中用电磁感应原理很容易实现相对速度的测量,所以这种速度计应用较广。如磁电式传感器测量振动体振动速度幅值的大小,可以通过其输出信号的大小来确定。

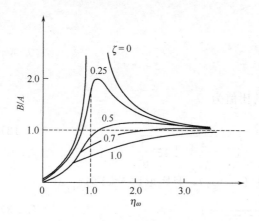

图 5-9　$\dfrac{B}{A}$ 与 η_ω 的关系曲线

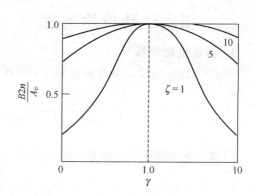

图 5-10　$2n\dfrac{B}{A_v}$ 与 η_ω 的关系曲线

3. 测量振动加速度

$$\frac{B}{A_a}=\frac{B}{\omega^2 A}=\frac{1}{\omega^2\sqrt{(1-\eta_\omega^2)^2+4\xi^2\eta_\omega^2}} \tag{5-17}$$

式中　A_a——振动加速度的幅值。

根据式(5-17)可得图 5-11 所示曲线。

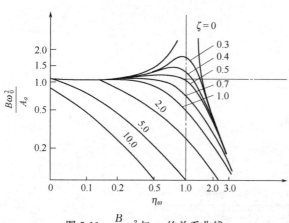

图 5-11　$\dfrac{B}{A_a}\omega_0^2$ 与 η_ω 的关系曲线

由图可见，当 $A\ll 1$ 时

$$\frac{1}{\omega^2\sqrt{(1-\eta_\omega^2)^2+4\xi^2\eta_\omega^2}}\approx 1, \varphi=0$$

$$\frac{B}{A_a}=\frac{1}{\omega^2}=\frac{m}{k}=常数 \tag{5-18}$$

即说明相对振幅近似与被测体的振动加速度 A_a 成正比，比例系数为 $\dfrac{1}{\omega^2}$，这时传感器可用来测量加速度，这就是加速度计的基本原理。对于测量振动加速度的测振仪，它应具有较大的自振频率 ω_0，即传感器应有较大的弹簧刚度 k，而系统的惯性质量块 m 应尽量小些。但 ω_0 太大将会导致灵敏度降低，从图 5-11 可见，当 $\xi=0.7$ 时，η_ω 在很大范围内变化都保持 $\dfrac{B}{A_a}\omega_0^2\approx 1$，传感器在这段区间工作较理想。

4. 测量运动量的合理选择

由于振动位移、速度、加速度等几个参数是在振动过程中同时存在的，它们之间保持着密切的关系。实际上，当知道一个参数随时间的变化关系以后，就可以用积分或微分的方法求出另外两个参数的变化规律，它们之间有如下关系。

（1）已知振动位移运动规律 $y=A\sin\omega t$，则可求出

速度：$\dot{y}=\dfrac{\mathrm{d}y}{\mathrm{d}t}=\omega A\cos\omega t$

加速度：$\ddot{y}=\dfrac{\mathrm{d}^2 y}{\mathrm{d}t^2}=\omega^2 A\sin\omega t$

(2) 已知振动速度变化规律 $\dot{y} = A_v \sin\omega t$，则可求出

位移：$y = \int \dot{y} dt = -\dfrac{1}{\omega} A_v \cos\omega t$

加速度：$\ddot{y} = \dfrac{d\dot{y}}{dt} = \omega A_v \cos\omega t$

(3) 已知振动加速度变化规律 $\ddot{y} = A_a \sin\omega t$，则可求出

位移：$y = \iint \ddot{y} dt^2 = -\dfrac{1}{\omega} A_a \sin\omega t$

速度：$\dot{y} = \int \ddot{y} dt = -\dfrac{1}{\omega} A_a \cos\omega t$

上述微分、积分过程可以用相应的微分、积分电路来实现，因此在一般测振系统中大都包含有积分和微分环节，然而在实际测量工作中，由于位移的速度或加速度的传感器及其后续仪表、微分或积分电路特性等方面的差别，引起的误差是不同的，究竟测量什么运动量，应该加以深思熟虑，反复比较优缺点，方能得出结论。

除了传感器及仪器差别外，由于三者在幅值上存在如下关系：

$$\dot{y}_{max} = \omega y_{max} = 2\pi f y_{max}$$
$$\ddot{y}_{max} = \omega \dot{y}_{max} = \omega^2 y_{max} = 4\pi^2 f^2 y_{max}$$

所以，选用什么运动量，还与频率的大小有关。一般来说，在频率较低时，加速度数值不大，宜测量位移；而频率较高时，加速度数值很大，宜测量加速度；在中等频率时，则宜测量速度。图 5-12 是考虑三类传感器特性和后续仪表的现状推荐选用运动量的范围。

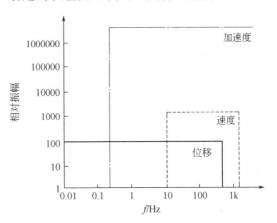

图 5-12　测量振动运动量参考范围

第四节　拾振器

拾振器是将振动信号变为化学的、机械的或电学的（最常用的）信号，且所得信号的强度与所检测的振动量呈比例的换能装置。按检测量的不同，可以分为加速度计、速度拾振器和位移拾振器等几种。按能量转化的原理来分，又有质量弹簧式、压电式、电动式、电磁式等许多种类。在振动测量中，目前最广泛应用的是压电式加速计，因为它具有测量频段宽、动态范围大、体积小、重量轻、结构简单、使用方便等诸多优点。另外，加速计与适当的电路网络配合，即可给出相应振动的速度和位移值。

一、压电式加速度计

压电式加速度计是利用压电效应，将与相对位移成正比的弹性力转换成电信号的输出式惯性加速度计。

1. 结构与工作原理

常用的压电式加速度计结构如图 5-13 所示。

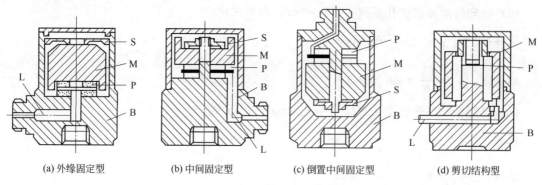

(a) 外缘固定型　　(b) 中间固定型　　(c) 倒置中间固定型　　(d) 剪切结构型

图 5-13　压电式加速计的结构
S—压紧弹簧；M—质量块；P—压电晶片；B—基座；L—引出线

质量、弹簧、基座（空气阻尼）构成一个惯性系统。工作时，加速度计安装在被测件上与被测件一起振动。惯性系统将被测件所承受的加速度变换成质量块与壳体之间的相对位移，由于支承弹簧的作用，使质量块产生的弹性力作用于压电晶体片，使之产生电荷输出。输出的电荷正比于弹性力，而弹性力则正比于质量块的相对位移，因而当该系统的固有频率 $\omega_n \gg$ 被测频率 ω 时，其输出的电荷量与壳体的绝对加速度成正比。

图 5-13 给出了压电式加速度计的几种不同的结构形式。其中图 5-13(a)、图 5-13(b)、图 5-13(c) 是受压型的压电式加速度计，图 5-13(d) 为剪切式结构。图中压电晶片 P 处于壳体（基座）B 和质量块 M 之间，并用强弹簧（或预紧螺母）S 将质量块、压电晶片紧压在壳体上。外缘固定型具有结构简单、工作可靠、频率响应宽和灵敏度高等优点，但由于弹簧片的外缘固定在壳体上，因此，对压电晶片的预紧力是通过壳体施加上去的，这样外界条件的变化（如温度、噪声等）就会影响到对压电晶片的预紧力，从而使干扰信号附加到压电元件上，造成测量误差。中间固定型其质量块、压电晶片和弹簧片都安装在中心架上，质量弹簧系统与壳体不直接接触，这样有效地克服了外缘固定型的缺点。倒置中间固定型的中心架不直接固定在基座上，这样可避免基座变形所造成的影响，由于此时的壳体已等效成为弹簧的一部分，故它的固有频率比较低。剪切结构型是将一个圆柱形质量块和一个圆柱形压电元件黏结在中心架上，当传感器沿轴向振动时，压电元件受到剪切应力。可认为这种传感器本质上也是进行力的测量。压电式加速度传感器按不同需要做成不同灵敏度、不同量程和不同大小，形成系列产品。压电式加速度传感器的工作频率范围广，理论上其低端截止频率从直流开始，而高端截止频率取决于结构的连接刚度，一般为数十赫兹到兆赫的量纲，这使它广泛应用于各种领域的测量。

2. 主要特性参数

① 灵敏度。压电式加速度计的灵敏度可以用电压灵敏度和电荷灵敏度表示，前者是加速度计输出电压与承受加速度之比（mV/g），后者是输出电荷与承受加速度之比（pC/g）。一般以 g 作为加速度单位（$1g = 9.807 \text{m/s}^2$）。压电式加速度计的电压灵敏度在 $2 \sim 10^4 \text{mV}/g$ 之间，电荷灵敏度在 $1 \sim 10^4 \text{pC}/g$ 之间。

对给定的压电材料而言，灵敏度随质量块的增加而增加，但质量块的增加会造成加速度计的尺寸增大，也使固有频率降低。

② 安装方法与上限频率。加速度计使用上限频率受它第一阶共振频率的限制，对于小阻尼（$\xi = 0.1$）的加速度计，上限频率取为第一阶共振频率的 1/3 便可保证幅值误差低于 1dB（12%），若取为第一阶共振频率的 5 倍则可保证幅值误差小于 0.5dB（6%）。但在实际使用中，上限频率还与加速度计固定在试件上的刚度有关。常用的固定加速度计的方法及各

种固定方法对加速度计的幅频特性的影响如图 5-14 所示。

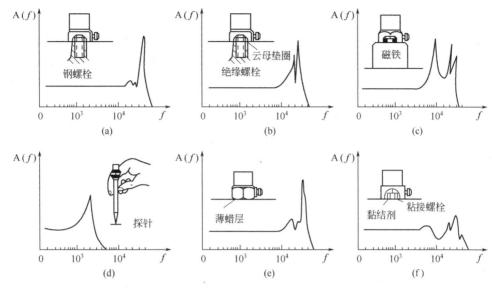

图 5-14　压电式加速度计的安装方法及其幅频特性曲线

应该综合考虑两者对上限频率的影响，当无法确认加速度计完全刚性固定于被测件的情况时，第一阶共振频率应取决于加速度计固定在被测件上的方法。

③ 前置放大与下限频率。压电式加速度计作为一种压电式传感器，其前置放大器可以分成两类：电压放大器和电荷放大器。电压放大器是一种等输入阻抗的比例放大器，其电路比较简单，但输出受连接电缆对地电容的影响，适用于一般振动测量。电荷放大器以电容作负反馈，使用中基本上不受电缆电容的影响，精度较高，但价格比较贵。

从压电式加速度计的力学模型看，它具有"低通"特性，应可测量频率极低的振动。但实际上，由于低频大振幅时加速度非常小，传感器灵敏度有限，因而输出信号将很微弱，信噪比很差。另外由于电荷的泄漏、积分电路的漂移（在测量速度与位移时），器件的噪声漂移不可避免。所以实际低频段的截止频率不小于 0.1～1Hz。

④ 横向灵敏度。压电元件除产生有用的纵向压电效应外，还有有害的横向压电效应。横向灵敏度通常以相当于轴向灵敏度的百分数来表示，一个好的加速度传感器，其横向灵敏度应低于 5%。往往在加速度计上用小红点标出最小横向灵敏度方向，以供在使用安装时尽可能地避免横向振动的影响。

⑤ 动态范围。动态范围的下限取决于测量系统总噪声的大小。前置放大器是噪声的主要来源。因此，动态范围下限主要取决于前置放大器的质量。

动态范围的上限一般取决于加速度计质量块的质量、压电元件上预加载荷的大小，以及压电元件的机械强度。小尺寸的加速度计的动态范围上限较高。

压电加速度计一般都配用低噪声电缆，其屏蔽层与介电材料间摩擦而产生的电荷比较小。但在使用中仍应注意电缆的安放，避免电缆的弯曲、缠绕和大幅度的晃动。

⑥ 环境的影响程度。环境温度的影响、基座的变形、固定时的拧紧程度、磁场、声场和温度，都对加速度传感器的工作产生影响，其中环境温度的影响最大，应该特别重视。

二、磁电式速度计

磁电式速度计是利用电磁感应原理将惯性系统中质量块与壳体的相对速度变换成输出电

压信号的一种拾振器。其结构如图 5-15 所示，壳体与磁钢构成一体，并在它们之间的气隙形成磁场，芯轴、线圈和阻尼环构成惯性系统的质量块，并用两个弹簧片支持在壳体中。弹簧片在径向有很大的刚度，能可靠地保持线圈的径向位置，而轴向刚度很小，保证惯性系统具有很低的固有频率。测振时，壳体与被测物体固联在一起。承受轴向振动时，包括线圈在内的"质量块"与壳体发生相对运动，线圈与壳体及磁钢之间的气隙中切割磁力线，产生感应电动势 e。e 的大小与相对速度成正比。当系统满足 $\omega \ll \omega_n$ 时，相对速度可以看成壳体的绝对速度。所以输出电压 e 实际上与壳体的绝对速度成正比。

阻尼环一方面可以增加"质量块"的质量，另一方面，利用闭合铜环在磁场中运动时产生一定的阻尼作用，使系统具有较大的阻尼率。

利用电磁感应原理也可以构成相对速度拾振器，如图 5-16 所示，用来测量振动系统中两部件之间的相对振动速度。壳体固定于一部件上，而顶杆与另一部件相连接，从而使传感器内部的线圈与磁钢产生相对运动，发出相应的电动势来。

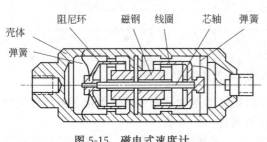

图 5-15　磁电式速度计

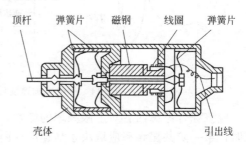

图 5-16　磁电式相对速度拾振器

三、拾振器的合理选择

在振动测量中正确合理地选用拾振器与测振仪十分重要，选择不当往往会得不出正确的结果。主要应考虑的因素是频率特性、灵敏度和量程范围。

不同类型的拾振器频率响应不同，可测的频率范围也不同。选择速度计和位移计时要使被测振动信号的最低频率大于 1.7～2 倍的拾振器的固有频率。在选用加速度计时，其固有频率应该是被测振动信号中最高频率的 3～5 倍。相位有要求的振动测试项目（如作实频谱、幅相图、振型等）还应注意拾振器的相频特性。此外，还应注意放大器、幅值测量仪，特别是带微积分网络放大器的相频特性对相频特性的影响。

不能片面选用高灵敏度的仪器，如加速度计灵敏度随质量块的增大而增大，但它使拾振器的固有频率降低，这意味着使上限频率下降。拾振器质量的增加对试件的附加质量也增加。此外，灵敏度越高，量程范围越小，抗干扰能力越差。

正弦振动的位移、速度和加速度之间是 ω 的等比级数的关系，低频振动尽管位移较大，加速度值却很小。反之，在高频振动中尽管位移很小，加速度值却很大。如频率为 1000Hz、位移为 0.001mm 的振动加速度与频率为 1Hz、位移为 1mm 的振动加速度相比，前者是后者的 1000 倍，振动的幅值介于这两者之间。虽然位移、速度和加速度之间可以通过微、积分网络互相换算，但是我们还是应该根据对振动对象、振动性质的了解以及对干扰的估计，在位移、速度和加速度之间正确选定测试项目和仪器，通过地基传来的干扰常具有宽广的频带，但占主导地位的是低频干扰。齿轮、轴承和测量装置的噪声则主要是高频干扰。测量电路中的积分网络可以显著抑制高频干扰，却使低频干扰得到增强，微分网络则相反。综上所述测试工作者必须对被测信号的特性和组成有所认识，才能对所获测量信号进行恰当的处理。

第五节 振动允许标准

一、人体振动标准

对于由于使用手持工具而引起的手传振动，在 GB/T 14790.1—2009《机械振动 人体暴露于手传振动的测量与评价 第 1 部分：一般要求》中规定，以 4h 等能量计权加速度作为评价量。如果一个工作日内振动总接触时间不是 4h，则 4h 等能量计权加速度应以计权加速度的平方在全天总接触时间上的积分来确定，即：

$$(ahw)_{eq(4)} = \left\{ \frac{1}{T_4} \int_0^T [ahw(t)^2 dt] \right\}^{\frac{1}{2}} \tag{5-19}$$

式中 $(ahw)_{eq(4)}$——4h 等能量计权加速度，m/s^2；
$ahw(t)$——频率计权加速度的瞬时值，m/s^2；
T——一个工作日的总接振时间，h；
T_4——4h。

对于全身振动，在 GB/T 13441.1—2007《机械振动与冲击 人体暴露于全身振动的评价 第 1 部分：一般要求》中，规定以频率范围 1~80Hz 的全身垂直计权加速度和全身水平计权加速度作为评价量，同时在相应标准如 ISO 2631/1—1985 中规定了舒适性降低界限，疲劳-工效降低界限和暴露极限。关于疲劳工效降低限和暴露极限的国家标准正在制定中。

二、环境振动标准

我国制定的城市区域环境振动标准（GB 10070—88）采用铅垂向 z 振级作为环境振动的评价量，铅垂向 z 振级既可以反映振动环境，又使得测量方法简单易行。实际遇到的环境振动往往不是一个连续的稳定振动，而是起伏的或不连续的振动，对于这种振动，可以根据等能量原理用等效连续振级 VL_{weq} 来表示：

$$VL_{weq} = 10\lg\left\{ \frac{1}{T} \int_0^T \frac{[aw(t)]^2}{a_0^2} dt \right\} = 10\lg\left(\frac{1}{T} \int_0^T 10^{0.1VL_w} dt \right) \tag{5-20}$$

由于环境振动，如交通振动，往往呈现不规则且大幅度变动的情况，因此往往需要用统计的方法，用不同的振级出现的概率或累积概率来表示。通常测量或计算累计百分 z 振级 VL_{zN}，它定义为在规定的测量时间 T 内，有 $N\%$ 时间的 z 振级超过某一 VL_z 值，这个 VL_z 值就称为累计百分振级 VL_{zN}，单位为 dB。常用的有 VL_{z10}、VL_{z50} 和 VL_{z90}，分别表示有 10% 时间的 z 振级超过 VL_{z10}、有 50% 时间的 z 振级超过 VL_{z50}、有 90% 时间的 z 振级超过 VL_{z90}。我国城市区域环境振动标准（GB 10070—88）是根据居民的反应、我国环境振动现状及今后标准执行的可行性，给出了城市区域室内振动标准值。标准中规定的城市各类区域铅垂向 z 振级标准值列于表 5-1 中。

表 5-1 城市区域环境振动标准值　　　　　　　单位：dB

适用地带范围	昼间	夜间	适用地带范围	昼间	夜间
特殊住宅区	65	65	工业集中区	75	72
居民、文教区	70	67	交通干线道路两侧	75	72
混合区、商业中心区	75	72	铁路干线两侧	80	80

表中所列标准值适用于连续发生的稳态振级、冲击振动和无规振动。对于每日发生几次的冲击振动，其最大值昼间不允许超过标准值 10dB，夜间不超过 3dB。

"特殊住宅区"是指特别需要安宁的住宅区。"居民、文教区"是指纯居民区和文教、机关区。考虑到以上区域对环境质量要求较高及今后达标的可行性，规定居民、文教区中居住室内铅垂向 z 振级标准值昼间为 70dB，夜间 67dB，特殊住宅区昼间和夜间都为 65dB。当 z 振级低于 70dB 时，振动基本上已不成为干扰居民日常生活的因素。

"混合区"是指一般商业区与居民混合区，工业、商业、少量交通与居民混合区。根据在混合区中进行调查的结果，并参考国外有关标准，混合区中居住室内昼间铅垂向 z 振级标准值定为 75dB。为保证夜间居民的睡眠及休息，夜间标准定为比昼间低 3dB，即为 72dB。

"商业中心区"是指商业集中的繁华地区。商业中心区振源较少，主要是服务性行业中的工业设备及交通，振动影响不大，因而标准值与混合区相同。

"工业集中区"是指在一个城市或区域内规划明确确定的工业区。工业集中区虽然振源较多，但由于厂区范围大，振源距居民较远，其影响一般是有限的，所以它的标准值定为与混合区相同。

"交道干线道路两侧"是指车流量每小时 100 辆以上的道路两侧。根据对我国几个城市现场测量数据表明交通振动对居民的影响和干扰不太严重，重型车（如大卡车等）经过时，在道路两侧测得铅垂向 z 振级为 70~80dB；小轿车、小面包车行驶时为 60~70dB；其他车辆为 60~75dB。考虑多种因素后，交通干线道路两侧居民室内铅垂向 z 振级标准值定为与混合区相同。

三、环境振动测量方法

环境振动测量参照国家标准 GB/T 10071—88《城市区域环境振动测量方法》。

① 测量的量。铅垂向 z 振级（VL_z）。

② 测量仪器。环境振级计或环境振动分析仪，性能符合 ISO 8041 标准，时间常数 1s。

③ 测点位置。置于各类区建筑物室外 0.5m 以内振动敏感处，必要时可置于建筑物室内地面中央。

④ 拾振器安装。拾振器平稳地安放在平坦、坚实的地面上，避免置于如地毯、草地、砂地或雪地等松软的地面上。拾振器的灵敏度主轴方向应与测量方向一致。

⑤ 读数方法和评价量。

a. 稳态振动。每个测点测量 1 次，取 5s 内的平均示数作为评价量。

b. 冲击振动。取每次冲击过程中的最大示数为评价量，对于重复出现的冲击振动，以 10 次读数的算术平均值为评价量。

c. 无规振动。以 VL_{z10} 值作为评价量。

d. 铁路振动。读取每列车通过过程中的最大示数，每个测点连续测量 20 次列车，以 20 次读数值的算术平均值为评价量。

第六节 手持式机械作业防振要求

一、使人暴露于手传振动的常见机械（或工具）和工艺

使用以下所列机械会使人暴露于手传振动危害的风险之中，然而承受风险程度取决于接

振量,即振动强度及接振时间。接振量因工作任务及所用的工具不同而不同。

1. 冲击式金属加工工具

包括机动的冲击式金属加工工具,冲击式铆钉机、气铲、敛缝锤、冲击锤、卷边机、咬口机、锻锤、针束枪(针束除锈器)。

2. 石料加工、挖掘、建筑业用的冲击式工具

用于矿业、采石、拆除及道路建筑等行业的冲击锤、气镐、振动压实器、混凝土破碎机和冲击钻。

3. 回转式工具

固定式砂轮机、手持式砂轮机、气(电)钻、软轴驱动砂轮机、抛光机、回转式去毛刺机、磨光机。

4. 林业及木材加工工具

油锯、割灌机、手持式或手进给式圆锯机、剥皮机,农业及园艺机械,如割草机、耕耘机等。

5. 其他工艺和工具

冲击扳手、冲击锤、铸造用的捣固机、混凝土振捣器、混凝土振动台作业。

6. 手导式机械

建筑业、农业等行业中使用的手导式机械,如农用手扶拖拉机。

二、减少手传振动暴露的方法

减少手传振动暴露的方法一般按下列顺序进行。

① 通过采用无振动危害的工艺、机械或设备(例如以自动化或机械化代替原有工艺、机械或设备),彻底消除振动危害。

② 在①项措施不可行时,通过对机械或工艺的改进(例如采用低振动设备或使振源的频率避开手臂系统敏感频率范围)来实现在振源处减少振动。

③ 减少振动传递。

a. 在振源和由操作者握持的手柄或手握表面间的传递途径处(例如采用减振手柄)进行。

b. 在手柄及其他振动表面与人手之间(例如采用防振手套或减振手柄套)进行。

④ 减少持续和总振动暴露时间(例如采用轮换工作方式),减少操作者与工具手柄、机械的控制部分或其他振动表面的接触时间。

在一个特定的作业或工作任务的任一阶段或全过程均可按上述方法实施。

三、通过工作任务的再设计减少振动危害

(1) 通过对具体的工作任务改进可以减少操作者接触手传振动的风险程度。

(2) 工作任务的设计应遵循如下原则。

① 产生的手传振动应尽可能小。

② 操作者的日接振时间应尽可能短。

③ 作业时所采用的姿势应使操作者的体力负荷最低。

④ 体力负荷,尤其是(但不仅仅是)手臂系统所承担的负荷要与人的体力相适应。

⑤ 应避免手指、手及臂部的运动过快和重复频次过高。

(3) 在设计工作任务时应注意,手施加到振动表面的力越大,传到操作者的手臂系统的振动越大。

四、通过产品的再设计减少振动危害

（1）所有与产品生产过程有关的各方（用户、设计者及生产管理者）都应考虑产品生产过程对生产人员的健康与安全的潜在影响。

（2）设计者应从总体上评估产品不同的设计方案给生产过程带来的手传振动影响及工作任务的人机学要求。

（3）设计者通过产品再设计减少振动危害，应使产品的生产过程符合以下原则。

① 有利于避免或最大限度减少采用对操作者产生振动危害的作业和工具。

② 有利于采用低振动机械或工艺。

③ 有利于工作场所及任务的人机学优化设计。

（4）通过产品设计减少振动危害实例如下。

① 使用粘接和螺栓连接或焊接代替铆接制造产品可以避免铆钉机的使用。

② 建筑设计师可选择磨光面层作为建筑表面，从而避免使用粗琢工具进行装饰加工作业。

③ 建筑设计师可最大限度地使用工地外的预制构件，采用机械化方法生产高质量的构件，可减少在现场安装时的切割及修补。

④ 精心设计金属铸造件（包括最合适的材料的选择），可减少对手工修磨（清理）的需要程度。

⑤ 在现有的产品的生产中使操作者暴露于手传振动危害的场合，应对产品进行仔细研究，以便能重新设计，达到减少振动危害的程度。

五、通过工艺的再设计减少振动危害

（1）在操作者暴露于手传振动的场合，应对生产工艺或任务重新进行评估，若有可能，应改用低振动工艺代替原来产生振动危害的工艺过程。

通常工艺的改进不仅减少有害振动（和可能的其他危害），而且还可提高产量及产品质量。

（2）采用代替工艺减少振动的方法很多，常见的几例如下。

① 采用无振动工艺代替手持砂轮机和气铲类手持式工具进行磨削或切削金属加工工艺。

② 采用电弧及其他火焰切割或挖槽取代气铲或手持砂轮机进行铸件清理及类似加工。

③ 采用液压拉铆或压铆代替气动、冲击式铆接工艺。

（3）在取消或代替原有工艺不可行时，应重新设计工艺过程，以实现最大限度的机械化，通过遥控或自动化工艺来消除有振动危害的人工作业。

注：应注意在消除一种危害时不要引入另一种更为严重的危害。

（4）通过工艺设计减少振动危害的实例如下。

① 在进行电缆、输水管道铺设、管线维修及类似工作中采用移动式道路切割机或挖沟机，可避免使用手持式道路破碎机。

② 在一些钢筋混凝土结构的拆除中，通过使用液压破碎机或切割技术可消除或减少手持式道路破碎机的使用。

③ 采用包括管道内侧刮除和更换衬里在内的修复技术可代替挖开、更换修复的传统方法中的手持式气动工具的作业。

④ 通过铸件生产工艺改进，提高铸件精度可减少手工清砂及修整作业工作量。

⑤ 钢板焊接中采用气铲和手持式砂轮机加工坡口及修磨焊缝，可通过提高钢板切割精度，减少焊接工艺过程中气铲及砂轮机的使用。

⑥ 在抛光机、磨光机及类似机器上进行的电镀件的抛光，可通过预先的化学抛光来减少手握持工件的作业。

⑦ 采用机械手或遥控悬挂机械使操作者的手不直接接触振源进行工件的加工。

六、选用低振动机械、防振系统和个体防护用品

1. 低振动机械的选用

当无法避免使用手持式和手导式机械时，应精心选择所用机械（或工具）使振动暴露减至最小。

2. 选用要求

选用手持式和手导式机械时应考虑到下列基本问题。

① 这类机械的振动参数及可达到的最低振动参数是否可以得到。

② 生产厂提供的使用说明书是否已包含了关于振动的信息或保证。

③ 这类机械采用后在其运行的工作场所造成的振动影响。

应根据欲选用的机械（或工具）的振动参数及其工作场所的振动限制标准，选择振动相对小的机械。

3. 通过正确选择机械（或工具）减少振动危害的实例

① 同一类型和规格的机械如气动砂轮机、磨光机及气钻间振动值差别较大，同一规格的链锯、气锤、破碎机的振动值相差很大，有的甚至可达数倍以上。正确选择低振动机械（或工具）可从振源方面减少振动危害。

正确选择砂轮机的砂轮，可将砂轮不平衡带来的振动减至最小。

② 在装配作业中选择机动螺丝刀、扳手和扭矩扳手时，首先选用回转式并尽可能避免使用冲击式工具可减少冲击振动。

七、手持式机械（或工具）振动参数的说明

手持式机械（或工具）的生产者应在产品使用说明中给出其振动参数，测定这些振动参数的方法应符合 GB/T 14790、GB/T 8910.1~8910.3、GB/T 5395 或有关标准的规定。如果频率计权加速度的有效值超过 $5m/s^2$，应在机械（或工具）的说明书中给出该值。

防振系统和个体防护用品的选择方法如下。

1. 总则

如果用于减少人手和振动表面的接触及在振源处减少振动的全部可行措施均采用后，操作者仍暴露于强烈的振动之下，此时应考虑采用防振系统及个体防护用品。

2. 防振系统

采用有减振器的台架或类似的辅助装置，避免手与振动表面直接接触，可防止振动传向操作者的手臂系统。

对产生低频振动的机械（或工具），采用悬浮隔振系统时，其共振频率应比振源的最低振动频率至少低 1.4 倍，以防止产生共振。

3. 防振手柄

手持式机械（或工具）上已装有的防振手柄或使用者另行安装的防振手柄，要保证在人体手臂系统的敏感频率范围内不使振动放大。

应保证操作者在使用时对机械的有效控制，还要防止手柄故障对操作者造成伤害，因此选择防振手柄时，应兼顾隔振效果及对机械的控制能力和安全性。

4. 弹性材料的使用

采用橡胶或专门开发的弹性材料包覆在振动的手柄或其他振动表面可降低传向手的振动

(一般在200Hz以上有较好的减振效果)。同样也要保证在人体手臂系统的敏感频率范围内不使振动放大。

5. 减少由操作者施加的力

(1) 操作者施加的力可能出于以下原因：

① 支承工具或工件的重量。

② 控制及引导机械、工具或工件。

③ 达到和保持较高的工作效率。

(2) 操作者施加的力大于所需要的值可能出于以下原因：

① 对特定的工作任务选择工具不当。

② 机械维修保养不当。

③ 操作者缺乏训练。

④ 工作位置设计不良。

6. 手握持表面的结构及材料改进

手握持表面的结构及材料的改进可使操作者用更小的力握持和控制工具。

注：主要用于室外或其他低温环境下的手持式和手导式机械（如链锯），可考虑使用能加温的手柄。

7. 个体防护用品

① 正确选择使用个体防护用品可减少工具手柄传给操作者的振动。个体防护用品包括防振手套及防振手柄套。

② 选择个体防护用品时应考虑以下问题。

③ 防护用品应具有良好的防振性能，至少能在中高频范围衰减振动，在200Hz以下的低频范围内不使振动放大。

④ 手套应具备防护人体所需要的其他功能，如防护碰撞、锋利边棱、热表面或防寒保温等。

⑤ 佩戴使用时不会对操作者的正常操作有明显影响及增大所需要的握力。

八、控制手传振动危害的管理措施

1. 减少振动危害的基本策略

在选择工程及管理措施以减少与手传振动暴露有关的风险时，应按费用-效果方法进行系统分析。分析基本策略是：

① 识别作业场所主要手传振动源、振源性质及严重程度。

② 建立与手传振动暴露有关的风险管理的基本方针、总目标及采取行动的顺序。

③ 分析生产中各个阶段及因素与振动危害的关系，以选择减少振动的最佳措施。

2. 工艺控制及维修保养

① 良好的工艺控制是减少振动危害的重要措施。

② 对产生手传振动的机械（或工具）应定期维修保养，机械（或工具）的生产者应在使用说明书中给出维修保养周期。

③ 对机械（或工具）的部件、配件及其他减少操作者振动暴露的装置如防振手柄、防振支架也应建立预防性维修保养时间表。

3. 通过正确维修保养减少振动危害实例

① 切割工具应定期刃磨。

② 砂轮机应按生产厂建议的适当程序定期正确修整，以保证砂轮的同轴度和正确轮廓。

③ 已磨损的零件应在其磨损量可能造成振动过大之前更换。

④ 对一些回转式机械如砂轮应进行平衡检查及校正，砂轮机的平衡应在使用前检查及调整。

⑤ 防振架和悬吊手柄应在其性能变差而引起振动明显增大之前更换。

⑥ 减振器应定期检查，若有故障应及时更换。

⑦ 轴承和齿轮的状况应定期检查，发现有缺陷应及时更换。

⑧ 对油锯的维修保养，应使锯齿保持锋利整齐，锯链张力应调整正确，以免链条撞击导杆增大振动。对于油锯的发动机应保持正确调整，火花塞与汽化器的正确调定位置应经常检查。

九、培训

（1）对初次从事手传振动作业的操作者，应提供其所承担工作任务的相关资料、指导性文件和进行有关振动危害及防护方面的培训。

（2）培训内容

① 接触振动对健康及安全的影响。

② 减少及控制振动危害的主要方法。

③ 操作时手的握力、推进力、手的位置及身体姿势对振动向人体传递的作用。

④ 使操作者承受振动危害最小的正确操作技术。

⑤ 正确使用个体防护用品。

十、减少振动暴露的时间

若所有可行的减振措施均已采用或因某种原因暂时尚未采用有效减振措施，操作者接触的振动量仍超过 GBZ 2.2—2007 所规定的限值，此时应减少振动的持续暴露时间和总暴露时间，可通过工作任务的轮换来实现。

复习思考题

1. 举例说明常见的振动作业有哪些？
2. 简述振动对人体的危害。
3. 振动检测的参数有哪些？简述振动检测的目的。
4. 减少手传振动暴露的措施有哪些？
5. 简述控制手传振动危害的管理措施。

第六章
放射性检测

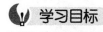 学习目标

1. 了解放射性的分布及其危害。
2. 熟悉放射性样品的采集和预处理。
3. 掌握放射性检测实验室的安全要求。
4. 了解放射性检测方法。

【案例 1】前苏联切尔诺贝利核电站核泄漏事故

1986 年 4 月 25 日，前苏联切尔诺贝利核电站发生核泄漏事故，爆炸时泄漏的核燃料浓度高达 60%，且直至事故发生 10 昼夜后反应堆被封存，放射性元素一直超量释放。事故发生 3 天后，附近的居民才被匆匆撤走，但这 3 天的时间已使很多人饱受了放射性物质的污染。在这场事故中当场死亡 2 人，至 1992 年，已有 7000 多人死于这次事故的核污染。这次事故造成的放射性污染遍及前苏联 15 万平方公里的地区，那里居住着 694.5 万人。

由于这次事故，核电站周围 30 公里范围被划为隔离区，附近的居民被疏散，庄稼被全部掩埋，周围 7km 内的树木都逐渐死亡。在日后长达半个世纪的时间里，10km 范围以内将不能耕作、放牧；10 年内 100km 范围内被禁止生产牛奶。不仅如此，由于放射性烟尘的扩散，整个欧洲也都被笼罩在核污染的阴霾中。邻近国家检测到超常的放射性尘埃，致使粮食、蔬菜、奶制品的生产都遭受了巨大的损失。核污染给人们带来的精神上、心理上的不安和恐惧更是无法统计。

事故后的 7 年中，有 7000 名清理人员死亡，其中 1/3 是自杀。参加医疗救援的工作人员中，有 40% 的人患了精神疾病或永久性记忆丧失。时至今日，参加救援工作的 83.4 万人中，已有 5.5 万人丧生，7 万人成为残疾，30 多万人受放射性伤害死去。

据 2006 年检测数据显示当地的核辐射强度也仍然高出安全标准数倍。专家说，这里的放射危险性将持续 10 万年。

【案例 2】日本福岛核电站泄漏事故

2011 年 3 月 11 日日本东北部海域发生里氏 9.0 级地震并引发海啸，造成了重大人员伤亡和财产损失。同时，地震导致福岛第一核电站机组自动停止运行，用于冷却核反应堆的紧急发电机也全部停止运行，不能继续对核反应堆进行冷却。核电站6个机组中，1号至4号均发生氢气爆炸。日本紧急疏散核电站周围20km内居民，10万人紧急避难。

在福岛第一核电站因冷却袭击全部失灵而陷入"过热"危机后，救援人员不断使用海水来为其降温。大量含有放射性污染物的海水随之流入太平洋，导致福岛第一核电站附近海水中的碘-131含量超过正常标准6500倍，电站附近的铯-134和铯-137含量也超过标准4倍以上，这次事故成为人类和平利用核能的又一重大灾难案例。

第一节　概　　述

随着核技术的广泛应用和发展，人们的生存环境正遭受着各种放射性的污染。环境受到放射性污染后，将会导致人患癌症、白血病以及各种恐怖的遗传病。放射性污染问题越来越受到人们广泛的关注。

一、基本知识

1. 放射性

自然界的各种物质都是由元素组成的。有些元素的原子核是不稳定的，它们能自发地改变原子核结构形成另一种核素，这种现象称为核衰变。在核衰变过程中不稳定的原子核总能放出具有一定动能的带电或不带电的粒子（如α射线、β射线和γ射线），这种现象称为放射性。

放射性分为天然放射性和人工放射性。天然放射性指天然不稳定核素能自发放出射线的性质，而人工放射性指通过核反应由人工制造出来的核素的放射性。

2. 放射性衰变的类型

放射性衰变按其放出的粒子性质，分为α衰变、β衰变、γ衰变，具体衰变类型参看M6-1。

3. 半衰期（$T_{1/2}$）

放射性核素由于衰变使其原有质量（或原有核数）减少一半所需的时间称为半衰期，用$T_{1/2}$表示。

实际上，一般放射性核素经历5个或10个半衰期后，原一定质量的核素分别衰变掉96.8%或99.9%。目前，由于采用任何化学、物理或生物的方法都无法有效破坏这些核素，改变其放射性，因此对一些$T_{1/2}$较长的核素（$T_{1/2}=29$年的^{90}Sr）来说，环境一旦受其污染，若令其自行消失，需要的时间是十分长久的。

M6-1　放射性衰变的类型

二、放射性的分布

1. 放射性来源和进入人体的途径

（1）**放射性来源**　环境中的放射性来源于天然放射性核素和人为放射性核素。

① 天然放射性的来源

a. 宇宙射线及由其引生的放射性核素。宇宙射线是从宇宙空间辐射到地球表面的射线，可分为初级宇宙射线和次级宇宙射线两类。初级宇宙射线是指从外层空间射到地球大气的高能辐射，主要由质子、α粒子、原子序数为4～26的轻核和高能电子所组成。其能量很高（可达10^{20}eV以上），穿透力很强。初级宇宙射线进入大气层后与空气中原子核发生碰撞，引起核反应并产生一系列其他粒子，通过这些粒子自身转变或进一步与周围物质发生作用，就形成次级宇宙射线。次级宇宙射线（可以穿透 15cm 铅层）的主要成分（在海平面上观察）为质子、核子和电子，其特点是能量高，强度低。

由宇宙射线与大气层、土壤、水中的核素发生反应，所产生的放射性核素约 20 余种，其中具代表性的有 ^{14}N (n, T)、^{12}C 反应产生的氚等。

b. 天然放射性核素。多数天然放射性核素是在地球起源时就存在于地壳之中的，经过天长日久的地质年代，母子体间达到放射性平衡，且已建立了放射性核素系列。

铀系，母体是 ^{238}U（$T_{1/2}=4.49\times10^9$ 年），系列中有 19 种核素。

锕系，母体是 ^{235}U（$T_{1/2}=7.1\times10^8$ 年），系列中有 17 种核素。

钍系，母体是 ^{232}Th（$T_{1/2}=1.39\times10^{10}$ 年），系列中有 13 种核素。

它们共同的特点是起始母体均具有极长的 $T_{1/2}$，其值可与地球年龄相当；各代母子体间均达成了放射性平衡；每个系列中都有放射性气体 Rn 核素，且末端都是稳定的 Pb 核素。

c. 自然界中单独存在的核素。这类核素约有 20 种，如存在于人体中的 ^{40}K（$T_{1/2}=1.26\times10^9$ 年）、^{209}Bi（$T_{1/2}=2\times10^{18}$ 年）等。它们的特点是半衰期极长，但强度极弱，只有采用极灵敏的检测技术才能发现它们。

② 人为放射性的来源。引起环境放射性污染的主要来源是生产和应用放射性物质的单位所排出的放射性废物，以及核武器试验、爆炸、核事故等产生的放射性核素。

a. 核试验及航天事故。大气层核试验、地下核爆炸冒顶、外层空间核动力航天器事故等，所产生的核裂变产物包括 200 多种放射性核素（^{90}Sr、^{131}I、^{14}C）、中子活化产物（^{3}H、^{14}C）及未起反应的核素。

b. 放射性矿的开采、冶炼及各类核燃料加工厂。在稀土金属和其他共生金属矿开采、提炼过程中，其三废排放物中含有铀、钍、镭、氡等放射性核素及其子体，将会造成局部环境污染。

c. 核工业、核动力潜艇、核电站、核反应堆等，在运行过程中排放含各种核裂变产物（^{131}I、^{60}Co、^{137}Cs 等）的三废排放物。

d. 医学、科研和工农业等部门使用放射性核素。放射性核素在这些部门的应用越来越广泛，其排放的废物也是主要的人为污染源之一。如医学上使用的 ^{60}Co、^{131}I 等几十种放射性核素；发光钟表工业应用放射性同位素作长期的光激发源；生产和使用磷肥、钾肥中的 ^{226}Ra、^{32}P、^{40}K 等。

(2) 放射性进入人体的途径　放射性进入人体主要有三种途径：呼吸道进入、消化道进入、皮肤或黏膜侵入。

当放射性物质进入环境之后，首先通过直接辐射即外辐射对人体产生危害。另外也可通过以上三种途径进入人体，对人体产生内辐射，损害人体的组织器官。为保护人体的健康，应对人类活动中可能产生的放射性物质采取妥善的防护措施，严格将其含量控制在规定范围内，如图 6-1 所示。

2. 放射性核素的危害

一切形式的放射线对人体都是有害的，所有的放射线都能使被照射物质的原子激发或电离，从而使机体内的各种分子变得极不稳定，发生化学键断裂、基因突变、染色体畸变等，从而引起损害症状。

放射性物质对人体的损害主要是由核辐射引起的。辐射对人体的损害可以分为急性效应、晚发效应、遗传效应。

① 急性效应是一次或在短期内接受大剂量照射时所引起的损害。这种效应仅发生在重大的核事故、核爆炸和违章操作大型辐射源等特殊情况中。不同照射剂量引起的急性效应见表 6-1。

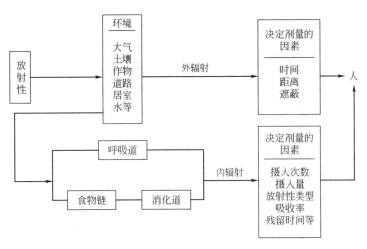

图 6-1 人体所受的外辐射和内辐射

表 6-1 不同照射剂量引起的急性效应

受照射剂量/Gy	急 性 效 应
0～0.25	无可检出的临床效应
0.5	血象发生轻度变化,食欲减退
1	疲劳、恶心、呕吐
≥1.25	血象发生显著变化,将有20%～25%的被照射者发生呕吐等急性放射性症状
2	24h内出现恶心、呕吐,经过大约一周的潜伏期,出现毛发脱落、全身虚脱的病症
4(半死剂量)	数小时内出现恶心、呕吐,两周内毛发脱落,体温上升,3日后出现紫斑、咽喉感染、极度虚弱的病症,50%的人4周后死亡,存活者半年后可逐渐康复
≥5(致死剂量)	1～2h内出现严重的恶心、呕吐症状,1周后出现咽喉炎、体温增高、迅速消瘦等症状,第2周就会死亡

② 晚发效应是受照射后经过数月或数年,甚至更长时期才出现的损害。急性放射病恢复后若干时间,小剂量长期照射或低于容许水平长期照射,均有可能产生晚发效应。常见的危害为白细胞减少、白血病、白内障及其他恶性肿瘤。日本广岛、长崎二战原子弹爆炸幸存者的调查表明,在幸存者中白血病发病率明显高于未受此辐射的居民。

③ 遗传效应是指出现在受照者后代身上的损害效应。它主要是由于被照射者体内生殖细胞受到辐射损伤,发生基因突变或染色体畸变,传给后代而产生某种程度异常的子孙或致死性疾病。

3. 放射性核素的分布

① 在土壤和岩石中的分布。土壤、岩石中天然放射性核素的含量因地域不同而变动很大,其含量主要取决于岩石层的性质及土壤的类型。某些天然放射性核素在土壤和岩石中含量的估计值列于表 6-2。

表 6-2 土壤、岩石中天然放射性核素的含量

核素	土壤 /(×10^{-12}Bq/g)	岩石 /(×10^{-12}Bq/g)	核素	土壤 /(×10^{-12}Bq/g)	岩石 /(×10^{-12}Bq/g)
^{40}K	2.96～8.88	8.14～81.4	^{232}Th	0.074～5.55	0.37～4.81
^{226}Ra	0.37～7.03	1.48～4.81	^{238}U	0.111～2.22	1.48～4.81

② 在水体中的分布。不同水体中天然放射性核素的含量是不同的,其影响因素很复杂。淡水中天然放射性核素的含量与所接触的岩石、水文地质、大气交换及自身理化性质等因素

有关。海水中天然放射性核素的含量与所处地理区域、流动状况、淡水和淤泥入海情况等因素有关。各类淡水中^{226}Ra及其子体产物的含量见表6-3。

表6-3 各类淡水中^{226}Ra及其子体产物的含量

核素	矿泉及深井水 /(Bq/L)	地下水 /(Bq/L)	地表水 /(Bq/L)	雨水 /(Bq/L)
^{226}Ra	$3.7\times10^{-2}\sim3.7\times10^{-1}$	$<3.7\times10^{-2}$	$<3.7\times10^{-2}$	—
^{222}Rn	$3.7\times10^{2}\sim3.7\times10^{3}$	$3.7\sim37$	3.7×10^{1}	$3.7\times10\sim3.7\times10^{3}$
^{210}Pb	$<3.7\times10^{-3}$	$<3.7\times10^{-3}$	1.85×10^{-2}	$1.85\times10^{-2}\sim1.11\times10^{-1}$
^{210}Po	约7.4×10^{-4}	约3.7×10^{-4}	—	约1.85×10^{-2}

③ 在大气中的分布。大多数放射性核素均可出现在大气中，但主要是氡的同位素，它是镭的衰变产物，能从含镭的岩石、土壤、水体和建筑材料中逸散到大气，其衰变产物是金属元素，极易附着于气溶胶颗粒上。一般情况下，陆地和海洋的近地面大气中氡的浓度分别为$1.11\times10^{-3}\sim9.6\times10^{-3}$Bq/L和$1.9\times10^{-5}\sim2.2\times10^{-3}$Bq/L。

三、放射性度量单位

1. 放射性活度（A）

放射性活度是度量核素放射性强弱的基本物理量，它是指放射性核素在单位时间内发生核衰变的数目。可表示为

$$A=-\frac{dN}{dt}=\lambda N$$

式中　N——t瞬时未衰变的核数；

　　　dN——dt时间间隔内衰变的核数；

　　　λ——核衰变常数；

　　　$\dfrac{dN}{dt}$——核衰变速率。

放射性活度的SI单位为贝可，用符号Bq表示。1Bq表示在1s内发生一次衰变，即$1Bq=1s^{-1}$。

2. 吸收剂量（D）

吸收剂量指单位质量物质所吸收的辐射能量，是反映物质对辐射能量的吸收状况的物理量。可表示为

$$D=\frac{d\overline{E}_D}{dm}$$

式中　$d\overline{E}_D$——电离辐射给予质量为dm的物质的平均能量。

吸收剂量的SI单位焦耳每千克（J/kg），称戈瑞，用符号Gy表示。与戈瑞暂时并用的专用单位是拉德（rad）。

$$1rad=10^{-2}Gy$$

3. 剂量当量（H）

辐射对生物的危害除与机体组织的吸收剂量有关外，还与辐射类型和照射方式有联系，因此，为了统一表示各种辐射对生物的危害效应，需用吸收剂量和其他影响危害的修正因数之乘积来度量，这一度量称为剂量当量。

$$H=DQN$$

式中　D——该点处的吸收剂量；

Q——该点处的辐射品质因数（表示在吸收剂量相同时各种辐射的相对危害程度），见表6-4；

N——所有其他修正因素的乘积，通常取为1。

表6-4　各种辐射的品质因数

照射类型	射线种类	品质因数
外照射	X、γ、e	1
	热中子及能量小于0.005MeV的中能中子	3
	中能中子(0.02MeV)	5
	中能中子(0.1MeV)	8
	快中子(0.5~10 MeV)	10
	重反冲核	20
	β^-、β^+、γ、e、X	1
	α	10
内照射	裂变碎片、α发射中的反冲核	20

剂量当量（H）的SI单位为焦耳/千克（J/kg），专用名称为希沃特（Sv）。与希沃特暂时并用的单位是雷姆（rem）

$$1\text{rem} = 10^{-2}\text{Sv}$$

4. 照射量（X）

照射量是根据γ或X射线在空气中的电离能力来度量其辐射强度的物理量，指在一个体积单元的空气中（质量为dm），γ或X射线全部被空气所阻止时，空气电离所形成的离子总电荷（正的或负的）的绝对值。可表示为

$$X = \frac{\mathrm{d}Q}{\mathrm{d}m}$$

式中　$\mathrm{d}Q$——一个体积单元内形成的离子总电荷的绝对值，C；

$\mathrm{d}m$——一个体积单元内空气的质量，kg。

照射量的SI单位是库仑每千克（C/kg），暂时并用的单位是伦琴（R）。

$$1\text{R} = 2.58 \times 10^{-4}\text{C/kg}$$

伦琴单位的定义是凡1伦琴γ或X射线在1cm^{3}标准状况下的空气上，能引起空气电离而产生1静电单位正电荷和1静电单位负电荷的带电粒子。

四、放射性检测对象、内容和目的

1. 放射性检测对象

① 现场检测。即对放射性生产或应用单位内部工作区域所做的检测。

② 个人剂量检测。即对专业人员或公众做内照射和外照射的剂量检测。

③ 环境检测。即对从事放射性生产和应用单位的外部环境包括空气、水体、土壤、生物等所做的检测。

2. 放射性检测内容

① 对放射源强度、半衰期、射线种类及能量的检测。

② 对环境和人体中放射性物质的含量、放射性强度、空间照射量或电离辐射剂量的检测。

3. 放射性检测目的

放射性检测的目的最终在于保护专业人员和公众健康。为防止放射性污染对人体的辐射

损伤，保护环境，各国均制定了放射性防护标准。放射性检测的具体目的有以下几点。

① 确定民众日常所受辐射剂量（实测值或推算值）是否在允许剂量之下。

② 监督和控制生产、应用单位的不合法排放。

③ 把握环境放射性物质累积的倾向。

第二节 放射性检测仪器

一、放射性检测仪器

放射性检测仪器种类繁多，测定时常根据检测目的、试样形态、射线类型、强度和能量等因素对仪器进行选择。放射性测量仪器检测的基本原理是基于射线与物质间相互作用能产生各种效应，如电离、发光、热效应、化学效应和能产生次级粒子的核反应等。最常用的检测器有三类，即电离型检测器、闪烁检测器和半导体检测器。

1. 电离型检测器

电离型检测器是利用射线通过气体介质时，使气体产生电离的原理制成的探测器。应用气体电离原理的检测器有电流电离室、正比计数管和盖革计数管（GM 管）三种。电流电离室是测量由电离作用而产生的电离电流，适用于测量强放射性；正比计数管和盖革计数管（GM 管）是测量由每一入射粒子引起电离作用而产生的脉冲式电压变化，从而对入射粒子逐个计数，它适于测量弱放射性。以上三种检测器之所以有不同的工作状态和功能，主要是因为对它们施加的工作电压不同，从而引起的电离程度不同。外加电压与电离电流的关系曲线如图 6-2 所示，其中 BC 段为电离电流室工作区；CD 段为正比计数管工作区；EF 段为盖革计数管工作区。

BC 段：在这一区域，在起始电压之上不断增大电压值，则电流随之上升，待电离产生的粒子全部被收集后，相应的电流会达到一个饱和值，并为一个常数，不再随电压的增加而改变。

CD 段：电离电流突破饱和值，且随电压的增大继续增大。这时的电压能使初始电离产生的电子向阳极加速运动，

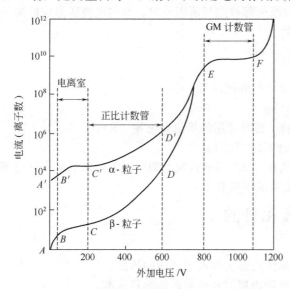

图 6-2 外加电压与电离电流的关系曲线

并在前进途中与气体碰撞，使之发生次级电离。而次级电离产生的电子又可能再发生三级电离，形成"电子雪崩"，使到达阳极的电子数大大增加，电流放大倍数达 10^4 左右。

FF 段：当外加电压继续增加，分子激发产生光子的作用更加显著，收集到的电荷与初始电离的电子数毫无关系，即不论什么粒子，只要能产生电离，无论其电离的电子数有多少，经放大后，到达阳极的电子数目基本上是一个常数，因此最终的电离电流是相同的。

① 电流电离室。这种检测器是用来研究由带电粒子所引起的总电离效应，也就是测量辐射强度及其随时间的变化。由于这种检测器对任何电离都有响应，所以不能用于鉴别射线

的类型。

图 6-3 是电流电离室工作原理示意。A 和 B 是两块平行的金属板，A、B 间的电位差 V_{AB} 是可变的，电离室内充空气和其他气体，当有射线进入电离室时，即有电离电流通过电阻（R）。射线强度越大，电流越大，利用此关系可以进行定量。

② 正比计数管。正比计数管普遍用于 α 粒子和 β 粒子计数，其优点是工作性能稳定，本底响应低。由于给出的脉冲幅度正比于初级致电离粒子在管中所消耗的能量，所以还可用于能谱测定，但要求的条件是初级粒子必须将它的全部能量损耗在计数管的气体之中。因此，这类检测器大多用于低能 γ 射线能谱测量和鉴定放射性核素用的 α 射线能谱测量。

图 6-4 是正比计数管的结构示意。正比计数管是一个圆柱形的电离室，以圆柱筒的外壳作阴极，在中央安放金属丝作阳极。室内充甲烷（或氩气）和碳氢化合物，充气压力与大气压相同，两极间电压根据充气的性质选定。在正比计数管工作曲线 CD 段，脉冲电压的大小正比于入射粒子的初始电离能，利用这种关系可进行定量。

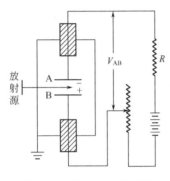

图 6-3 电流电离室示意图

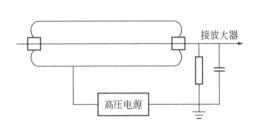

图 6-4 正比计数管的结构示意图

③ 盖革（GM）计数管。盖革（GM）计数管是目前应用最广泛的放射性检测器，它普遍地用于检测 β 射线和 γ 射线强度。这种计数管对进入灵敏区域的粒子有效计数率接近100%，对不同射线都给出大小相同的脉冲，因此，不能用于区别不同的射线。

图 6-5 是盖革（GM）计数管的结构示意。它是一个密闭的充气容器，中间的金属丝作为阳极，用金属筒或涂有金属物质的管内壁作阴极。可以根据探测射线种类的不同分别选择厚端窗（玻璃）或薄端窗（云母或聚酯薄膜）。管内充以 1/5 大气压的氩气或氖气等惰性气体和少量有机气体（乙醇、二乙醚）。当射线进入计数管内，引起惰性气体电离形成的电流使原来加有的电压产生瞬时电压降，向电子线路输出，即形成脉冲信号。在一定的电压范围内，放射性越强，单位时间内的脉冲信号越多，从而达到测量的目的。

2. 闪烁检测器

图 6-6 是闪烁检测器的工作原理示意。它是利用射线与物质作用发生闪光的仪器。当射线照在闪烁体（ZnS、NaI 等）上时，发射出荧光光子，并且利用光导和反光材料等将大部分光子收集在光电倍增的光阴极上，光子在灵敏阴极上打出光电

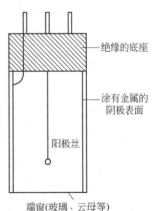

图 6-5 盖革（GM）计数管的结构示意图

子，经倍增放大后，在阳极上产生电压脉冲，此脉冲再经电子线路放大和处理后记录下来。由于脉冲信号的大小与放射性的能量成正比，利用此关系可进行定量。

闪烁检测器可用于测量带电粒子 α、β，不带电粒子 γ、中子射线等，同时也可用于测量

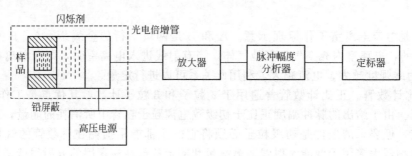

图 6-6 闪烁检测器的工作原理

射线强度及能谱等。

3. 半导体检测器

图 6-7 是半导体检测器的工作原理示意。其工作原理与电离型检测器相似,但其检测元件是固态半导体。其工作原理是半导体在辐射作用下产生电子-空穴对,电子和空穴受外加电场的作用,分别向两极运动,并被电极所收集,从而产生脉冲电流,再经放大后,由多道分析器或计数器记录。

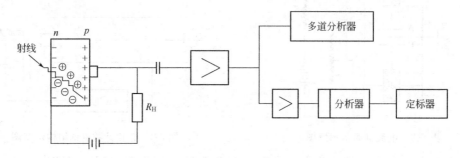

图 6-7 半导体检测器的工作原理

由于产生电子-空穴对能量较低,所以半导体检测器以其具有能量分辨率高且线性范围宽等优点,被广泛地应用于放射性探测中。如用于 α 粒子计数及 α、β 能谱测定的硅半导体探测器,用于 γ 能谱测定的锗半导体探测器等。

二、放射性检测实验室

由于放射性检测的对象是放射性物质,为保证操作人员的安全,防止环境污染,在一般情况下,对放射性实验室除有特殊的设计要求外,还需制定严格的操作规程。

放射性实验室最好被设计成双房室的,即将实施样品前处理的放射性化学实验室和放射性计测实验室分开设置。

1. 放射性化学实验室

为了最终得到准确的检测数据,同时考虑操作安全问题,在实验室内应采取各种措施以避免各类交叉污染。实验室在设计和布置时,应符合以下要求。

① 墙壁、门窗、天花板等需涂刷耐酸油漆。

② 电灯和电线应装在墙壁内。

③ 安装良好的通风设施,大多数放射性样品处理应在通风橱内进行,通风马达(以离心式马达为宜)应装在管道外。

④ 地面及各种家具要用光平材料制作,操作台面上要铺塑料布。

⑤ 洗涤池和下水池最好不要有尖角,放水用足踏式龙头,下水管道中尽量少用弯头和

接头等。

⑥ 实验室还需有专门设计的放射性废物桶和废液缸。

此外,要求实验室工作人员养成整洁、小心的优良工作习惯,工作时穿戴各式防护服、手套、口罩,佩带适宜的个人剂量检测仪,操作放射性物质时应使用夹子、镊子、盘子、铅玻璃屏等器具,工作完毕还需洗手和淋浴。

管理方面应达到以下要求。

① 必要时应设专人负责有关实验室内的辐射防护工作。对放射源的保管和使用,要制定严格的管理制度。

② 为防止放射性污染,实验室必须经常打扫整理,保持整洁。

③ 工具和设备等使用后应立即清洗并放在固定地点。

④ 实验室工作人员要定期进行体格检查。

2. 放射性计测实验室

放射性计测实验室装备有各类灵敏度高、选择性和稳定性好的放射性计量仪器。为使测定的结果准确可靠,在设计此类实验室时,要特别考虑放射性本底问题。放射性本底来源于宇宙射线、地面、建筑材料及测量用的屏蔽材料中的少量放射性物质,以及邻近放射性化学实验室的放射性玷污等。对于本底,一方面要弄清来源,采取措施,将它降低到最低程度;另一方面通过数据处理,对测量结果进行修正。此外实验室最好保持恒温,供电的电压和频率应十分稳定,所有电学仪器还需有良好的接地和有效的电磁屏蔽,这有利于降低电子设备的噪声和消除外界电磁波干扰。

第三节 放射性样品的采集和预处理

一、放射性样品采集

环境放射性检测的步骤是样品的采集、预处理、总放射性或放射性核素的测定。放射性检测分为定期检测和连续检测。连续检测是在现场安装放射性检测仪,实现采样、预处理、测定自动化。下面重点介绍定期检测中放射性样品的采集和预处理。

1. 放射性沉降物的采集

沉降物包括干沉降物和湿沉降物,主要来源于大气层核爆炸所产生的放射性裂变产物,小部分来源于其他的人工放射性微粒。沉降物采样点应选择在固定的清洁地区,并要求附近无高大建筑物、烟筒和树木,周围也不得有放射性实验室或放射性污染源。

(1) 放射性干沉降物的采集　放射性干沉降物的采集方法有水盘法、粘纸法、擦拭法、粘带法、高罐法。

① 水盘法。用不锈钢或聚乙烯塑料制成圆形水盘,盘内装有适量的稀酸,沉降物过少的地区应酌情加数毫克的硝酸锶或氯化锶载体,如图 6-8 所示。将水盘置于采样点暴露 24h,应始终保持盘中有水,以防止收集到的沉降物因水分干涸而被风吹走。将采集的样品经浓缩、灰化等处理后,测总 β 放射性。

② 粘纸法。用涂有一层黏性油(松香加蓖麻油等)的滤纸贴于圆盘底部(涂油面向上),放在采样点暴露 24h,然后将滤纸灰化,进行总 β 放射性测量。

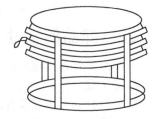

图 6-8　大型水盘采样器

③ 擦拭法或粘带法。当放射性物质沉降在刚性固体表面（如道路、门窗、地板等）引起污染时，用这两种方法采样。擦拭法系将一片蘸有三氯甲烷等有机溶剂的滤纸装在一个类似橡胶塞的托物上，在污染物表面来回擦拭，以采集沉降物。粘带法是用一块 $1\sim2cm^2$ 大小粘带（可用涂上凡士林和机油的绵纸制作），对着污染表面压紧，然后撕下粘带，这样就采集到一个可供直接测定的样品。

④ 高罐法。用一个不锈钢或聚乙烯圆柱形罐（壁高为直径的 2.5~3 倍），暴露于空气中，以采集放射性沉降物。放置罐子的地方应高于地面 1.5m 以上，以减少地面尘土飞扬的影响。

(2) 放射性湿沉降物的采集　湿沉降是指随雨、雪降落的沉降物。采集湿沉淀物除可用高罐和水盘作采样器外，还常用一种能同时对雨水中核素进行浓缩的采集器（图 6-9）。此采样器由一个承接漏斗和一根离子交换柱组成，交换柱的上下层分别装入阳离子和阴离子交换树脂。待湿沉降物中的核素被离子交换树脂吸附浓集后再进行洗脱。收集洗脱液进一步做放射性核素分离，也可将树脂从柱中取出，经烘干、灰化后测总 β 放射性。

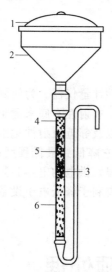

图 6-9　离子交换树脂雨水采样器

1—漏斗盖；2—漏斗；
3—离子交换树脂；
4—滤纸浆；
5—阳离子交换树脂；
6—阴离子交换树脂

2. 放射性气体的采集

环境中放射性气体样品的采集方法有固体吸附法、液体吸收法和冷凝法。

(1) 固体吸附法　固体吸附法是利用固体颗粒作收集器，其中固体吸附剂的选择尤为重要。选择时首先要考虑吸附剂对待测组分的选择性和特效性，以使干扰降到最少，有利于分离和测量。常用的吸附剂有活性炭、硅胶和分子筛等。活性炭是 ^{131}I 的有效吸附剂，因此，混有活性炭细粒的滤纸可作为气体状态 ^{131}I 的收集器；硅胶是 ^3H 水蒸气的有效吸附剂，故采用沙袋硅胶包自然吸附或采用硅胶柱抽气吸附 ^3H 水蒸气。对于气态 ^3H 的采集，必须先用催化氧化法将 ^3H 氧化成氚水蒸气后，再用上述方法采集。

(2) 液体吸收法　液体吸收法是利用气体在某种液态物质中的特殊反应或气体在液相中的溶解而进行的采集方法，具体操作可参见大气采样部分。为除去气溶胶，可在采样管前安装气溶胶过滤管。

(3) 冷凝法　冷凝法是用冷凝器对挥发性的放射性物质进行采集的方法。一般用冰和液态氮作为冷凝剂，制成冷凝器的冷阱，收集有机挥发性化合物和惰性气体。气体状态 ^{131}I 和气态的 ^3H 也可用冷凝法采集。

3. 放射性气溶胶的采集

放射性气溶胶包括核爆炸产生的裂变产物、人工放射性物质以及氡、钍射气的衰变子体等天然放射性物质。放射性气溶胶的采集常用过滤法，其原理与大气中悬浮物的采集相同。

4. 其他类型样品的采集

对于水体、土壤、生物样品的采集方法与非放射性样品所用方法基本一致。

二、样品的预处理

对样品进行预处理的目的是将样品中欲测核素处理成易于进行测量的形态，同时进行浓集和除去干扰。

放射性样品的预处理方法有衰变法、共沉淀法、灰化法、电化学法、有机溶剂溶解法、蒸馏法、萃取法、离子交换法等。

1. 衰变法

衰变法是将采集的放射性样品放置一段时间，使其中的一些寿命短的非待测核素衰变除去，然后再进行放射性测量。如用过滤法从大气中采集到气溶胶样品后，放置 4~5h，寿命短的氡、钍子体发生衰变即可除去。

2. 共沉淀法

由于环境样品中的放射性核素含量很低，用一般的化学沉淀法分离时，因达不到溶度积（K_{sp}）而无法达到分离目的。但如果加入与欲分离核素性质相似的非放射性核素（毫克数量级）作为载体，当非放射性核素以沉淀形式析出时，放射性核素就会以混晶或表面吸附的形式混入沉淀中，从而达到分离和富集的目的，如用 ^{59}Co 作为载体与 ^{60}Co 发生同晶共沉淀；用新沉淀出来的水合 MnO_2 作载体沉淀水样中的钚，则二者间发生吸附共沉淀。这种分离富集的方法具有操作简便、实验条件容易满足等优点。

3. 灰化法

将蒸干的水样或固体样品放于瓷坩埚中于 500℃马弗炉中灰化，冷却后称量，测定。

4. 电化学法

通过电解将放射性核素沉积在阴极上，或以氧化物的形式沉积在阳极上。如 Ag^+、Bi^{2+}、Pb^{2+} 等可以金属形式沉积在阴极；Pb^{2+}、Co^{2+} 等可以氧化物的形式沉积在阳极。

该法的优点是分离核素的纯度高，若将放射性核素沉积于惰性金属片上，就可直接进行放射性测量；若放射性核素是沉积在惰性金属丝上的，则先将沉积物溶出，再制成样品源。

5. 有机溶剂溶解法

有机溶剂溶解法是用某种适宜的有机溶剂处理固体样品（土壤、沉积物等），使其中所含被测核素溶解浸出的方法。

6. 其他预处理法

蒸馏法、溶剂萃取法和离子交换法，其原理和操作与非放射性物质的预处理方法没有本质差别。

用上述方法将环境样品进行预处理后，有的可作样品源直接用于放射性测量，有的则仍需经过蒸发、悬浮、过滤等操作，进一步制成适合于测量要求状态（液态、气态、固态）的样品源。蒸发法是指将液体样品移入测量盘或承托片上，在红外灯下慢慢蒸干，制成固态薄层样品源；悬浮法是指用水或有机溶剂对沉淀形式的样品进行混悬，再移入测量盘用红外灯徐徐蒸干。

第四节 放射性检测方法

一、环境空气中氡的标准测量方法

环境空气中氡及其子体的测量方法有四种，分别是径迹蚀刻法、活性炭盒法、双滤膜法和气球法。

1. 径迹蚀刻法

（1）原理 此法是被动式采样，能测量采样期间内氡的累计浓度，暴露 20d，其探测下限可达 $2.1 \times 10^3 Bq/m^3$。探测器是聚碳酸酯片或 CR-39 置于一定形状的采样盒内，组成采样器，如图 6-10 所示。

氡及其子体发射的 α 粒子轰击探测器时，使其产生亚微观型损伤径迹。将此探测器在一定条件下进行化学或电化学蚀刻，扩大损伤径迹，以致能用显微镜或自动计数装置进行计数。单位面积上的径迹数与氡浓度和暴露时间的乘积成正比。用刻度系数可将径迹密度换算成氡的浓度。

（2）测定　采样器的制备、布放、回收，探测器的蚀刻，计数（将处理好的片子在显微镜下读出单位面积上的径迹数），通过计算求出氡的浓度。

（3）适用范围　适用于室内外空气中氡-222 及其子体 α 潜能浓度的测定。氡子体 α 潜能指氡子体完全衰变为铅-210 的过程中放出的 α 粒子能量的总和。

（4）注意事项

① 布放前的采样器应密封起来，隔绝外部空气。

② 用于室内测量时，采样器开口面上方 20cm 内不得有其他物体。

③ 采样终止时，采样器应重新密封，送回实验室。

2. 活性炭盒法

（1）原理　活性炭盒法也是被动式采样，能测量出采样期间内平均氡浓度，暴露 3d，探测下限可达到 $6Bq/m^3$。采样盒用塑料或金属制成，直径 6~10cm，高 3~5cm，内装 25~100g 活性炭。盒的敞开面用滤膜封住，固定活性炭且允许氡进入采样器，如图 6-11 所示。

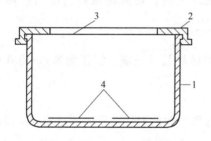 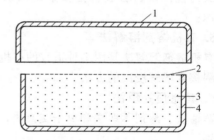

图 6-10　径迹蚀刻法采样器结构　　　　　图 6-11　活性炭盒结构
1—采样盒；2—压盖；3—滤膜；4—探测器　　1—密封盖；2—滤膜；3—活性炭；4—装炭盒

空气扩散进炭床内，其中的氡被活性炭吸附，同时衰变，新生的子体便沉积在活性炭内。用 γ 谱仪测量活性炭盒的氡子体特征 γ 射线峰（或峰群）强度。根据特征峰面积可计算出氡的浓度。

（2）测定　活性炭盒的制备、布放、回收、记录，采样停止 3h 后测量，将活性炭盒在 γ 谱仪上计数，测出氡子体特征 γ 射线峰（或峰群）面积，然后计算氡的浓度。

（3）适用范围　同径迹蚀刻法。

（4）注意事项

① 布放前的活性炭盒应密封起来，隔绝外部空气，同时称量其总质量。

② 采样终止时，活性炭盒应重新密封，送回实验室。

③ 采样停止 3h 后，应再次称量活性炭盒的质量，以计算水分的吸收量。

3. 双滤膜法

（1）原理　此法是主动式采样，能测量采样瞬间的氡浓度，探测下限为 $3.3Bq/m^3$。采样装置如图 6-12 所示。抽气泵开动后含氡空气经过滤膜进入衰变筒，被滤掉子体的纯氡在通过衰变筒的过程中又生成新子体，新子体的一部分为出口滤膜所收集。测量出口滤膜上的 α 放射性就可换算出氡浓度。

(2) 测定　装好滤膜，把采样设备连接起来。以一定的流速采样 t min，在采样结束后一段时间间隔内，用 α 测量仪测量出口膜上的 α 放射性。计算氡的浓度。

(3) 适用范围　适用于室内外空气中氡的测定。

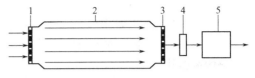

图 6-12　双滤膜法采样系统示意图
1—入口膜；2—衰变筒；
3—出口膜；4—流量计；5—抽气泵

(4) 注意事项

① 室外采样时，采样点要远离公路和烟囱，地势开阔，周围 10m 内无树木和建筑物。

② 在雨天、雨后 24h 内或大风过后 12h 内停止采样。

③ 采样前应对采样系统进行检查（有无泄露、能否达到规定流速等）。

④ 室内采样点应设在卧室、客厅、书房内。

⑤ 室内采样点不要设在由于加热、空调、火炉、门窗等引起空气变化剧烈的地方。

二、水中放射性检测

1. 水样中总 α 放射性活度的测定

(1) 原理　水体中常见的放射 α 粒子的核素有 ^{226}Ra、^{222}Rn 及其衰变产物等。由于 α 粒子能使硫化锌闪烁体产生荧光光子，因此可用闪烁探测器测定。目前公认的水样总 α 放射性浓度是 0.1Bq/L，当浓度大于此值时，就应对放射 α 粒子的核素进行鉴定和测量，从而发现主要的放射性核素，由此再判断该水是否需做预处理及其使用范围。

(2) 测定　水样经过滤、酸化后，蒸发至干，在不超过 350℃ 温度下灰化，然后在测量盘中将灰化后的样品铺展成层，使用闪烁体探测器对样品进行计数，计算其活度。

(3) 适用范围　适用于饮用水、地面水、地下水。

(4) 注意事项

① 采集的水样首先应过滤除去固体物质。

② 在蒸发样品时，应慢慢蒸干。

③ 测定样品之前，应先测量空测量盘的本底值和已知活度的标准样品（硝酸铀酰）。

2. 水样中总 β 放射性活度的测定

(1) 原理　水样中的 β 射线常来自 ^{40}K、^{90}Sr、^{129}I 等核素的衰变。由于 β 射线能引起惰性气体的电离，形成脉冲信号，所以可采用低本底的盖革计数管测量。目前公认的水样总 β 浓度为 1Bq/L，当浓度大于此值时，需进一步测定水样中的放射性核素，确定水质污染状况。

(2) 测定　水样中总 β 放射性活度的测定与水样中总 α 放射性活度的测定步骤相同，但计数装置采用低本底的盖革计数管，且以 ^{40}K 的化合物作标准源。

(3) 适用范围　适用于饮用水、地面水、地下水。饮用水和灌溉水是首先考虑的对象。

(4) 注意事项　同水样总 α 放射性测定。

三、土壤中放射性检测

1. 原理

土壤中的放射性核素主要有 ^{14}C、^{40}K、^{87}Rb、^{90}Sr、^{137}Cs 等。土壤样品经采集、制备后，可根据 α、β 粒子的性质用相应的检测器分别测定。测定结果常用 Bq/L 干土作为计量单位。取一定量土壤样品，烘干研细后，在测量盘中铺成厚样，用相应的检测器测量 α、β 的比放射性活度。

2. 测定

在取样地点用取土器或小刀取样，填好采样登记表。将土样除尽石块、草类等杂质后铺于磁盘中，于60～100℃的烘箱中烘干。然后进行测量和计算。

3. 适用范围

适用于各类土壤中总 α、β 放射性活度的测定。

4. 注意事项

① 土壤采样点宜选地势平坦、表面有小草等植被、未被开垦和未被水淹没的地方。

② 采样点上空和附近不应有树木、建筑物，土中不应有大量蚯蚓等活动性强的生物。

③ 取样后应除尽石块、草类等杂物。

四、生物样品灰中锶-90 的放射性化学分析方法（离子交换法）

1. 原理

样品灰的盐酸浸取液用 EDTA 和柠檬酸与试样中钙、镁等反应生成配合物，调节溶液 pH 至4.0～5.0，使绝大部分钙通过阳离子交换柱，而锶和部分钙为树脂吸附。再用不同浓度和不同 pH 值的 EDTA-乙酸铵溶液先后淋洗钙和锶。向含锶的流出液中加入铜盐，将锶从 EDTA 和柠檬酸的配合物中置换出来，进行碳酸盐沉淀。放置14d后分离并测定钇-90 的 β 活度，从而确定锶-90 的活度。

$$^{90}_{38}Sr \longrightarrow ^{90}_{39}Y + \beta^+ + \nu$$

2. 测定

样品灰化、用 HCl 浸取、配位、离子交换柱分离、置换，最后生成碳酸盐沉淀。放置14d后用低本底 β 射线探测仪测钇-90 的 β 活度，由计算确定锶-90 的含量。

3. 适用范围

此法适用于动、植物灰样中锶-90 的分析，测定范围为 10^{-1}～10Bq。

4. 注意事项

① 浸取液用 EDTA 和柠檬酸两种配合剂配合后，应检查钙、镁等离子是否被配合完全。

② 用离子交换柱分离钙和锶后，用钙淋洗剂淋洗钙时，应进行检查，直至流出液中无钙为止。

复习思考题

1. 什么是放射性、半衰期、放射性活度、照射量？
2. 放射性污染的主要原因有哪些？
3. 放射性污染对人体有哪些危害？
4. 放射性核衰变有哪几种形式？各有什么特点？
5. 常用的放射性检测仪器有哪几种？分别说明其原理和工作范围。
6. 放射性化学实验室应满足什么条件？
7. 放射性计测实验室应满足什么条件？
8. 简述放射性沉降物的采集方法。
9. 放射性气体应如何采集？
10. 放射性样品的预处理方法有哪些？
11. 如何用电离室法测定大气中的氡？
12. 怎样测定水样中总 α 放射性活度？
13. 怎样测定土壤中总 α、β 放射性活度？
14. 如何测定生物样品？

第七章
雷电、静电的检测与控制

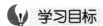

1. 了解雷电、静电的产生及其危害。
2. 熟悉防雷、防静电的安全检测要求。

【案例1】青岛黄岛油库大爆炸

1989年8月12日9时55分,随着一条刺目的闪电撕破长空,一个惊天动地的霹雳在中国石油天然气总公司黄岛油库炸开,其5号半地下储油罐被雷电击中,致使罐内储存的1.6万吨原油燃烧,火焰高达一百多米,形成3400余平方米的大火。黄岛油库爆炸现场如图7-1所示。

11时05分,20部消防车载着200名消防队员渡海赶到现场。11时50分,5号罐火势还在增强。而5号罐东南37米处就是储油3000吨的4号罐,与其紧密相连的是各存万吨原油的1号、2号、3号罐。北面与5号罐毗邻的是青岛港油库,这里有大小储油罐15个,以及两个分别为5万吨和20万吨级的码头。由于5号罐火势极大,消防队员无法靠近,指挥部决定集中优势兵力为4号罐封顶降温,同时在5号罐与4号罐之间用水枪织成水帘,阻止5号罐的烈火向4号罐及其他罐蔓延,并且调集力量对1号、2号、3号罐降温,在各个罐之间设置防火墙。

至下午2时左右,风向突然由东南风转为西北风,稳定燃烧达4小时的5号罐大火发生巨大变化,黑烟化为火焰,火光由橙红变为白色,耀亮刺目,高达300米的火焰扑向4号罐和1号、2号、3号罐。2时35分,指挥员急命战士撤离,命令刚下达10秒钟,4号罐猝然爆炸。3000多平方米的水泥罐顶揭盖而起,3000多吨原油冲向天空,几乎同一瞬间,1号、2号、3号罐也先后爆炸起火,3万多吨原油倾泻而出,到处是一片火海,形成了15万平方米的大面积火灾。被气浪冲向高空的石块与油、火混在一起,雨点般撒向地面。大爆炸中有14名消防战士、5名工人牺牲,84名消防战士负伤,7辆消防车、2辆指挥车化为灰烬。大火连续燃烧了104h,于8月16日晚18时10分被彻底扑灭。整个救援中动用了2204名公安、消防战士,159辆消防车,10架飞机,19艘舰船,239t灭火药剂。黄岛油库火灾造成直接经济损失3540万元。

造成这起事故的直接因素是雷击,是自然灾害造成的次生灾害。然而这起灾害看似偶然,但有其必然性。黄岛油库的领导明知该油库被列入全国消防十大隐患单位,却没有采取应有的安全防范措施,从而造成了这起震惊全国的灾难。

这是一起典型的因自然灾害而造成的次生灾害。任何灾害，特别是城市灾害的发生已不单纯为自然原因，总会或多或少地受到人为因素的影响，与社会现象交错在一起。自然灾害发生是难以避免的，但人们在灾害发生前所做的不同准备和灾害发生后所采用的不同应急救援对策，会导致完全不同的效果。

图 7-1　黄岛油库爆炸现场

【案例 2】重庆开县雷击灾害

2007 年 5 月 23 日，重庆开县兴业村小学的学生们像往常一样高高兴兴地来到学校上课。下午 4 时，突然狂风骤起，雷电交加，倾盆大雨随之而来。4 时 34 分，两个班的学生正在电闪雷鸣中正常上课，突然之间，一声巨响，凌厉的闪电划破天空，直击正在上课的教室。当时，这所小学四年级和六年级各有一个班正在上课，一声惊天巨响之后，教室里腾起一团黑烟，烟雾中两个班的学生和上课老师几乎全部倒在了地上，有的学生全身被烧得黑糊糊的，有的头发竖起，衣服、鞋子和课本碎屑撒了一地。

事故中 7 条鲜活的小生命瞬间被夺走，其中 5 人为六年级学生，2 人为四年级学生，年龄最小的只有 10 岁，年龄最大的也只有 14 岁。另外还有 44 名小学生在这次雷击事件中不同程度地受伤，年龄在 9 岁至 14 岁之间。

第一节　雷电的形成及危害

一、雷电的形成

雷电是雷暴天气的产物，而雷暴则是在垂直方向上剧烈发展的积雨云所形成的一种天气现象。雷雨云中正负电荷中心之间或云中电荷中心与地之间的放电过程称为雷电。

雷雨云中电荷分布并非均匀的，而是形成许多堆积中心。因而不论是在云中或是在云对地之间，电场强度不是处处都相同。当云中电荷密集处的电场达到 25～30kV/m 时，就会由云向地开始先导放电（对于高层建筑，雷电先导可由地表向上发出，称为上行雷）。当先导通道的顶端接近地面时可诱发迎面先导（通常起自地面的突出部分），当先导与迎面会合时即形成了从云到地面的强烈电离通道，这时出现极大的电流，这就是雷电的主放电阶段，雷鸣和电闪都伴随出现。主放电存在的时间极短，约 50～100μs，主放电的过程是逆着先导通道发展，速度约为光速的 1/20～1/2，主放电的电流可达几十万安，是全部雷电流中最主要的部分。主放电到达云端时就结束了，然后云中的残余电荷经过主放电通道流下来，称为余光阶段。由于云中电阻较大，余光阶段对应的电流不大，约为几百安，持续时间较长，为 0.03～0.15s。

由于云中可能同时存在几个电荷中心，所以第一个电荷中心的上述放电完成之后，能引起第二个、第三个中心向第一个通道放电，因此雷电往往是多重性的，每次放电相隔为 $600 \sim 800 \mu s$，放电次数平均为 $2 \sim 3$ 次，雷电形成示意图见图 7-2。

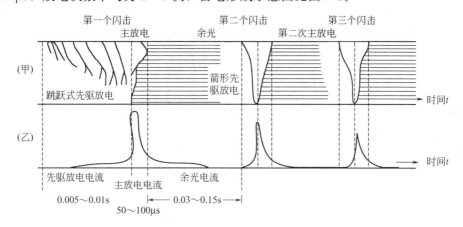

图 7-2 雷电的形成
（甲）雷雨云的放电光学照片；（乙）放电过程中雷电流的变化情况

二、雷电危害的类型

雷电的危害性主要表现在雷电放电时产生的各种物理效应作用，具有很大的破坏力。按其破坏机制可分为电效应、热效应、电磁效应和机械效应。

① 电效应是指在雷电放电时，能产生高达数万伏甚至数十万伏的冲击电压，造成电力系统的发电机、变压器、断路器等电气线路和设备烧毁，引起绝缘击穿而发生短路，导致可燃、易燃、易爆物品燃烧和爆炸现象。

② 热效应是指雷电击中物体，使其产生很高的温度而发生熔化或（和）汽化或（和）燃烧现象。

③ 电磁效应破坏分为两个方面：一方面是指雷电放电时，在附近导体上产生静电感应和电磁感应，使导体产生火花引起火灾或爆炸，或者是由于雷电流引起的跨步电压导致人畜伤亡现象；另一方面是指雷电沿着架空线路或金属管道等侵入室内，危及人身安全或损坏设备，即雷电波入侵现象。

④ 雷电的机械效应是指雷电通过导体时产生冲击性的电动力，这种电动力作用时间极短，远小于导体机械振动周期，导体在它的作用下常常发生炸裂、劈开等现象。

三、雷电的危害方式

1. 直击雷危害

是指雷电直接击在建筑物和构筑物上，它的高电压和大电流产生的电磁效应、热效应和机械效应会造成许多危害。如使房屋倒塌、烟囱崩毁，引起森林起火，油库、火药库爆炸，造成飞行事故、户外的人畜伤亡等。直击雷概率小但危害极大。

2. 雷电的静电感应危害

是指雷雨云闪电时强大的脉冲电流使云中电荷与地面中和，从而引起静电场的强烈变化，导致附近导体上感应出与先导通道符号相反的电荷，雷雨云主放电时，先导通道中的电荷迅速中和，在导体上感应电荷得到释放，如不就近泄入地中，就会产生很高的电位，造成火灾损坏设备。

3. 雷电的电磁感应危害

是指雷电流在 50～100μs 的时间内，从零安变化到几十万安，再由几十万安变化到零安，在其周围空间产生瞬变的强电磁场，在空间变化电磁场中的被保护物，不论是导体还是非导体均做切割磁力线运动，使其产生很高的电磁感应电动势，造成危害；同时，闪电能辐射出从几赫兹的极低频率直到几千兆赫兹的特高频率，其中以 5～10kHz 的电磁辐射强度最大。当被保护物距离雷电较近时，主要受静电感应影响，距离雷电较远时，主要受电磁辐射的影响，轻则干扰信号线、天线等无线电通信，重则损坏仪器设备。

4. 雷电波入侵危害

是指雷电击到电源线、信号线及金属管道后以电波的形式窜入室内，危及人身安全或损坏设备。

第二节　静电及其危害

静电就是物体表面过剩或不足的电荷，它是一种电能，存留于物体表面，静电是正负电荷在局部范围内推动平衡的结果，是通过电子或离子的转移而形成的。

静电产生方式很多，如接触、摩擦、冲流、冷冻、电解、压电、温差及雷电感应等，其基本过程可归纳为接触→电荷转移→偶电层的形式→电荷分离，但静电产生的原因主要是根据物质性质和所处的地理环境影响来论述。

静电导致的灾害，主要产生在化工、石油、粉体加工、炸药等火工品、编织、印刷等生产行业中的输送、装制、搅拌、喷射、涂敷、研磨及卷缠等生产工艺中，且主要发生在气候干燥的天气和冬季。

静电灾害从产生的原因和后果来看，可以分为以下三个方面。

1. 静电造成爆炸和火灾灾害

静电造成爆炸和火灾灾害是指静电放电成为可燃性气体、液体和粉尘等的引火源而产生的灾害。

一般来讲，在接地良好的导体上产生的静电会很快泄漏到地面；但在绝缘物体上产生的静电，则会越积越多形成很高的电位。当带电物体与不带电物体或静电电位很低的物体互相接近时，如果电位差达到 300V 以上就会发生放电现象，并产生火花，若静电的火花能量大于周围可燃物的最小着火能量，而且可燃物在空气中的浓度也在爆炸极限内就能立刻引起燃烧或爆炸。

2. 静电电击

静电电击是指带静电的人体或由带电物体向人体放电，在人体中有电流流过，使人感受到电击的现象。

静电电击造成的直接事故不能伤害人，但静电电击所造成的二次事故很可能危及人身安全。

3. 静电产生的生产故障

静电产生的生产故障与静电的力学效应和放电效应有关，常常造成生产下降甚至停产。

如在化学纤维纺织工业中，由于化纤丝与金属机械的相互摩擦，会使化纤丝带电而相互排斥，以致松散、整丝困难、产生乱丝等现象。

第三节 油库的防雷安全检测

一、金属油罐防雷安全要求

① Q-1 级危险的贮罐及场所必须采用独立的防直击雷装置，如消雷器、避雷针或架空避雷网，其接地电阻＜5Ω。

② Q-2 级危险的贮罐，可在罐顶上装设防直接雷装置，其接地电阻＜10Ω。

③ 半贮罐顶板厚度＜4mm 时，应装设防直接雷装置；当贮罐胶板厚度＞4mm 时，贮罐本体可作接闪器。

④ 在多雷区的贮罐，即使其顶板厚度＞4mm 时，也应装设防直击雷装置。

⑤ 金属油罐必须做环型防雷接地，其接地点不少于两处，其间弧形距离不应＞30m，其防直击雷接地电阻≤10Ω，其防雷电感雷接地电阻≤30Ω。

⑥ 浮顶金属油罐可不设防直击雷装置，但必须将浮顶与罐体用截面≥25mm² 的铜绞线作电气连接，其连接点不应少于两处，其间弧形距离不应＞30m。罐体的防雷接地电阻≤10Ω。

⑦ 金属油罐的阻火器、呼吸阀、量油孔、人孔及透光孔等金属配件管道必须保持等电位电气通路连接。实际应用的数字式接地电阻测试仪如图 7-3 所示，其应用简介参看 M7-1。

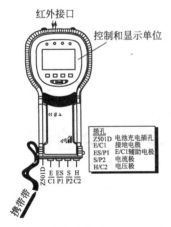

图 7-3　数字式接地电阻测试仪

M7-1　数字式接地电阻测试仪使用简介

二、非金属油箱的防雷安全要求

① 非金属油罐应装设独立的防直击雷装置。

② 独立防雷装置与被保护物的水平距离≥3m。

③ 若独立防雷装置采用的是避雷网时，其网格≤6m×6m，引下线不少于 2 根，沿四周均匀或对称布置，间距＜18m，接地点不少于 2 处。

④ 非金属油罐必须装设阻火器和呼吸阀，油罐的金属配件阻火器、呼吸阀、量油孔、人孔和法兰盘等必须做电气连接并接地，且在防雷击装置的保护范围内。

⑤ 防雷接地电阻≤10Ω。

三、人工洞石油库防雷要求

① 人工洞石油库油罐的金属呼吸管道和金属通风管道露出洞外部分，应装设独立的防直击雷装置，其保护范围应高出爆炸危险空间之外；且同时防直击雷装置距管道口的水平距离≥3m。

② 进入洞内的金属管道，从洞口算起，当其洞外埋地长度＞50m时，可不设接地装置；当其洞外部分不埋地或埋地长度＜50m时，应在洞外做两处接地，接地点间距不得＞100m，冲击电阻＜20Ω。

四、油库电源系统防雷电波入侵的安全要求

① 动力、照明和通信线路采用铠装电缆埋地引入人工洞石油库时，若架空线路转换为埋地电缆引入时，由进入点至转换处的距离不得＜50m，架空线与电缆的连接处应装设防爆阻燃避雷器，避雷器、电缆外皮和绝缘子铁脚应做电气连接并接地，其冲击电阻≤10Ω。

② 雷击区非人工洞的动力、照明和通信线由架空线转换为地下电缆引入时，应装设防爆阻燃电源避雷器。避雷器、电缆外皮和绝缘子铁脚应做电气连接并接地，其冲击电阻≤10Ω。

五、油库输送系统的防雷安全要求

① 汽车槽车、铁路槽车、油车在装运易燃油品时宜装阻燃器。
② 卸油台应增设防感应雷的接地装置。
③ 雷暴时应中止装卸油品，并关闭贮器开口。
④ 输油管道应连接成电气通路，并进行防雷电感应接地。

六、油库可燃性气体放空管必须设防直击雷装置

油库可燃性气体放空管防直击雷装置的保护范围应高于管口2m。同时要求防直击雷装置距管口的水平距离应＞3m。

第四节 油库的防静电安全检测

一、防静电的接地要求

① 贮存甲、乙、丙A类油品的钢油罐需做防静电接地。油品火灾危险性参看M7-2。
② 贮存甲、乙、丙A类油品的非金属油罐需在罐内设置防静电导体引至罐外接地，并应与油罐的金属管线做电气连接。
③ 人工洞石油库的油罐、金属管线、油泵等设备，在洞内设置防静电接地装置有困难时，应用金属导体引至洞外接地。
④ 汽车罐车和油桶的灌装设备应做防静电接地，装（卸）油场应设有油罐车或油桶跨接的防静电接地装置。
⑤ 铁路装卸油品的设施，如钢轨、输油管线、鹤管、钢栈桥应做电气连接，并做防静电接地；且铁路装卸线与外部铁路应做绝缘处理。
⑥ 装卸油品的码头应设有为油船跨接的防静电接地装置，接地装置应与码头上装卸油

M7-2 油品火灾
危险性说明

品的静电接地装置相连接,但不能直接与码头上的金属输油管连接。

⑦ 输油管路的法兰、阀门的连接处应设金属跨接线,当法兰用 5 根以上螺栓连接时,可不用金属线跨接,但必须构成电气通路。

⑧ 管路系统的所有金属件包括护套的金属包层必须接地,管路两端每隔 200~300m 处以及分支处、拐弯处应接地,接地点应设在管墩处。

⑨ 平行管道间距<10cm 时,应每隔 20m 用金属线跨接,金属结构或设备与管道平行或相交间距<10cm 时也应跨接。

⑩ 防静电跨路接的连接线或螺栓连接处的接触电阻≤0.03Ω。

⑪ 防静电接地装置与防直击雷装置的距离须>3m,并且与易燃易爆物排出口的距离须>3m。

⑫ 防静电接地电阻应≤100Ω。由于通常防静电装置同时也是感应雷装置,因此其接地电阻须<10Ω。

二、防静电的工艺技术要求

油库防静电采取接地措施是必需的,但不是绝对的安全,因为大部分油品电导率较低,在这些油品中积累的电荷导电很慢,因此,当一种油品泵入油罐时,虽然油罐已经接地,但仍能积聚电荷。当带电体与不带电或静电电位低的物体之间电位差>300V 时,就会发生放电现象产生火花,可能引起爆炸燃烧。因此,油库防静电除了采取接地措施外,还应采取以下措施。

1. 限制油品的流速

(1) 油品在管道内的限制流速 V(m/s) 计算公式为:

$$V=\sqrt{\frac{0.64}{D}}$$

式中　D——管道内径,m。

(2) 油品在火车罐车鹤管内的限制流速 V(m/s) 计算公式为:

$$V=\frac{0.8}{D}$$

(3) 油品在汽车罐车鹤管内的限制流速 V (m/s) 计算公式为:

$$V=\frac{0.5}{D}$$

2. 增加空气湿度

当气温高于 35℃ 或相对湿度低于 50% 时,在带电危险的地方或在油品罐装区域,通过调湿装置或喷水雾装置来提高空气湿度,增加空气的导电性。因此,油库区应增设温湿度报警装置和增湿降温装置。

此外,在油品中使用抗静电添加剂以减少静电产生。采用合理的油品装卸工艺和消除油品中的杂质等方法有利于减少静电产生。

复习思考题

1. 雷电的危害有几种类型?
2. 雷电的危害方式有哪几种?
3. 静电是如何产生的?有哪些危害?
4. 简述金属油罐的防雷安全要求。
5. 简述防静电的工艺技术要求。

第八章
生产装置安全检测
——无损检测

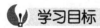

1. 了解生产装置安全检测的重要性。
2. 熟悉射线检测、超声波检测、磁粉检测等无损检测方法。
3. 了解渗透检测、涡流检测。
4. 掌握无损检测方法的应用选择。

【案例】

2010年9月23日19时50分左右,山西省某公司发生蒸汽锅炉爆炸事故,导致锅炉房旁的化验室倒塌。此事故共有9人遇难、4人受伤。

2006年1月20日12时17分,中石油西南油气田分公司某输气站发生一起压力管道爆炸特大事故,造成10人死亡,3人重伤,47人轻伤。

2004年4月16日重庆某化工总厂发生氯气泄漏,导致9人死亡,15万人紧急疏散。

2005年11月13日,中国石油天然气股份有限公司某公司双苯厂硝基苯精馏塔发生爆炸,造成8人死亡,60人受伤,直接经济损失6908万元,并引发松花江水污染事件。

从上述案例中我们可以发现,伴随着各种机械设备装置的大量应用,其潜在的安全隐患也逐渐显露出来,尤其是近年来的锅炉爆炸、管道泄漏等安全事故频繁发生,给我们敲响了警钟。是什么原因导致这些安全事故发生?难道在事故发生之前不能查出这些安全隐患,防患于未然吗?那查出安全隐患的手段又是什么?无损检测就是发现这类安全隐患的直接而有效的手段之一。

第八章 生产装置安全检测——无损检测

第一节 概 述

无损检测 NDT（Non-destructive testing），就是利用声、光、磁和电等特性，在不损害或不影响被检对象使用性能的前提下，检测被检对象中是否存在缺陷或不均匀性，给出缺陷的大小、位置、性质和数量等信息，进而判定被检对象所处技术状态（如合格与否、剩余寿命等）的所有技术手段的总称。

一、无损检测的目的

无损检测的目的有以下三个方面。

1. 质量管理

每一种产品均有其使用性能要求，这些要求通常在该产品的技术文件中规定，例如技术条件、技术规范、验收标准等，以一定的技术质量指标反映。无损检测的主要目的之一，就是对非连续加工（例如多工序生产）或连续加工（例如自动化生产流水线）的原材料、半成品、成品以及产品构件提供实时的工序质量控制，特别是控制产品材料的冶金质量与生产工艺质量，例如缺陷情况、组织状态、涂镀层厚度监控等。同时，通过检测所了解到的质量信息又可反馈给设计与工艺部门，促使进一步改进设计与制造工艺以提高产品质量，减少废品和返修品，从而降低制造成本、提高生产效率。例如，某厂生产 $45^\#$ 钢球面管嘴模锻件，对锻件进行磁粉检测发现存在锻造折叠，使得锻件报废或需要返修而成为次品，折叠出现率达到 30%～40%。通过改进模具设计和模锻前的毛料外形设计，以及改进模锻时摆放毛料的方式，使折叠出现率下降到 0%，杜绝了因为折叠造成的废品和返修品出现，从而大大节约了原材料和能源消耗，节省了返修工时，明显提高了生产效率。在生产制造过程中采用无损检测技术，及时检出原始的和加工过程中出现的各种缺陷并据此加以控制，防止不符合质量要求的原材料、半成品流入下道工序，避免徒劳无功所导致的工时、人力、原材料以及能源的浪费，同时也促使设计和工艺方面的改进，亦即避免出现最终产品的"质量不足"。另一方面，利用无损检测技术也可以根据验收标准将材料、产品的质量水平控制在适合使用性能要求的范围内，避免无限度地提高质量要求造成所谓的"质量过剩"。利用无损检测技术还可以通过检测确定缺陷所处的位置，在不影响设计性能的前提下使用某些存在缺陷的材料或半成品，例如缺陷处于加工余量之内，或者允许局部修磨或修补，或者调整加工工艺使缺陷位于将要加工去除的部位等，从而可以提高材料的利用率，获得良好的经济效益。因此，无损检测技术在降低生产制造费用、提高材料利用率、提高生产效率，使产品同时满足使用性能要求（质量水平）和经济效益的需求两方面都起着重要的作用。

2. 质量鉴定

已制成的产品（包括材料、零部件等）在投入使用或进一步加工或进行组装之前，需要进行最终检验，亦即质量鉴定，确定其是否达到设计性能要求，能否安全使用，亦即判别其是否合格，以免给以后的使用造成隐患。例如，某厂使用 5CrNiMo 热作模具钢制成的三吨模锻锤用整体模，在三吨模锻锤上锻制铝合金锻件，仅生产了数十件锻件，模具即开裂报废，按模具的正常设计寿命应能至少生产数千件，其原因是该模具存在严重的过热粗晶。又如某汽车制造厂从国外进口的汽车发动机曲轴，在装配前发现曲轴轴颈部位存在若干肉眼可见的白斑，经涡流检测确认属于曲轴轴颈表面的氮化层剥落，从而避免了装配后因轴颈快速磨损甚至卡死造成发动机事故，而且通过索赔挽回了可能造成的经济损失。在许多的产品和制件中，由于例如叶片出现裂纹、齿轮含有夹渣等造成航空发动机试车以及飞行过程中发生损坏，以及类似的因为零部件质量低劣而在后续使用中早期破损甚至酿成灾难性事故的例子和教训是很多的，这里不予赘述。因此，产品使用前的质量验收鉴定是非常必要的，特别是那些将在高应力、高温、高循环载荷等复杂恶劣条件下以及恶劣环境中工作的零部件或构件等，仅仅靠一般的外观检查、尺寸检查、破坏性抽检等是远远不够的，在这方面，无损检测技术表现出能够高效的全面检查材料内外部的无比优越性。

3. 在役检测

使用无损检测技术对运行期间或正在运行中的设备构件进行经常性的或者定期的检查，或者实时监控（称为在役检测），能及时发现影响设备继续安全运行或使用的隐患，防止事故的发生。例如疲劳损伤，或者产品中原有的微小缺陷在使用过程中扩展成为危险性缺陷等。特别是对于重要的大型设备，例如锅炉、压力容器、核反应堆、飞机、铁路车辆、铁轨、桥梁建筑、水坝、电力设备、输送管道等，防患于未然，更有着不可忽视的重要意义。定期或不定期在役无损检测的目的并不仅仅是尽早发现和确认危害设备安全运行及使用的隐患并予以及时清除，从经济意义上来说，当今对无损检测技术还要求在发现早期缺陷（例如初始疲劳裂纹）后，通过无损检测技术定期或实时（连续）监视其发展，对所探测到的缺陷能够确定其类型、尺寸、位置、形状与取向等，根据断裂力学理论和损伤容限设计、耐久性等对设备构件的状态、能否继续使用、安全使用的极限寿命或者剩余寿命做出评估和判断。

综上所述，无损检测技术不仅是产品设计制造过程和最终成品静态质量控制的极重要手段，而且几乎是唯一的保障产品安全使用与运行的动态质量控制手段。因此，可以说无损检测的必要性贯穿于设计、制造和运行全过程中的各个环节，其目的可以一言以蔽之，即是为了最安全、最经济地生产和使用产品。

必须明确的是，尽管无损检测技术在生产设计、制造工艺和质量管理、质量鉴定与控制、经济成本、生产效率等方面都显示了极其重要的作用，但是无损检测技术本身对具体某项产品而言，似乎并未直接增加什么内容，即不是所谓的"成形技术"。对产品所期待的使用性能和质量只能在产品制造中达到而不可能在产品检测中达到。无损检测技术的根本作用只是保证产品的质量或使用性能符合预期的目标，但是它是一种经济效益好的、保证产品质量的、高科技的检测技术。

二、无损检测技术的发展

无损技术的发展见表 8-1。

表 8-1 无损技术的发展

项目	第一阶段	第二阶段	第三阶段
简称	NDI 阶段	NDT 阶段	NDE 阶段
汉语名称	无损探伤	无损检测	无损评价
基本工作内容	在不破坏产品的前提下，对产品进行最终检验，发现零部件中的缺陷	在无损探伤的基础上，还要对产品生产过程中的各种工艺参数进行测量	在无损检测的基础上，当认为材料中存在致命的裂纹或大的缺陷时，还要： (1) 从整体上评价材料中缺陷的分散程度 (2) 在 NDE 的信息与材料的结构性能之间建立联系 (3) 对决定材料的性质、动态响应和服役性能指标的实测值等因素进行分析和评价

在工业生产过程中大量使用到压力容器、压力管道等特种设备，加之介质大多属于易燃、易爆、有毒、有害，一旦发生事故，后果相当严重，为保证生产过程的安全，就需要定

第八章 生产装置安全检测——无损检测

期对该类设备进行检测，确保其安全运行，在工业装置的安全检测中多使用无损检测的方法。

无损检测是工业发展必不可少的有效工具，在一定程度上反映了一个国家的工业发展水平，其重要性已得到公认。我国在1978年11月成立了全国性的无损检测学术组织——中国机械工程学会无损检测分会。此外，冶金、电力、石油化工、船舶、宇航、核能等行业还成立了各自的无损检测学会或协会；部分省、自治区、直辖市和地级市成立了省（市）级、地市级无损检测学会或协会；东北、华东、西南等区域还各自成立了区域性的无损检测学会或协会。我国目前开设无损检测专业课程的高校有大连理工大学、西安工程大学、南昌航空工业学院、苏州大学等院校。在无损检测的基础理论研究和仪器设备开发方面，我国与世界先进国家之间仍有较大的差距，特别是在红外、声发射等高新技术检测设备方面更是如此。

无损检测的应用特点：

① 无损检测的最大特点就是能在不损坏试件材质、结构的前提下进行检测，所以实施无损检测后，产品的检查率可以达到100%。但是，并不是所有需要测试的项目和指标都能进行无损检测，无损检测技术也有自身的局限性。某些试验只能采用破坏性试验，因此，在目前无损检测还不能代替破坏性检测。也就是说，对一个工件、材料、机器设备的评价，必须把无损检测的结果与破坏性试验的结果互相对比和配合，才能做出准确的评定。

② 正确选用实施无损检测的时机。在无损检测时，必须根据无损检测的目的，正确选择无损检测实施的时机。

③ 正确选用最适当的无损检测方法。由于各种检测方法都具有一定的特点，为提高检测结果的可靠性，应根据设备材质、制造方法、工作介质、使用条件和失效模式，预计可能产生的缺陷种类、形状、部位和取向，选择合适的无损检测方法。

④ 综合应用各种无损检测方法。任何一种无损检测方法都不是万能的，每种方法都有自己的优点和缺点。应尽可能多用几种检测方法，互相取长补短，以保障承压设备安全运行。此外在无损检测的应用中，还应充分认识到，检测的目的不是片面追求过高要求的"高质量"，而是应在充分保证安全性和合适风险率的前提下，着重考虑其经济性。只有这样，无损检测在承压设备的应用才能达到预期目的。

常用的无损检测方法有射线照相检验（RT）、超声检测（UT）、磁粉检测（MT）和液体渗透检测（PT）四种。其他无损检测方法还有涡流检测（ET）、声发射检测（AE）、热像/红外（IRT）、泄漏试验（LT）、交流场测量技术（ACFMT）、漏磁检验（MFL）、远场测试检测方法（RFT）等。

第二节　射线照相法（RT）

射线的种类很多，其中易于穿透物质的有X射线、γ射线、高能射线三种。这三种射线都被用于无损检测，其中X射线和γ射线广泛用于锅炉压力容器焊缝和其他工业产品、结构材料的缺陷检测，而高能射线仅用于一些特殊场合（材料较厚，最厚可达120mm）。射线检测最主要的应用是探测试件内部的宏观几何缺陷（探伤）。按照不同特征（例如使用的射线种类、记录的器材、工艺和技术特点等）可将射线检测分为许多种不同的方法。

射线照相法是指用X射线或γ射线穿透试件，以胶片作为记录信息的器材的无损检测

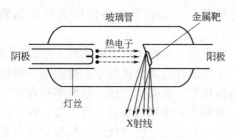

图 8-1　X 射线的发生

方法。该方法是最基本、应用最广泛的一种射线检测方法。

一、射线照相法的原理

X 射线是从 X 射线管中产生的（图 8-1），X 射线管是一种两极电子管。将阴极灯丝通电使之白炽，电子就在真空中放出，如果两极之间加几十千伏以至几百千伏的电压（也称管电压）时，电子就从阴极向阳极方向加速飞行，获得很大的动能，当这些高速电子撞击阳极时，与阳极金属原子的核外库仑场作用，放出 X 射线。电子的动能部分转变为 X 射线能，其中大部分都转变为热能。电子是从阴极移向阳极的，而电流则相反，是从阳极向阴极流动的，这个电流称为管电流，要调节管电流，只要调节灯丝加热电流即可，管电压的调节是靠调整 X 射线装置主变压器的初级电压来实现的。

利用射线透过物体时，会发生吸收和散射这一特性，可通过测量材料中因缺陷存在影响射线的吸收来探测缺陷。X 射线和 γ 射线通过物质时，其强度逐渐减弱。射线还有个重要性质，就是能使胶片感光，当 X 射线或 γ 射线照射胶片时，与普通光线一样，能使胶片乳剂层中的卤化银产生潜像中心，经过显影和定影后就黑化，接收射线越多的部位黑化程度越高，这个作用称为射线的照相作用。因为 X 射线或 γ 射线的使卤化银感光作用比普通光线小得多，所以必须使用特殊的 X 射线胶片，这种胶片的两面都涂敷了较厚的乳胶。此外，还使用一种能加强感光作用的增感屏，增感屏通常用铅箔做成。把这种曝过光的

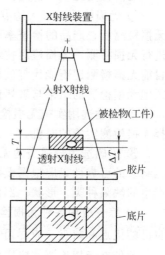

图 8-2　X 射线照相原理

胶片在暗室中经过显影、定影、水洗和干燥，再将干燥的底片放在观片灯上观察，根据底片上有缺陷部位与无缺陷部位的黑度图像不一样，就可判断出缺陷的种类、数量、大小等，这就是射线照相探伤的原理（图 8-2）。

二、X 射线检测的应用

X 射线无损检测应用领域非常广泛，在材料测试、食品检测、制造业、电器、仪器仪表、电子、汽车零部件、医学、生物学、军工、考古、地质等领域都有不俗的表现，见表 8-2。

表 8-2　X 射线无损检测的应用

应用领域	典型案例	可能检测的内容
材料测试	合金铸件	收缩孔、缺料、多孔砂眼、裂缝、异型、夹杂物
	可塑型材	呼吸孔、缺料、多孔砂眼、裂缝、异型、夹杂物
	涡轮、百叶	损坏、夹杂物、裂缝、阻塞
	管道	壁厚测量、裂缝、夹杂物、收缩孔、多孔砂眼、腐蚀状态
	焊缝	裂缝、孔、虚焊、结构缺陷、纵向缺陷、夹杂物
	电磨刀片	缺料、裂缝、多孔砂眼、异型、夹杂物

续表

应用领域	典型案例	可能检测的内容
制造业	玩具	异物、组装缺陷、缺少零件
	鞋	异物(铁钉)、脱线、脱胶、皮革断裂
电器仪器仪表	自动开关	电缆断裂、连接件缺陷、缺少零件、组装缺陷、弹簧断裂、焊点脱落失效
	热水器	电线断裂、电缆断裂、零部件位置、缺少零件、连接件缺陷
	电吹风机	电缆断裂、连接件或接点缺陷、缺少零件、加热元件破裂、零部件位置
	加热元件	电缆断裂、加热螺旋线断裂、接点缺陷、加热螺旋线位置错误
	电缆接头	电缆断裂、短路、焊点脱落失效
	节能灯	灯丝缺陷、电线断裂、连接件缺陷、玻璃灯罩缺陷、缺少零件、组装缺陷、组装不完整
	电池	连接件或接点缺陷、缺少零件、零部件位置
	电子、信用卡电子芯片	黏结缺陷、连接线撕裂、小片断裂、焊点缺陷
	印刷电路板	焊点脱落失效、组装不完整、印刷电路板导线和焊盘位置错误
汽车零部件	轮胎	骨架和护带的位置和方向、钢丝状况、橡胶中夹杂异物或空气
	轮毂	断裂、结构缺陷

如图 8-3～图 8-5 所示的 X 射线图像，使得许多造成次品的原因一目了然。使用自动化数字 X 射线无损检测系统可以实现在线 100% 的检查，从而实现零故障率。

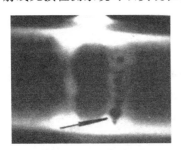

图 8-3　焊缝未焊透

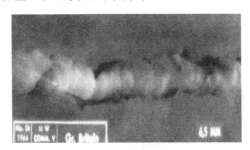

图 8-4　焊缝咬边

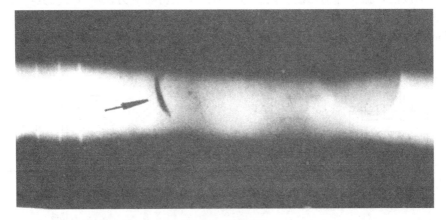

图 8-5　焊缝裂纹

三、射线照相法的特点

射线照相法的优点和局限性：

① 可以获得缺陷的直观图像，定性准确，对长度、宽度尺寸的定量也比较准确。
② 检测结果有直接记录，可长期保存。
③ 对体积型缺陷（气孔、夹渣、夹钨、烧穿、咬边、焊瘤、凹坑等）检出率很高，对面积型缺陷（未焊透、未熔合、裂纹等），如果照相角度不适当，容易漏检。
④ 适宜检验厚度较薄的工件而不宜检验较厚的工件，因为检验厚工件需要高能量的射线设备，而且随着厚度的增加，其检验灵敏度也会下降。
⑤ 适宜检验对接焊缝，不适宜检验板材、棒材、锻件等。
⑥ 对缺陷在工件中厚度方向的位置、尺寸（高度）的确定比较困难。
⑦ 检测成本高、速度慢。
⑧ 具有辐射生物效应，能够杀伤生物细胞，损害生物组织，危及生物器官的正常功能。

第三节 超声波检测（UT）

超声波属于机械波范畴。超过人耳听觉，频率大于 20000Hz 的声波称为超声波。用于工业检测的超声波，频率为 0.4~25MHz，其中用得最多的是 1~5MHz。

超声波检测方法很多，但目前用得最多的是脉冲反射法，在显示超声信号方面，目前用得最多而且较为成熟的是 A 显示。下面主要叙述 A 显示脉冲反射超声探伤法。

一、超声波的发生及其性质

1. 超声波的发生和接收

超声波探伤用的高频超声波是通过压电换能器获得的。所谓压电效应是指将电振动转换成机械振动或将机械振动转换成电振动的物理现象。压电材料主要采用石英、钛酸钡、锆钛酸铅和硫酸锂。通常在超声波探伤中只使用一个晶片，这个晶片既作发射又作接收。

2. 超声波的种类

超声波在不同介质中传播的波形不同。空气中和水中只有声波的介质质点振动方向与传播方向一致的波能传播，称为纵波。因固体介质能承受剪切应力，所以可在其中传播多种波形，除了纵波外还有介质质点振动方向和波传播的方向垂直的波，称为横波。此外，还有在固体介质的表面传播的表面波和在薄板中传播的板波，它们都可用来探伤。

在超声波探伤中，通常用直探头来产生纵波（图 8-6）。用斜探头来产生横波（图 8-7）。

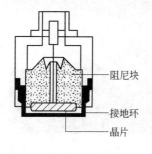

图 8-6 直探头

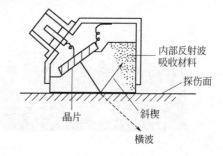

图 8-7 斜探头

3. 超声波特征参数

① 声速。声速是由传播介质的弹性系数、密度以及声波的种类决定的，它与频率和晶

片没有关系。水中波的声速约为 1500m/s，钢中纵波的声速约为 5900m/s，横波的声速约为 3230m/s。表面波的声速约为 3007m/s。

② 波长。波在一个周期内或者说质点完成一次振动所经过的路程称为波长，用 λ 表示，根据频率 f 和波速 C 的定义，三者有下式关系：

$$C = f\lambda \tag{8-1}$$

在钢中传播的频率为 2MHz 的纵波的波长为 2.95mm。横波的波长为 1.6mm。

充满超声波的空间称为超声场，描述超声场的特征量有声压、声强和声阻抗。

③ 声压 P。超声场中某一点在某一瞬时所具有的压强 P_1 与没有超声波存在时同一点的静态压强 P_0 之差称为声压，即：

$$P = P_1 - P_0 = \rho C v \tag{8-2}$$

④ 声强 I。在垂直于超声波传播方向上单位面积、单位时间内通过的超声能量称为声强。

超声波探伤根据缺陷返回的超声信号的声压和声强来判断缺陷大小，超声信号的声压越高，示波屏上显示的回波也就越高，据此判断缺陷的"当量"值也越大。

⑤ 声阻抗 Z。声阻抗表示介质的声学性质，$Z = \rho C$。

由公式 $P = \rho C v = Zv$ 可知，在同一声压 P 情况下，ρC 越大，质点振动速度 v 越小；反之 ρC 越小，质点振动速度 v 越大。

⑥ 分贝 dB。分贝是计量声强和声压的单位。超声波探伤中，通常是采用比较两个信号的声压值的方法来描述缺陷的大小。分贝值的计算公式为

$$\Delta = 20\lg(P_2/P_1) \tag{8-3}$$

式中，P_1、P_2 为两个不同信号的声压。由公式可以算出，如果 P_2 比 P_1 大一倍，则两信号的分贝差值为 6dB。

由于超声波信号在示波屏上的波高 H 与声压 P 成正比，所以不同波高的分贝差值的计算公式为：

$$\Delta = 20\lg(H_2/H_1) \tag{8-4}$$

4. 界面的反射和透射

当超声波传到缺陷、被检物底面或者异种金属结合面，即两种不同声阻抗的物质组成的界面时，会发生反射。

(1) 垂直入射时的反射和透射 当超声波垂直地传到界面上时，一部分超声波被反射，而剩余的部分就穿透过去，这两部分的比例取决于两种介质的声阻抗。计算声压反射率 R 和声压透射率 D 的公式为：

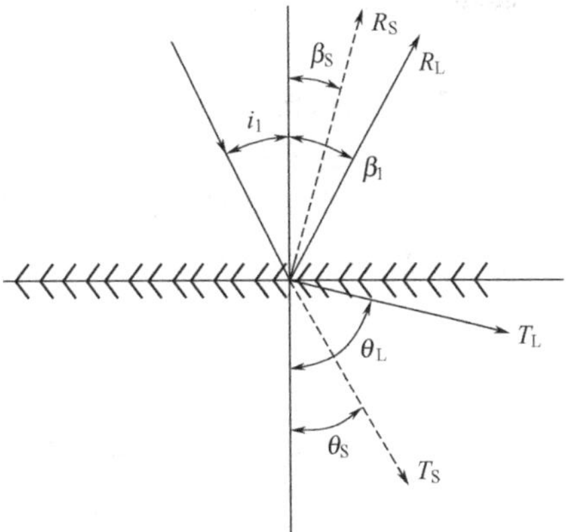

$$R = \frac{Z_2 - Z_1}{Z_2 + Z_1}$$

$$D = \frac{2Z_2}{Z_2 + Z_1} \tag{8-5}$$

图 8-8 固体与固体间的折射和反射
i—入射角；β—反射角；θ—折射角；
R—反射波；T—折射波

式中，Z_1，Z_2 为两种介质的声阻抗。

例如当钢中的超声波传到底面遇到空气界面时，由于空气与钢的声速和密度相差很大，超声波在界面上接近 100% 地反射，几乎完全不会传到空气中（只传出来约 0.002%），而钢同水接触时，则有 88% 的声能被反射，有 12% 的声能穿透进入水中。

对于复合板钢材，可以通过测试其声波反射率来检测复合材料之间结合得好不好，结合

得不好的部位反射率高,结合得好的部位反射率低。通过超声波在界面上反射和透射的特性,还可得知,如果探头与被检物之间有空气时,超声波因在界面上全部被反射而不能进入工件,这就是为什么在探伤时,必须在探头与工件之间涂机油或者甘油等耦合剂。而当表面不平、粗糙或耦合剂涂布不好时,会造成灵敏度下降和漏检。

(2) 斜射时的反射和折射　超声波斜射到界面上时,在界面上会产生反射和折射。假如介质为液体、气体时,反射波和折射波只有纵波。

把斜探头接触钢件时,因为两者都是固体,所以反射波和折射波都存在纵波和横波,这种情况如图 8-8 所示。此时,反射角和折射角是由两种介质中的声速来决定的。

折射角的计算公式为:

$$\frac{\sin i_1}{C_1} = \frac{\sin \theta_L}{C_{L2}} = \frac{\sin \theta_S}{C_{S2}} \tag{8-6}$$

式中　i_1——入射角;

　　　C_1——入射波声速;

　　　θ_L——纵波折射角;

　　　C_{L2}——第二介质的纵波声速;

　　　θ_S——横波折射角;

　　　C_{S2}——第二介质的横波声速。

从斜探头晶片发出的纵波传入斜楔后,斜射到探伤面上,当入射角度大于第一临界角时,纵波全部反射,第二介质中只有折射横波。当入射角大于第二临界角时,第二介质中的折射横波也将不存在,只有沿工件表面传播的表面波。实用斜探头的纵波的入射角控制在第一临界角与第二临界角之间,其折射角范围为 38°~80°。折射角大小也可用其正切值表示,称为 K 值,例如折射角 45°的探头 K 值为 1,K 值为 2 的探头就是折射角为 63.4°的探头。

5. 指向性

声束集中向一个方向辐射的性质,叫做声波的指向性。高频超声波具有良好的指向性,这有利于超声波探伤发现缺陷,确定缺陷位置。如图 8-9 所示,晶片发出的超声波,在某一个范围内,声速是不扩散的,可是,发射到一定距离后,由于晶片的制约力减弱,声束就扩散了。超声波探头的声场中,在一定角度 θ 中包含了大部分的超声波能量,这个角度就称为指向角(或称半扩散角)。指向角 θ_0 与超声波波长 λ、晶片直径 D 的关系为:

$$\theta_0 = \arcsin(1.12\lambda/D) \tag{8-7}$$

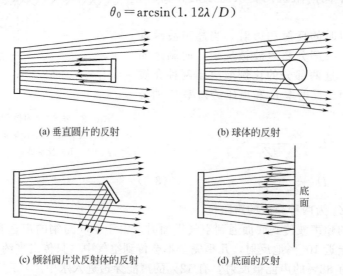

(a) 垂直圆片的反射　　(b) 球体的反射

(c) 倾斜阀片状反射体的反射　　(d) 底面的反射

图 8-9　缺陷对声波的反射

频率愈高（即波长愈短），晶片愈大，则指向角就愈小。目前实际应用的探头，其指向角 θ_0 在几度到十几度的范围内。

6. 近场区与远场区

在超声波探头的声场中，按声压变化规律分为近场区和远场区两个区域。在近场区内，由于波的干涉效应使某些地方声压相互干涉而加强，另一些地方相互干涉而减弱，其结果是声压起伏变化很大，出现许多个声压极大和极小点。在声束轴线上最后一个声压极大值至声源的距离称为近场长度，用 N 表示。N 值大小与晶片直径 D 以及波长有关：

$$N = \frac{D^2}{4\lambda} \tag{8-8}$$

近场区内探测缺陷在定量上会出现误差，同一尺寸缺陷，出现在声压极大值处回波较高，而在声压极小值处则回波较低，因此要避免在近场区对缺陷定量。

声场中近场区以外的区域称为远场区，远场区内声束轴线上的声压随距离的增大而降低。

7. 小物体上的超声波反射

当超声波碰到缺陷时，会反射和散射。可是，如果缺陷的尺寸小于波长的一半时，由于衍射，波就会绕过缺陷传播，这样波的传播就与缺陷的存在与否没有关系了。因此，在超声波探伤中，缺陷尺寸的检出极限约为超声波波长的一半。

缺陷的尺寸愈大，愈容易反射。但由于缺陷形状和方向不同，其反射的方式也有所不同。超声波与光波十分相似，具有直线前进的性质，其反射的方式如图 8-10 所示。

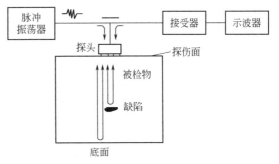

图 8-10 脉冲反射法的原理

假如超声波垂直地入射到平面状的反射体（如裂纹）时，大部分反射波都返回到晶片，可以得到很高的缺陷回波，可是球形缺陷（如气孔）的反射波因为是各个方向的反射，回到晶片的反射波较少，所以缺陷回波较低。另外，虽然是平面状缺陷，但如果是倾斜的话，也可能几乎没有反射波返回晶片。从超声波入射面（即探伤面）的对面即工件的底面反射回来的超声波称为底面回波。

二、超声波检测的原理和方法

超声波的垂直入射纵波探伤和倾斜入射横波探伤是超声波探伤中两种主要的探伤方法。两种方法各有用途，互为补充，纵波探伤主要能发现与探测面平行或稍有倾斜的缺陷，主要用于钢板、锻件、铸件的探伤，而斜射的横波探伤主要能发现垂直于探测面或倾斜较大的缺陷，主要用于焊缝的探伤。

1. 垂直探伤法

脉冲反射式超声波探伤仪垂直探伤法的原理如图 8-11 所示。

受电脉冲激励的晶片振动产生超声波脉冲，以 5900m/s 的速度在钢工件内传播，碰到缺陷时，一部分从缺陷反射回到晶片，而另一部分未碰到缺陷的超声波继续前进，一直到被检物底面才反射回来。因此，缺陷处反射的超声波先回到晶片，底面反射的超声波后回到晶片。回到晶片上的超声波又反过来被转换成电脉冲，通过接收、放大显示在荧光屏上。

当探头被激励而向工件发射超声波时，激励脉冲也被反馈致接收电路，触发时基电路开始扫描，在时基线的始端出现一个很强的脉冲波，这个波称为"始波"，用 T 表示；当探头接收到底面反射回来的声波时，时基线上右边相应呈现一个表示底面反射的脉冲波，称为"底波"，用 B 表示。时基线由 T 扫描到 B 的时间正等于超声脉冲从探头到底面又返回探头的传播时间，因此，可以说从 T 到 B 之间的距离代表了工件的厚度。如果工件中有缺陷，探头接收到缺陷反射回来的声波时，时基线上相应呈现出一个代表缺陷的脉冲波，用 F 表示。显然，缺陷波所经时间短于底波所经时间，故缺陷波 F 应处于 T 与 B 之间。利用 T、F、B 之间的距离关系可对缺陷定位（图 8-11）。

因缺陷回波高度 h_f 是随缺陷尺寸的增大而增高的。所以可由缺陷回波高度 h_f 来估计缺陷大小。当缺陷很大时，可以移动探头，按显示缺陷的范围求出缺陷的延伸尺寸。

2. 斜射探伤法

在斜射法探伤中，由于超声波在被检物中是斜向传播的，超声波斜向射到底面，所以不会有底面回波。因此，不能再用底面回波调节来对缺陷进行定位。而要知道缺陷位置，需要用适当的标准试块来把示波管横坐标调整到适当状态。通常采用 CSK-1A 和横孔试块来进行调整。

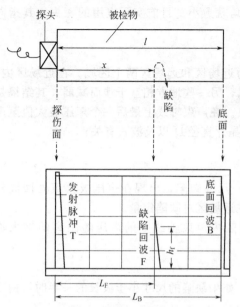

图 8-11 纵波探伤法原理示意图

在测定范围做了适当调整后，探测到缺陷时，从示波管上显示的探头到缺陷的距离 W 与缺陷位置的关系如图 8-12 所示。从以下关系式可以求出缺陷位置水平距离 X 和缺陷深度（垂直距离）d。

$$X = W\sin\theta$$
$$d = W\cos\theta$$

从图 8-12 看出，横波探伤中的位置不仅取决于声程 W，还取决于折射角 θ，所以横波探伤中扫描线的调节比纵波要复杂一些。对扫描线的调节，往往是横波探伤中一个重要的不可缺少的步骤。

目前对扫描线的调整有三种方法。

① 按水平距离调整扫描线，使时基线刻度按一定比例代表反射点的水平距离 X，在探伤时，根据缺陷波在荧光屏上水平刻度线上的位置可直接读出缺陷的水平距离。

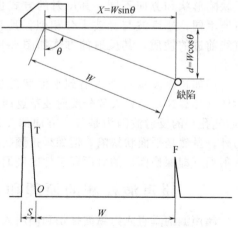

图 8-12 斜射法探伤的几何关系
S—斜楔中的延迟；W—缺陷的声程式；θ—折射角；
X—缺陷的水平距离；d—缺陷的垂直距离；
F—缺陷反射波；T—始波

② 按深度调整扫描线，使时基线刻度按一定比例代表反射点的深度 d。在探伤时，根据缺陷波在荧光屏上水平刻度线上的位置可直接读出缺陷的深度。

③ 按声程调整扫描线，使时基线刻度按一定比例代表反射点的声程 W。在探伤时，根据缺陷波在荧光屏上时基线上的位置可直接读出缺陷的声程。

以上三种扫描线调节方法，其中第一种主要用于中薄板焊缝探伤中，第二种用于厚板焊缝探伤中，第三种用于形状复杂的工件探伤。

3. 超声波探伤操作要点

超声脉冲 A 显示探伤操作要点如下。

① 探伤时机选择。根据要达到的检测目的，选择最适当的探伤时机，例如，为减小粗晶粒的影响，电渣焊焊缝应在正火处理后探伤，为估计锻造后可能产生的锻造缺陷，应在锻造全部完成后对锻件进行探伤。

② 探伤方法选择。根据工件情况，选定探伤方法，如对焊缝选择单斜探头接触法，对钢管选择聚焦探头水浸法，对轴类锻件探伤，选用单探头垂直探伤法。

③ 探伤仪器的选择。根据探伤方法及工件情况，选定能满足工件探伤要求的探伤仪进行探伤。

④ 探伤方向和扫查面的选定。进行超声波探伤时，探伤方向很重要，探伤方向应以能发现缺陷为准。应由缺陷的种类和方向来决定，如轧制钢板中，钢板内的缺陷是沿轧制方向伸展的，因此采用纵波垂直探伤使超声波束垂直投射在缺陷上，这样缺陷回波最大；焊缝探伤时，应根据焊缝坡口形式和厚度选择扫查面，从一面两侧还是两面四侧探伤。

⑤ 频率的选择。根据工件的厚度和材料的晶粒大小，合理选择探伤频率，例如对粗晶的探伤，不宜选用高频，因为高频衰减大，往往得不到足够的穿透力。

⑥ 晶片直径、折射角的选定。根据探伤的对象和目的，合理选用晶片尺寸和折射角。例如探测大厚度工件要选择大尺寸晶片；焊缝的单斜探头探伤主要用 45°～70°折射角。在板厚大或没有余高时，用小折射角；板厚小或有余高时，用大折射角。

⑦ 探伤面修整。不适于探伤的探伤表面，必须进行适当的修整，以免不平整的探伤面影响探伤灵敏度和探伤结果。

⑧ 耦合剂和耦合方法的选择。为使探头发射的超声波传入试件，应使用合适的耦合剂。例如对粗糙表面进行探伤时，应选用黏性大的水玻璃或浆糊作耦合剂；手工探伤时，为保持耦合稳定，要用手或重物加上 1～2kg 的力；为使耦合稳定，在曲面上探伤时，探头可装上弧形导块。

⑨ 仪器调节和探头测试。用试块调节仪器的扫描线，使之与声程成比例。使用斜探头时，应测试出探头的折射角和入射点。

⑩ 距离波幅曲线制作和探伤灵敏度确定。用适当的标准试块的人工缺陷测出波幅随距离增加而降低的曲线，并根据探测距离和回波高度确定探伤灵敏度（直探头探伤时可用试件无缺陷底面回波调节灵敏度）。

⑪ 进行粗探伤和精探伤。为了大概了解缺陷的有无和分布状态，以较高的灵敏度进行全面扫查，称为粗探伤。对粗探伤发现的缺陷进行定性、定量、定位，就是精探伤。

由于超声波探伤中，缺陷信息是用回波来显示的，在调节好的仪器示波屏上，波的位置表示缺陷的位置，因此缺陷定位比较容易。

对比较小（一般认为小于探头晶片尺寸）的缺陷，可用波高来表示缺陷的大小，把与缺陷波高相等的人工缺陷尺寸作为缺陷尺寸，称为"当量尺寸"。对比较大的缺陷，通常采用"半波高度法"测定缺陷的边界，测得的缺陷长度或面积称为"指示长度"或"指示面积"。无论是"当量尺寸"，还是"指示长度""指示面积"都不等同于缺陷的实际尺寸。

超声波探伤对缺陷定量更为困难，即使有经验的人员也只能从波形变化特征中做出大致判断，所以不要求探伤人员对缺陷定量。

⑫ 写出检验报告。根据有关标准，对探伤结果进行分级、评定，写出检验报告。

三、超声波测厚仪

超声波测厚仪（图 8-13）是利用该仪器具有精确测量返回波时间的能力来测量部件的

厚度。根据大部分被检验材料的弹性模量和密度，即可知道其传声的速度。把这种材料的弹性模量和密度两个因素结合起来，乘以传递的时间和速度，即可算出到缺陷的距离或部件厚度的比较精确的数值。要测量管子、压力容器或铸件的厚度，可从其一侧某一部分进行。超声波仪器是比测仪器，必须按已知的设定值来标定，才能得出有意义的结果。必须引起注意的是，不锈钢铸件的晶粒通常粗大，因而超声波探测时应采用特殊设计探头（低频）。

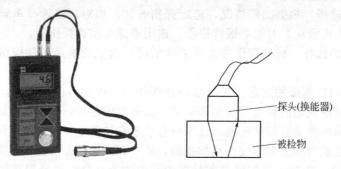

图 8-13　超声波测厚仪

超声波测厚仪一般采用数字直接读出以显示壁厚，其声速也可按材料性质来调节。

在高温下测厚不能用普通的测厚仪，而要采用高温压电测厚仪。国外炼油厂及石油化工厂高温设备在线检测十分普遍。由于测试件的声速随温度而变化，故测量此类设备时应使用专用高温探头，高温测厚时也必须使用特殊的超声波耦合剂。

四、超声波检测的特点

在金属的探测中，超声波检测具有如下特点：

① 面积型缺陷的检出率较高，体积型缺陷的检出率较低。

② 适宜检验厚度较大的工件，例如直径达几米的锻件，厚度达几百毫米的焊缝。不适宜检验较薄的工件，例如对厚度小于 8nm 的焊缝和 6mm 的板材的检验是困难的。

③ 适用于各种试件，包括对接焊缝、角焊、板材、管材、棒材、锻件以及复合材料等。

④ 检验成本低、速度快，检测仪器体积小、重量轻，现场使用较方便。

⑤ 无法得到缺陷直观图像，定性困难，定量精度不高；对缺陷在工件厚度方向上定位较准确。

⑥ 材质、晶粒度对探伤有影响，例如铸钢材料和奥氏体不锈钢焊缝，因晶粒粗大不宜用超声波进行探伤。

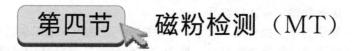

第四节　磁粉检测（MT）

一、磁粉检测的原理

1. 磁场的概念

自然界有些物体具有吸引铁、钴、镍等物质的特性，我们把这些具有磁性的物体称为磁体。使原来不带磁性的物体变得具有磁性称为磁化，能够被磁化的材料称为磁性材料。磁体各处的磁性大小不同，在它的两端最强，这两端称为磁极。每一磁体都有一对磁极，即 N 极和 S 极。它们具有不可分割的特性，即使把磁体分割成无数小磁体，每一个小磁体同样存在 N 极和 S 极。

如果把两块磁铁的同性磁极靠在一起，两个磁体之间就存在一个相斥的力使磁体分离；而把磁体的异性磁极靠在一起，则两块磁铁之间就存在一个相吸的力，使磁铁靠近。这说明磁体周围空间存在磁力作用，我们称磁力作用的空间为磁场。

为了形象地描述磁场，人们采用了磁力线的概念（图 8-14），并且规定：①磁力线密度表示磁感应强度大小，磁力线密度大的地方表示感应强度大，磁力线密度小的地方表示感应强度小；②磁力线方向表示磁场的方向；③磁力线永远不会相交；④磁力线由磁铁的 N 极出发经外部空间到达 S 极，再由 S 极经磁体内部回到 N 极，形成闭合曲线。

2. 通电导体产生的磁场

当电流通过导体时，会在导体的周围产生磁场。通电导线产生的磁场方向与电流方向的关系可用右手定则来描述。

如图 8-15 所示，用右手握住导线，大拇指表示电流的方向，其余四指的弯曲方向即为导线产生周向磁场方向。

如通电导体是一个螺管线圈，也可用右手定则来判断磁场方向，其方法是：用右手握住线圈，弯曲的四指表示电流在线圈中的方向，伸直的大拇指则表示磁场的方向（图 8-16）。

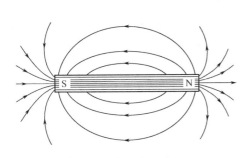

图 8-14　磁铁的磁力线

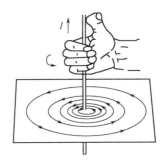

图 8-15　右手定则

3. 描述磁场的几个物理量

① 磁场强度 H。表征磁化强度的物理量，其数值大小取决于电流 I，I 越大，H 值也越大。单位为安培/米（A/m）。

② 磁感应强度 B。表征被磁化了的磁介质中磁场强度大小的物理量，单位为特斯拉 T。

③ 磁导率 μ。表征介质磁特性的物理量。$\mu=\mu_0\mu_r$，其中 μ_0 为真空中的磁导率，$\mu_0=4\pi\times10^{-7}$ A/m。μ_r 为相对磁导率，不同介质的 μ_r 值不同，其中非铁磁材料的 μ_r 值约等于 1，铁磁材料的 μ_r 值在几十到几千之间。

磁感应强度 B、磁导率 μ、磁场强度 H 三者之间有以下关系

$$B=\mu H=\mu_0\mu_r H \tag{8-9}$$

由上式可以看出，在磁场强度 H、电流 I 一定的情况下，不同介质中感生的磁感应强度 B 各不相同，铁磁材料中的 B 值比非铁磁材料可大几百甚至几千倍。

4. 磁材料的磁化曲线

通用 B-H 曲线来描述铁磁性材料的磁化过程（图 8-17）。B-H 曲线又称为磁化曲线。它有下列几个阶段。

① Oa 段称为起始磁化段，由于磁畴的惯性，当 H 增加时，B 不能立即上升很快，使得这一阶段曲线较平缓。这时的磁化过程是可逆的；即当 H 退回到零，B 也会退回到零。

② ab 段，称为直线段，B 随着 H 的增加而很快增加。这个阶段的过程是不可逆的，即 H 退回到零，B 并不沿原曲线减退。

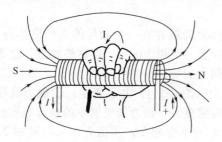

图 8-16 通电螺管线圈右手定则

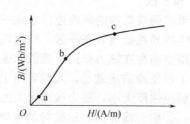

图 8-17 铁磁质的磁感应强度 B 与磁场强度 H 之间的关系

③ bc 段，由于大部分磁畴已转向 H 方向，H 增加只有少数磁畴转向，B 增加变慢，曲线变缓。

④ c 点以后，称为磁饱和阶段，由于磁畴几乎全部转向 H 方向，H 增加，B 几乎不再增加。

如果磁化电流是交流电，随着电流 I 方向和大小的改变，H、B 的方向和大小也随之改变。

表示循环交变过程 B 与 H 关系的曲线称为磁滞曲线，如图 8-18 所示。铁磁性材料磁化到饱和磁感应强度 B_m 时，再减少正向外加磁场 H 值，就会发现 B 值减少缓慢，这一现象称为磁滞。当 H 减小到零时，B 并不为零，而有剩余磁感应强度 B_r，B_r 称为剩磁。如果再消除这个剩磁，则要外加反向磁场 H_c。H_c 称为矫顽力，反向增大磁场到 $-H_m$，再由 $-H_m$ 到 $+H_m$，这样形成的一个闭合曲线称为磁滞回线。

5. 磁粉检测原理

铁磁性材料被磁化后，其内部产生很强的磁感应强度，磁力线密度增大几百倍到几千倍，如果材料中存在不连续性（包括缺陷造成的不连续性和结构、形状、材质等原因造成的不连续性），磁力线会发生畸变，部分磁力线有可能逸出材料表面，从空间穿过，形成漏磁场，漏磁场的局部磁极能够吸引铁磁物质。

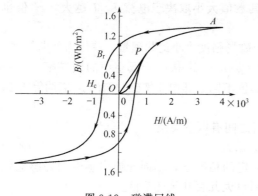

图 8-18 磁滞回线

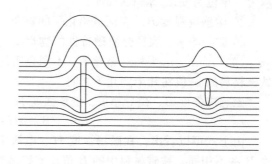

图 8-19 缺陷漏磁场

从图 8-19 可看出，试件中裂纹造成的不连续性使磁力线畸变，由于裂纹中空气介质的磁导率远远低于试件的磁导率，使磁力线受阻，一部分磁力线挤到缺陷的底部，一部分穿过裂纹，一部分排挤出工件的表面后再进入工件。如果这时在工件上撒上磁粉，漏磁场就会吸附磁粉，形成与缺陷形状相近的磁粉堆积。我们称其为磁痕，从而显示缺陷。当裂纹方向垂直于磁力线的传播方向时，漏磁场强度最大，检出率最高；当裂纹方向平行于磁力线的传播方向时，磁力线的传播不会受到影响，这时缺陷也不可能检出。

6. 影响漏磁场的几个因素

① 外加磁场强度越大,形成的漏磁场强度也越大。

② 在一定的外加磁场强度下,材料的磁导率越高,工件越易被磁化,材料的磁感应强度越大,漏磁场强度也越大。

③ 当缺陷的延伸方向与磁力线的方向成90°时,由于缺陷阻挡磁力线穿过的面积最大,形成的漏磁场强度也最大。随着缺陷方向与磁力线方向的夹角从90°逐渐减小(或增大),漏磁场强度明显下降,因此,磁粉探伤时,通常需要在两个(两次磁力线的方向互相垂直)或多个方向上进行磁化。

④ 随着缺陷的埋藏深度增加,溢出工件表面的磁力线迅速减少。缺陷的埋藏深度越大,漏磁场就越小。因此,磁粉探伤只能检测出铁磁材料制成的工件表面或近表面的裂纹及其他缺陷。

二、磁粉检测的操作要点

1. 磁化方法

常用的磁化方法如图8-20所示,可分为(a)线圈法;(b)磁轭法;(c)轴向通电法;(d)触头法;(e)中心导体法;(f)旋转磁场磁化法。

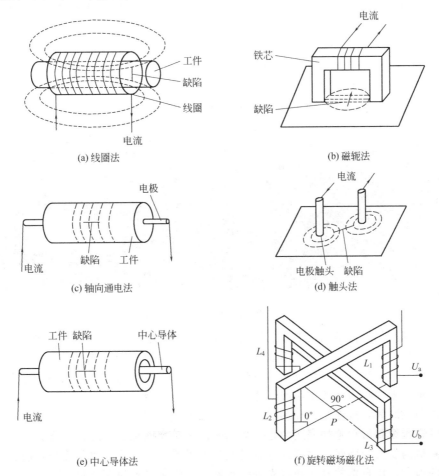

图 8-20 常用的磁化方法

按磁力线方向分类,图8-20的(a)、(b)称为纵向磁化,(c)~(e)称为周向磁化,

(f) 称为两相交流复合磁化。实际工作中可根据试件的情况选择适当的磁化方法。

2. 磁粉探伤方法分类

磁粉探伤方法有多种分类方式。

按检验时机可分为连续法和剩磁法。磁化、施加磁粉和观察同时进行的方法称为连续法，先磁化后施加磁粉和检验的方法称为剩磁法。剩磁法只适用于剩磁很大的硬磁材料，例如某些高压螺栓可以应用。压力容器材料多为软磁材料，所以焊缝的检测一般都是采用连续法。

按使用的电流种类可分为交流法直流法两大类。交流电因有集肤效应，对表面缺陷检测灵敏度较高，压力容器焊缝的检测采用的磁轭法不宜采用直流，对厚度在 10mm 以上的焊缝，直流磁轭的效果很差，所以必须用交流磁轭。

按施加磁粉的方法分类可分为湿法和干法。其中干法直接喷洒干粉，湿法采用磁悬液。前者多用于粗糙表面，后者适宜检测表面光滑的工件上的细小缺陷。对压力容器焊接接头表面呈焊态和轧制态，比较光滑，如果要求检出很细小的裂纹，就一定要用湿法。

按磁粉的种类可分为荧光法和非荧光法。其中荧光法所用的磁粉外表面用荧光染料包覆，在紫外光照射下发出明亮的黄绿光，显示对比度很高，所以比非荧光法的灵敏度高得多。

交流法、连续磁化法、荧光法、湿法是大型压力容器内壁焊缝检测常用的、效果较好的探伤方法。

3. 磁粉探伤的操作程序

探伤操作包括以下几个步骤：预处理、磁化和施加磁粉、观察、记录以及后处理（包括退磁）等，常用磁粉探伤仪见图 8-21。

图 8-21 磁粉探伤仪

（1）预处理 把试件表面的油脂、涂料以及铁锈等去掉，以免妨碍磁粉附着在缺陷上。用干磁粉时还应使试件表面干燥。组装的部件要一件一件地拆开后进行探伤。

（2）磁化 选定适当的磁化方法和磁化电流值，然后接通电源，对试件进行磁化操作。

（3）施加磁粉 按所选的干法或湿法施加干粉或磁悬液。

磁粉的喷撒时间，按连续法和剩磁法两种施加方式。连续法是在磁化工件的同时喷洒磁粉，磁化一直延续到磁粉施加完成为止。而剩磁法则是在磁化工件之后才施加磁粉。

（4）磁痕的观察与判断 磁痕的观察是在施加磁粉后进行的，用非荧光磁粉探伤时，在光线明亮的地方，用自然的日光和灯光进行观察；而用荧光磁粉探伤时，则在暗室等暗处用紫外线灯进行观察。在磁粉探伤中，肉眼见到的磁粉堆集简称磁痕，但不是所有的磁痕都是缺陷，形成磁痕的原因很多，所以对磁痕必须进行分析判断，把假磁痕排除掉，有时还需用其他探伤方法（如渗透探伤法）重新探伤进行验证。

为了记录磁粉痕迹，可照相或用透明胶带把磁痕粘下备查，这样的记录具有简便、直观的优点。

(5) 后处理 探伤完后，根据需要，应对工件进行退磁、除去磁粉和防锈的处理。进行退磁处理的原因是因为剩磁可能造成工件运行受阻和加大零件的磨损，尤其是转动部件经磁粉探伤后，更应进行退磁处理。退磁时，一边使磁场反向，一边降低磁场强度。

三、磁粉检测的特点

磁粉检测的特点如下。

① 适宜铁磁材料探伤，不能用于非铁磁材料检验。

② 可以检出表面和近表面缺陷，不能用于检查内部缺陷。可检出的缺陷埋藏深度与工件状况、缺陷状况以及工艺条件有关，一般为 1～2mm，较深者可达 3～5mm。

③ 检测灵敏度很高，可以发现极细小的裂纹以及其他缺陷。

④ 检测成本很低，速度快。

⑤ 工件的形状和尺寸有时对探伤有影响，因其难以磁化而无法探伤。

第五节 渗透检测（PT）

一、渗透检测的原理

渗透检测的原理是：零件表面被施涂含有荧光染料或着色染料的渗透液后，在毛细管作用下，经过一定时间，渗透液可以渗进表面开口的缺陷中；经去除零件表面多余的渗透液后，再在零件表面施涂显像剂，同样，在毛细管作用下，显像剂将吸引缺陷中保留的渗透液，渗透液回渗到显像剂中；在一定的光源下（紫外线光或白光），缺陷处的渗透液痕迹被显示（黄绿色荧光或鲜艳红色），从而探测出缺陷的形貌及分布状态。

渗透检测操作的基本步骤有以下四个。

① 渗透。首先将试件浸渍于渗透液中或者用喷雾器或刷子把渗透液涂在试件表面。如果试件表面有缺陷时，渗透液就渗入缺陷，这个过程即为渗透，如图 8-22(a) 所示。

② 清洗。待渗透液充分地渗透到缺陷内之后，用水或清洗剂把试件表面的渗透液洗掉，这个过程即为清洗。如图 8-22(b) 和 (c) 所示。

③ 显像。把显像剂喷撒或涂敷在试件表面上，使残留在缺陷中的渗透液吸出，表面上形成放大的黄绿色荧光或者红色的显示痕迹，这个过程称为显像，如图 8-22(d) 所示。

④ 观察。荧光渗透液的显示痕迹在紫外线照射下呈黄绿色，着色渗透液的显示痕迹在自然光下呈红色。用肉眼观察就可发现很细小的缺陷。这个过程称为观察，如图 8-22(e) 所示。

在渗透探伤中，除上述基本步骤外，还有可能增加另外一些工序，例如，有时为了渗透容易进行，要进行预处理；使用某些种类显像剂时，要进行干燥处理；为了使渗透液容易洗掉，对某些渗透液要做乳化处理。

渗透探伤能检测出的缺陷的最小尺寸是由探伤剂的性能、探伤方法、探伤操作的好坏和试件表面的状况等因素决定的，不能一概而论，但一般能将深 0.02mm、宽 0.002mm 的缺陷检测出来。

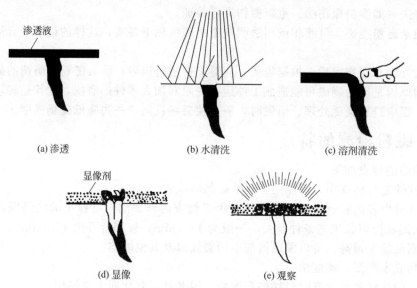

图 8-22 渗透探伤的操作过程

二、渗透检测的优点

① 可检测各种材料，包括金属、非金属材料，磁性、非磁性材料；可采用焊接、锻造、轧制等加工方式。

② 具有较高的灵敏度（可发现 $0.1\mu m$ 宽缺陷）。

③ 显示直观、操作方便、检测费用低。

三、渗透检测的缺点及局限性

① 它只能检出表面开口的缺陷。

② 不适于检查多孔性疏松材料制成的工件和表面粗糙的工件。

③ 渗透检测只能检出缺陷的表面分布，难以确定缺陷的实际深度，因而很难对缺陷做出定量评价。检出结果受操作者的影响也较大。

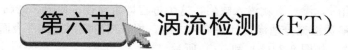

第六节　涡流检测（ET）

一、涡流检测的原理

涡流检测是以电磁感应原理为基础的（图 8-23）。通过探头（激磁线圈）给试件施加交变磁场，试件在交变磁场作用下产生了涡流，由于涡流的反作用使线圈中的电流改变，测定这个电流变化，就可以测得涡流的变化，从而可得到试件的信息。涡流的分布及其电流大小，是由线圈的形状和尺寸，交流频率（试验频率），导体的电导率、磁导率、形状和尺寸，导体与线圈间的距离，以及导体表面缺陷等因素所决定的。因此，根据检测到的试件中的涡流，就可以取得关于试件材质、缺陷和形状尺寸等信息。

因为涡流是交流电，所以在导体的表面电流密度较大。随着向内部的深入，电流按指数函数减少，这种现象称为集肤效应。因此，从试件上取得的信息以表面上的最多，而内部的较少,缺陷愈深,检测越难。涡流在深度方向上的分布可以用透入深度表示。它是指这个深度处的涡流密度是试件表面涡流密度的37%左右。频率、电导率和磁导率越大,透入深度就越小。碳钢同铝相比,碳钢的透入深度较小。

按试件的形状和检测目的的不同,采用不同形式的线圈,根据线圈形状可以大致分为穿过式线圈、探头式线圈和插入式线圈三种,如图8-24所示。穿过式线圈用来检测线材、棒材和管材,它的内径正好套在圆棒和管子上。

探头式线圈是放在板材、钢锭和棒材等表面上用的,它尤其适用于局部检测。通常在线圈中装入磁芯,用来提高检测灵敏度。

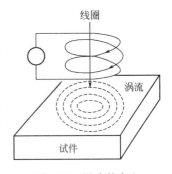

图 8-23 涡流的产生

 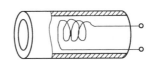

(a) 穿过式线圈　　　　(b) 探头式线圈　　　　(c) 插入式线圈

图 8-24 探测线圈分类

插入式线圈也称内部探头,把它放在管子和孔内用来做内壁检测。同探头式线圈一样,在线圈中大多装有磁芯。

二、涡流检测的操作要点

1. 试件表面的清理

试件表面在探伤前要进行清理,除去对探伤有影响的附着物。

2. 探伤仪器的稳定

探伤仪器通电之后,应经过必要的稳定时间,才可以选定试验规范并进行探伤。

3. 探伤规范的选择

(1) 探伤频率的选定　选择探伤频率应考虑透入深度和缺陷及其他参数的阻抗变化,利用指定的缺陷对比试块上的人工缺陷找出阻抗变化最大的频率和缺陷与干扰因素阻抗变化之间相位差最大的频率。

(2) 线圈的选择　线圈的选择要使它能探测出指定的对比试块上的人工缺陷,并且所选择的线圈要适合于试件的形状和尺寸。

(3) 探伤灵敏度的选定　探伤灵敏度的选定是在其他调整步骤完成之后进行的,要把指定的对比试块的人工缺陷的显示图像调整在探伤仪器显示器的正常动作范围之内。

(4) 平衡调整　应在实际探伤状态下,在试样无缺陷的部位进行电桥的平衡调整。

(5) 相位角的选定　调整移相器的相位角使得指定的对比试块的人工缺陷能最明显地探测出来,而杂乱信号最小。

(6) 直流磁场的调整　对强磁性材料进行探伤时,用线圈的直流磁场,使试件磁导率不均匀性所引起的杂乱信号降低到不致影响探伤结果的水平上。

4. 探伤试验

在选定的探伤规范下进行探伤,如果发现探伤规范有变化时,应立即停止试验,重新调整之后再继续进行。

当线圈或试件传送时，线圈与试件间距离的变动也会成为杂乱信号的原因，因此必须注意保持固定的距离。另外，必须尽量保持固定的传送速度。

三、涡流检测的特点

涡流检测的特点（优点和局限性）如下。
① 适用于各种导电材质的试件探伤。包括各种钢、钛、镍、铝、铜及其合金。
② 可以检出表面和近表面缺陷。
③ 探测结果以电信号输出，容易实现自动化检测。
④ 由于采用非接触式检测，所以检测速度很快。
⑤ 形状复杂的试件很难应用，因此一般只用其检测管材、板材等轧制型材。
⑥ 不能显示出缺陷图形，因此无法从显示信号判断出缺陷性质。
⑦ 各种干扰检测的因素较多，容易引起杂乱信号。
⑧ 由于集肤效应，埋藏较深的缺陷无法检出。
⑨ 不能用于不导电的材料。

第七节 红外检测（IRT）

一、红外检测的原理

自然界一切温度高于绝对零度的物体都会向外界发出红外辐射，辐射大小主要与物体材料类型、物理与化学结构特征、波长和温度等因素有关。基于以上原理，采用红外热像仪记录构件的红外热图，把人眼无法观察到的表面热分布可视化，并以灰度差或伪彩色形式表现物体各点温度差，通过对温差的分析，即可识别出缺陷的位置、大小等重要信息，这是红外热成像检测技术的基础。近年来，红外热成像检测技术受到国内外学者和工程技术人员的广泛关注，被逐渐应用于航空航天、电气、土木工程、医学等诸多领域。

在无损检测应用方面，红外检测利用物质红外辐射这一基本原理，采用红外热像仪等基本仪器采集设备内部热量分布，从红外图像直观判定缺陷结果。此方法以热传导理论和红外热成像理论为基础。当物体的温度与环境温度存在差异时，就会在物体内部产生热量的流动。如果向该物体注入热量，其中一部分热流必然向内部扩散，使物体表面的温度分布发生变化。

① 对于无缺陷的设备或物质，物质本身结构均匀，由于热传导作用，热流能均匀扩散，因而物质表面温度场分布均匀。

② 当设备出现缺陷，比如磨损、疲劳、剥离、泄漏、松动等情况，这些缺陷会影响设备温度分布。当物体内部存在隔热性缺陷时，热流会在缺陷处受阻，造成热量堆积，导致表面出现温度高的局部热区。

③ 当物体内部含有导热性缺陷时，物体表面就会出现温度较低的局部冷区。

由以上三种情况可看出，当物体内部存在缺陷时，就会在物体有缺陷区和无缺陷区形成温差。且该温差除了取决于物体材料的热物理性质外，还与缺陷的尺寸、距表面的距离及它的热物理性质有关。由于物体局部温差的存在，必然导致红外辐射强度的不同，利用红外热像仪即可检测出温度的变化状况，进而判断缺陷的情况。

二、红外检测的基本方法

红外检测方法分为两种,被动式红外检测和主动式红外检测。

1. 被动式红外检测

被动式红外检测借助物质本身的热量传播,不需要外加热源,仅仅利用被测目标与周围环境的温差来进行缺陷检测。这一方法相对比较简单,适用于生产现场正在运行的设备。

2. 主动式红外检测

主动式红外检测是在正式检测之前,采用一定的方式对被测目标进行加热,因为热传导或者热对流作用使被测目标表面温度重新分布,从而将缺陷特征表征在红外图像上面。

三、红外检测在设备诊断中的应用

红外监测技术最早是在军事应用中发展起来的,至今,仍占主导地位。下面着重介绍红外技术在故障诊断和状态监测中的几个应用实例。

1. 火车轴箱温度检测

火车车体的自重和载重都是由车辆的轴箱传递到车轮的。在火车运行中,由于机械结构、加工工艺、摩擦及润滑状态不良等原因,轴箱会产生温度过高的热轴故障,如不及时发现和处理,轻则得甩掉有热轴故障的车辆,重则导致翻车事故,造成生命危险和财产的损失。为防止"燃轴"事故,利用红外测温技术制成了"热轴探测仪",可以方便精确地用以检测。仪器安放在车站外两侧,当火车通过时,探测器逐个测出各个车轴箱的温度,并把探测器输出的每一脉冲(轴箱温度的函数)输送到站内检测室,根据脉冲高低就可判断轴箱发热情况及热轴位置,以便采取措施。目前,全国铁路90%的列检所安装了轴温红外探测仪,其准确率高达99%。

2. 化工塔罐的检测

石化企业中的催化装置、裂化装置及连接管等都是与热关联的重要生产设备,因此都可以用红外热像仪来监测。热像中明亮强烈的区域表明材料或炉衬已因变薄而温度升高,由此可掌握生产设备的现场状态,为维修提供可靠信息。同时也可监视生产设备的有关沉积、阻塞、热漏、绝热材料变质及管道腐蚀等有关情况,以便有针对性地采取措施,保证生产正常进行。

3. 检查焊接质量

使样件的温度高于室温,观察其热像图 8-25,在其热流路径上的物理物性反映在相应的温度分布图 8-26 中,从而可以发现隐患。另外在未焊好的区域的摩擦导致发热,对应于这一产生摩擦的位置,样件外表面的热像将显示出一个高温区,可以确定未焊好部位的所在位置。

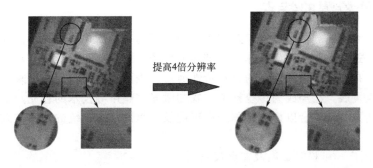

图 8-25 红外热图像

图 8-26 常见场景红外图

为了更好的说明,接下来简单介绍一种红外检测仪器。

图 8-27 为某公司生产的红外热像仪,采用进口 $17\mu m$ 640×480 探测器,图像清晰,灵敏度高;自动对焦镜头,免去手动调焦烦恼,观测更方便;融合多种创新技术:DDE 数字细节增强,超分辨率重构;内置可见光模块,拍摄的场景具体如图 8-28 所示。

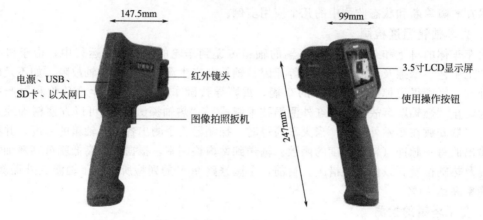

图 8-27 某公司生产的红外热像仪

图 8-28 红外热图像

四、红外检测的特点

红外热成像无损检测技术是近年来应用逐渐广泛的一种新兴检测技术。其创新性在于使用红外测温的方式,不接触被测物体,不破坏温度场,以热图像的形式直观准确的反映物体的二维温度场分布,使材料表面下的物理特性通过其表面温度变化反映出来。近几年红外无损检测技术飞速发展,已经成为传统检测方式如激光、超声等技术的补充及替代。该技术也可以与其他检测方式相结合以提高检测的精确度及可靠性。与传统的检测方式相比,该技术的特点如下:

① 适用范围广,可检测金属及非金属材料。
② 测量结果的可视性,可以通过图像显示测量结果。

③ 非接触式测量，不会对物体造成污染。
④ 检测面积广，可对大型设备进行整体观测。
⑤ 检测设备携带方便，适用于现场在线检测。
⑥ 检测速度快。

第八节 声发射检测（AE）

一、声发射检测的原理

材料中局域源快速释放能量产生瞬态弹性波的现象称为声发射（acoustic emission，简称 AE），有时也称为应力波发射。材料在应力作用下的变形与裂纹扩展，是结构失效的重要机制。这种直接与变形和断裂机制有关的源，被称为声发射源。近年来，流体泄漏、摩擦、撞击、燃烧等与变形和断裂机制无直接关系的另一类弹性波源，被称为其他或二次声发射源。

声发射是一种常见的物理现象，各种材料声发射信号的频率范围很宽，从小于 20Hz 的次声频、20Hz～20kHz 的声频到数 MHz 的超声频；声发射信号幅度的变化范围也很大，从 10^{-13}m 的微观位错运动到 1m 量级的地震波。如果声发射释放的应变能足够大，就可产生人耳听得见的声音。大多数材料变形和断裂时有声发射发生，但许多材料的声发射信号强度很弱，人耳不能直接听见，需要借助灵敏的电子仪器才能检测出来。用仪器探测、记录、分析声发射信号和利用声发射信号推断声发射源的技术称为声发射技术，人们将声发射仪器形象地称为材料的听诊器。

二、声发射的检测方法

一般来说，弹性波因为裂纹或缺陷能够以声发射波的形式被探测到，声发射波可以在材料的内部传播到材料的表面，然后被固定在材料表面的声发射传感器检测到。虽然最新的 AE 设备是全数字型的，但声发射检测系统仍以模拟类型为主。

商业化的经典声发射检测系统如图 8-29 所示，声发射传感器元件将材料的表面动态运动转化为电信号，因此声发射传感器可检测到声发射波形。由于声发射信号比较微弱，声发射检测系统（图 8-29）一般通过前置放大器和主要放大器将其放大。声发射设备的信噪比设置得比较低，所以放大器的放大倍数一般可放大到 1000 多倍，通频滤波器可以很好的消除噪音，但在工程材料中推荐采集带宽为几千赫兹到几十万赫兹或 1MHz 的信号。

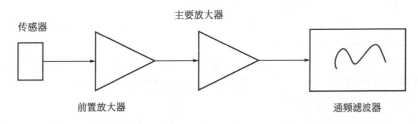

图 8-29 声发射检测系统

声发射检测在生产实际中也得到了广泛的应用，例如某公司对管道的检测。此次检测目标为直管道,约180cm,且无其他支管和三通,管道上带有较厚的防腐漆,管内介质为空气,管道直径为219mm,管道壁厚为10.31mm。如图8-30所示,首先在被测管道上安装传感器,然后连接声发射检测主机进行现场检测(图8-31),收集信号进行缺陷评估。

图8-30 传感器安装

图8-31 现场检测图片

三、声发射检测的特点

声发射检测方法在许多方面不同于其他常规无损检测方法,其优点主要表现为:

① 声发射是一种动态检验方法,声发射探测到的能量来自被测试物体本身,而不是像超声或射线探伤方法一样由无损检测仪器提供。

② 声发射检测方法对线性缺陷较为敏感,它能探测到在外加结构应力下这些缺陷的活动情况,稳定的缺陷不产生声发射信号。

③ 在一次试验过程中,声发射检验能够整体探测和评价整个结构中缺陷的状态。

④ 可提供缺陷随载荷、时间、温度等外变量而变化的实时或连续信息,因而适用于工业过程在线监控及早期或临近破坏预报。

⑤ 由于对被检件的接近要求不高,而适用于其他方法难于或不能接近环境下的检测,如高低温、核辐射、易燃、易爆及极毒等环境。

⑥ 对于在役压力容器的定期检验,声发射检验方法可以缩短检验的停产时间或者不需

要停产。

同时声发射检测也有限制之处,由信号源的自然特性所决定,针对某一特定试件的声发射检测往往是不可逆的,如材料断裂的突发信号和随机信号,往往不可再现,即使所用试件具有相同的大小和特性,因此在设计声发射检测实验时要予以考虑。如果材料在质地不均匀、非对称,即使采集长度相同的波形,也不会获得相同的声发射信号,具有一定的随机性。所以在精度要求比较高的试验中,有必要将声发射的检测结果和其他检测方法(超声检测、红外检测和射线检测等)的结果进行对比。

第九节　无损检测方法的应用选择

现将无损检测的应用以及各种检测方法与检测对象的适应性小结如下。

一、压力容器制造过程中无损检测方法的选择

(1) 原材料检验　见表 8-3。

表 8-3　原材料检验

材料类型	内部缺陷	表面缺陷
板材	UT	
锻材和棒材	UT	MT(PT)
管材	UT(RT)	MT(PT)
螺栓	UT	MT(PT)

(2) 焊接检验　见表 8-4。

表 8-4　焊接检验

检验部位和时机	内部缺陷	表面缺陷
坡口部位	UT	PT(MT)
清根部位		PT(MT)
对接焊缝	RT(UT)	MT(PT)
角焊缝和 T 形焊缝	UT(RT)	PT(MT)
工卡具焊疤		MT(PT)
爆炸复合层	UT	
堆焊复合层堆焊前		MT(PT)
堆焊复合层堆焊后	UT	PT
水压试验后		MT

二、检测方法和检测对象的适应性

检测方法和检测对象的适应性见表 8-5。

表 8-5　检测方法和检测对象的适应性

项目	检测对象	内部缺陷检测方法		表面、近表面缺陷检测方法		
		RT	UT	MT	PT	ET
试件分类	锻件	×	●	●	●	△
	铸件	●	○	●	○	△
	压延件(管、板、型材)	×	●	●	○	●
	焊缝	●	●	●	●	×
缺陷分类 内部缺陷	分层	×	●	—	—	—
	疏松	×	○	—	—	—
	气孔	●	○	—	—	—
	缩孔	●	○	—	—	—
	未焊透	●	●	—	—	—
	未熔合	△	●	—	—	—
	夹渣	●	○	—	—	—
	裂纹	○	○	—	—	—
	白点	×	○	—	—	—
表面缺陷	表面裂纹	△	△	●	●	●
	表面针孔	○	×	△	●	△
	折叠	—	—	○	○	○
	断口白点	×	×	●	●	—

注：●很适用；○适用；△有附加条件适用；×不适用；—不相关

复习思考题

1. 常用无损检测方法有哪些？
2. X射线检测的原理是什么？
3. 射线检测的优缺点有哪些？
4. 试述超声波检测的特点和常用的超声波检测仪器名称。
5. 试述磁粉检测的操作程序。

第九章 火灾参数检测与自动灭火系统

学习目标

1. 熟悉火灾探测方法。
2. 熟悉火灾自动报警系统组成及功能要求。
3. 熟悉水灭火控制系统要求。
4. 了解泡沫灭火系统和气体灭火系统的特点。

在生产、储运过程中，火灾的危险性往往较大，一旦发生火灾将造成严重的损失。在火灾初期即及时发现，并立即带动灭火装置扑灭火灾，正是人们防火灭火所期望的。火灾监测仪表是发现火灾苗头的设备，它能测出火灾初期陆续出现的火灾信息，并与控制装置一道构成火灾自动报警和灭火联动控制系统，及时对初期火灾实施灭火，将火灾消灭在萌发阶段。由于初期的火灾信息有烟气、热流、火花、辐射热等，因此探测出这些火灾信息的仪表有感温式、感光式、感烟式和感气式等多种类型。下面就对各种工业火灾监测仪表的探测方法、工作原理及火灾自动报警系统的过程加以介绍。

第一节 火灾探测与信号处理

根据火灾所产生的各种现象，可以选择不同的探测方法来发现早期火灾，从而形成不同类型的火灾探测器。而根据对火灾信号采用的不同处理方式，可以构成不同类型的火灾探测与报警系统。

一、火灾现象

燃烧是一种伴随有光、热的化学反应，因此物料在燃烧过程中一般都有下述现象产生。

1. 热（温度）

凡是物质燃烧就必然有热量释放出来，使环境温度升高。环境温度升高速率与物质燃烧规模和燃烧速度有关。在燃烧速度非常缓慢的情况下，物质燃烧所产生的热（温度）是不容易鉴别出来的。

2. 燃烧气体

物质在燃烧的开始阶段，首先释放出来的是燃烧气体。其中有单分子的 CO、CO_2 等气体、较大的分子团、灰烬和未燃烧的物质颗粒悬浮在空气中，我们将这种悬浮物称为气溶胶，其颗粒粒子直径一般在 $0.1\mu m$ 左右。

3. 烟雾

烟雾没有严格的科学定义，一般是把人们肉眼可见的燃烧生成物，其粒子直径在 $0.01\sim10\mu m$ 的液体或固体微粒与气体的混合物称为烟雾。不管是燃烧气体还是烟雾，它们都有很大的流动性和毒害性，能潜入建筑物的任何空间，其毒害性对人的生命威胁特别大。据统计，在火灾中约有 70% 死者是由于吸入燃烧气体或烟雾造成的，所以在火灾中将它们合在一起作为检测参数来考虑，称为烟雾气溶胶或简称烟气。

4. 火焰

火焰是物质着火产生的灼热发光的气体部分。物质燃烧到发光阶段是物质的全燃烧阶段，在这一阶段，火焰热辐射含有大量的红外线和紫外线。易燃液体燃烧，是不断蒸发的可燃蒸汽在气相中燃烧，其火焰热辐射很强，含有更多的紫外线。

对于普通可燃物质，其燃烧表现形式首先是产生燃烧气体，然后是烟雾，在氧气供应充分的条件下才能达到全部燃烧，产生火焰并散发出大量的热，使环境温度升高。有机化合物及易燃液体的起火过程则不同，它们表面全部着火的过程甚短，火灾发展迅速，有强烈的火焰四射，很少产生烟和热。

二、火灾探测方法

火灾探测方法是以物质燃烧过程中产生的各种现象为依据，以实现早期发现火灾为前提的。因为火灾的早期发现是充分发挥灭火措施的作用、减少火灾损失和保卫生命财产安全的重要条件，所以，世界各国对火灾自动报警技术的研究都着眼于火灾探测手段的研究和实验工作，以期发现新的早期火灾探测方法，开拓火灾自动报警技术新的领域。

根据火灾现象和普通可燃物质的典型起火过程曲线，火灾探测方法目前主要有以下几种。

1. 空气离化探测法

这是以火灾早期产生的烟气为主要检测对象的火灾探测方法。空气离化法是利用放射性同位素 ^{241}Am 所产生的 α 射线（即带正电的粒子流，也就是氦原子核流，其穿透能力很小而电离能力很强）将处于一道电场中两电极间的空气分子电离成正离子和负离子，使电极间原来不导电的空气具有一定的导电性，形成离子流。当含烟气流进入电离空间时，由于烟雾对带电离子的吸附作用和对 α 射线的阻挡作用，原有的离子电流发生变化（减小），离子电流变化量的大小反映了进入电离空间烟粒子的浓度，从而将烟气浓度转化成电信号，据此可以探测火灾发生。显然，空气离化火灾探测方法是放射性同位素在火灾探测技术方面的应用，是原子能和平利用的一个方面。

2. 热（温度）检测法

这是以火灾产生的热对流所引起环境温度上升为主要检测对象的火灾探测方法。该方法主要利用各种热（温度）敏感元件来检测火灾所引起的环境温升速率或环境温度变化。热（温度）检测方法是最早使用的火灾探测方法，迄今已有一百多年的历史。

3. 光电探测方法

这是以早期火灾产生的烟气为检测对象的火灾探测方法，该方法根据光学原理和光电转换机理，利用烟雾粒子对光的阻挡吸收和散射特性来实现对火灾的早期发现。随着近年来微电子技术和光电转换技术的不断发展，光电探测方法在火灾探测领域获得了广泛的应用。

4. 光辐射或火焰辐射探测方法

这是以物质燃烧所产生的火焰热辐射为检测对象的火灾探测方法。该方法利用红外或紫外光敏元件来检测火灾产生的红外辐射或紫外辐射，从而达到早期发现火灾的目的。这类探测方法特别适于对火灾起始阶段很短、火灾发展迅速的油品类火灾的探测。

5. 可燃气体探测法

这种方法是以早期火灾所产生的可燃气体或气溶胶为检测对象的火灾探测方法。该方法主要利用半导体式和催化燃烧式气敏元件的转化机理进行早期探测火灾。由于各种气敏元件用于火灾探测的机理还有待进一步完善，因此这类探测方法尚没有在火灾探测中获得广泛应用。

综合上述各种探测方法：对于普通可燃物质燃烧过程，光电探测法和空气离化法应用最广、探测最及时，用热（温度）检测法则相对较迟缓，但它们都是广泛使用的火灾探测方法；其他两种探测方法仅在一定范围内使用。

第二节　火灾自动报警系统

一、火灾自动报警系统的组成

火灾自动报警系统由火灾探测器、火灾报警控制器、火灾报警装置、火灾报警联动控制装置等组成，其核心是由各种火灾探测器与火灾报警控制器构成的火灾信息探测系统。为了达到我国有关消防技术规范提出的火灾自动报警系统的基本要求，并为一些特殊对象中系统的应用提供基础，我国国家标准《火灾自动报警系统设计规范》（GB 50116—2013）中还纳入了消防联动控制的技术要求，强调火灾自动报警系统具有火灾监测和联动控制两个不可分割的组成部分，因此，火灾自动报警系统也常称为火灾监控系统。

1. 触发器件

在火灾自动报警系统中，自动或手动产生火灾报警信号的器件称为触发器件，它主要包括火灾探测器和手动火灾报警按钮。不同类型的火灾探测器适用于不同类型的火灾和不同的场所，在实际应用中，应当按照现行有关国家标准的规定合理选择。另一类触发器件是手动火灾报警按钮。它是用手动方式产生火灾报警信号、启动火灾自动报警系统的器件，也是火灾自动报警系统中不可缺少的组成部分之一。

2. 火灾报警装置

在火灾自动报警系统中，用以接收、显示和传递火灾报警信号，并能发出控制信号和具有其他辅助功能的控制指示设备称为火灾报警装置。火灾报警控制器就是其中最基本的一种。火灾报警控制器具备为火灾探测器供电，接收、显示和传输火灾报警信号，并能对自动消防设备发出控制信号的完整功能，是火灾自动报警系统中的核心组成部分。

火灾报警控制器按其用途不同，可分为区域火灾报警控制器、集中火灾报警控制器和通用火灾报警控制器三种基本类型。

区域火灾报警控制器用于火灾探测器的监测、巡检、供电与备电，接收火灾监测区域内火灾探测器的输出参数或火灾报警、故障信号，并且转换为声、光报警输出，显示火灾部位或故障位置等。其主要功能有火灾信息采集与信号处理，火灾模式识别与判断，声、光报警，故障监测与报警，火灾探测器模拟检查，火灾报警计时，备电切换和联动控制等。

集中火灾报警控制器用于接收区域火灾报警控制器的火灾报警信号或设备故障信号，显示火灾或故障部位，记录火灾信息和故障信息，协调消防设备的联动控制和构成终端显示等。其主要功能包括火灾报警显示、故障显示、联动控制显示、火灾报警计时、联动联锁控制实现、信息处理与传输等。

通用火灾报警控制器兼有区域和集中火灾报警控制器的功能，小容量的可以作为区域火灾报警控制器使用，大容量的可以独立构成中心处理系统，其形式多样、功能完备，可以按照其特点用作各种类型火灾自动报警系统的中心控制器，完成火灾探测、故障判断、火灾报警、设备联动、灭火控制及信息通信传输等功能。

近年来，随着火灾探测报警技术的发展和模拟量、总线制、智能化火灾探测报警系统的逐渐应用，在许多场合，火灾报警控制器已不再分为区域、集中和通用三种类型，而统称为火灾报警控制器。

在火灾报警装置中，还有一些如中继器、区域显示器、火灾显示盘等功能不完整的报警装置。它们可视为火灾报警控制器的演变或补充，在特定条件下应用，与火灾报警控制器同属火灾报警装置。

3. 火灾警报装置

在火灾自动报警系统中，用以发出区别于环境声、光的火灾警报信号的装置称为火灾警报装置。火灾警报器就是一种最基本的火灾警报装置，它以声、光方式向报警区域发出火灾警报信号，以警示人们采取安全疏散、灭火救灾措施。

4. 消防控制设备

在火灾自动报警系统中，当接收到来自触发器件的火灾报警信号时，能自动或手动启动相关消防装置并显示其状态的设备，称为消防控制设备，主要包括火灾报警控制器，自动灭火系统的控制装置，室内消火栓系统的控制装置，防烟、排烟系统及空调通风系统的控制装置，常开防火门、防火卷帘的控制装置，电梯回降控制装置，以及火灾应急广播、火灾警报装置、消防通信设备、火灾应急照明与疏散指示标志的控制装置等控制装置中的部分或全部。消防控制设备一般设置在消防控制中心，以便实行集中统一控制。也有的消防控制设备设置在被控消防设备所在现场，但其动作信号则必须返回消防控制室，实行集中与分散相结合的控制方式。

5. 电源

火灾自动报警系统属于消防用电设备，其主电源应当采用消防电源，备用电源采用蓄电池。系统电源除为火灾报警控制器供电外，还为与系统相关的消防控制设备等供电。

二、火灾报警控制器的功能要求

火灾报警控制器主要包括电源部分和主机部分。火灾报警控制器主机部分承担着对火灾探测器输出信号的采集、处理、火警判断、报警及中继等功能。从原理上讲，无论是区域火灾报警控制器还是集中火灾报警控制器，都遵循同一工作模式，即采集探测源信号→输入单元→自动监测单元→输出单元。同时，为了方便使用和扩展功能，又附加上人机接口——键盘、显示单元、输出联动控制部分、计算机通信单元、打印机部分等。

对火灾报警控制器主机部分而言，其常态是监测火灾探测器回路的变化情况，遇有火灾报警信号时执行相应的操作。因此，火灾报警控制器主机部分的主要功能如下。

(1) 故障声光报警　当火灾探测器回路断路、短路、出现自身故障和系统故障时，火灾报警控制器均应进行声、光报警，指示具体故障部位。

(2) 火灾声光报警　当火灾探测器、手动报警按钮或其他火灾报警信号单元发出火灾报警信号时，火灾报警控制器应能够迅速、准确地接收、处理火灾报警信号，进行火灾声光报警，指示具体火灾报警部位和时间。

(3) 火灾报警优先　火灾报警控制器在报故障时，如果出现火灾报警信号，应能够自动切换到火灾声光报警状态。若故障信号依然存在，则只有在火情被排除、人工进行火灾信号复位后，火灾报警控制器才能够转换到故障报警状态。

(4) 火灾报警记忆　当火灾报警控制器接收到火灾探测器的火灾报警信号时，应能够保持并记忆，不可随火灾报警信号源的消失而消失，同时应还能够接收、处理其他火灾报警信号。

(5) 声光报警消声及再声响　火灾报警控制器发出声光报警信号后，可通过火灾报警控制器上的消声按钮人为消声。同时，在停止声响报警时又出现其他报警信号，火灾报警控制器应能够继续进行声光报警。

(6) 时钟及时间记录　火灾报警控制器本身应提供一个工作时钟，用于给工作状态提供监测参考。当发生火灾报警时，时钟应能指示并记录准确的报警时间。

(7) 输出控制　火灾报警控制器应具有一对以上的输出控制接点，用于火灾报警时的直接联动控制，如控制警铃、启动自动灭火系统等。

三、火灾自动报警系统的设计形式

1. 设计选型依据

依据各类火灾参数敏感元件输出的电信号，选取不同的火灾信息判断处理方式，可以得到不同形式的火灾自动报警系统，并导致系统火灾探测与报警能力、各类消防设备协调控制和管理能力以及系统本身与上级网络的信息交换与管理能力等方面产生较大的差别。考虑到火灾自动报警系统的基本保护对象是工业与民用建筑，各种保护对象的具体特点又千差万别，对火灾自动报警系统的功能要求也不尽相同；同时，从设计技术的角度来看，火灾自动报警系统的结构形式可以做到多种多样。但从标准化的基本要求来看，系统结构形式应当尽可能简化、统一，避免五花八门，脱离规范。因此，火灾自动报警系统按国家标准《火灾自动报警系统设计规范》(GB 50116—2013) 规定进行设计。一般地，根据火灾监控对象的特点和火灾报警控制器的分类以及消防设备联动控制要求的不同，火灾自动报警系统的基本设计形式有三种，即区域报警系统、集中报警系统和控制中心报警系统。

为了规范火灾监控系统设计，又不限制其技术发展，国家标准《火灾自动报警系统设计规范》(GB 50116—2013) 对系统的基本设计形式仅给出了原则性规定。设计人员可在符合这些基本原则的条件下，根据消防工程大、中、小的规模和对消防设备联动控制的复杂程度，选用比较好的技术产品，组成可靠的火灾自动报警系统。

2. 区域报警系统设计形式

区域报警系统由火灾探测器、手动报警器、区域报警控制器或通用报警控制器、火灾警报装置等构成，其原理如图 9-1 所示。

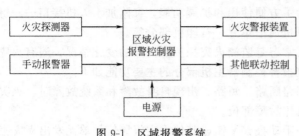

图 9-1 区域报警系统

进行区域报警系统设计时，应符合下列几点要求：

① 在一个区域系统中，宜选用一台通用火灾报警控制器，最多不超过两台。

② 区域报警控制器应设在有人值班的房间。

③ 区域报警系统容量比较小，只能设置一些功能简单的联动控制设备。

3. 集中报警系统设计形式

集中报警系统由火灾探测器、区域火灾报警控制器或用作区域报警的通用火灾报警控制器和集中火灾报警控制器等组成。传统型集中报警控制系统应设有一台集中报警控制器（或通用报警控制器）和两台以上区域报警控制器（或楼层显示器，带声光报警），其系统如图 9-2 所示。其中，消防泵、喷淋泵、风机等联动控制部分没有画出。这类系统中的联动控制信号取自集中火灾报警控制器，并且通过消防联动控制台对消防设备进行直接控制。

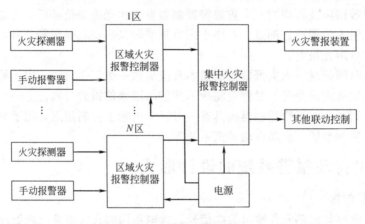

图 9-2 集中报警系统

近几年来，火灾报警采用总线制编码传输技术，形成了由火灾报警控制器、区域显示器（又称楼层显示器）、声光警报装置及火灾探测器（带地址模块）、控制模块（控制消防联控设备）等组成的总线制编码传输型集中报警系统。

4. 控制中心报警系统设计形式

控制中心报警系统是由设置在消防控制中心（或消防控制室）的消防联动控制设备、集中火灾报警控制器、区域火灾报警控制器和各种火灾探测器等组成（图 9-3），或由消防联动控制设备、环状布置的多台通用火灾报警控制器和各种火灾探测器及功能模块等组成。控制中心报警系统的消防控制设备主要是：火灾警报器的控制装置，火警电话、空调通风及排烟、消防电梯等控制装置，火灾事故广播及固定灭火系统控制装置等。它进一步加强了对消防设备的监测和控制，可兼容各种类型的火灾探测器和功能模块，可以对各类消防设备实现联动控制和手动/自动控制转换。

5. 火灾监控系统的应用形式

根据火灾自动报警系统的基本结构和设计形式，火灾自动报警系统按照所采用的火灾探测器、各种功能模块和楼层显示器等与火灾报警控制器的连接方式（接线制），分为多线制和总线制两种系统应用形式；按各个生产厂的系统实际产品形式，分为中控机、主子机和网

第九章　火灾参数检测与自动灭火系统

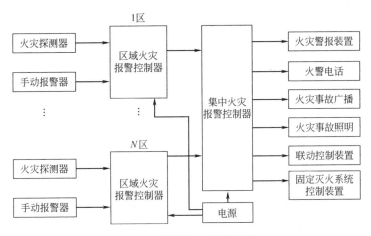

图 9-3　控制中心报警系统

络通信系统应用形式等。

多线制系统应用形式是火灾自动报警系统的基本结构形式，与早期产品设计、开发和生产有关。多线制系统应用形式易于判断，系统中火灾探测器和各种功能模块与火灾报警控制器采用硬线对应连接方式，火灾报警控制器依靠直流信号对火灾探测器进行巡检以实现火灾和故障判断处理，系统限制为 $an+b$（n 是火灾探测器个数或编码地址个数，a、b 是设计系数）。

总线制系统应用形式也是火灾自动报警系统的基本结构形式，是在多线制结构基础上发展起来的。总线制系统主要采用数字电路构成编码、译码电路，并采用数字脉冲信号巡检和数据协议通信与信息压缩传输，系统接线少、总功耗低且可靠性高、工程布线灵活性和抗干扰能力强、误报率低。当前，主要采用二总线、三总线和四总线等系统应用形式。

总的来讲，采取不同的火灾信息判断处理方式和火灾模式识别方式，可得到不同应用形式的火灾自动报警系统。从石油化工生产安全监控要求来看，区域报警系统联动固定灭火装置的模式或集中报警系统形式应用较多，可广泛用于大型化工仓库、输配电站、油库等场所。所用的火灾探测器，除典型感烟和感温探测器外，红外光分离式感烟探测器、紫外火焰探测器、可见光探测器及线缆式火灾探测器广泛应用于石化场所，用于及时探测各种有机物火灾、油品火灾等。

 自动灭火系统与防排烟系统

一、火灾控制

火灾发生后，为了减少人员伤亡和财产损失，对火势的控制至关重要。最通常的考虑是利用灭火系统和防排烟系统。

根据燃烧的机理，一般有四种独立的不同方法控制火灾，周围环境对火灾的发展有不可忽视的影响，有效的通风和防排烟系统会有利于延缓火灾的扩大。

常用的四种灭火机理为：冷却灭火、稀释氧灭火、移去燃料灭火、化学抑制火焰灭火。

1. 冷却灭火

火灾发生时，为了从一般可燃材料（例如木材、稻草、纸、硬纸板和用于建筑物和家具

的其他材料）移走热量，最有效的方法是应用直水柱（具有一定射程或强有力的湿透作用）或广角度水喷雾方式。这种灭火的机理是使固体燃料冷却，因此使可燃性气体的释放速度降低并最终停止。冷却的同时形成水蒸气（在广角度水喷雾方式中特别明显），它可以部分稀释舱室或建筑物火灾中周围氧气的浓度。

作为冷却介质的灭火剂，其灭火效果取决于它的比热容和潜热以及沸点。水的优良性质可归因于它的比热容、潜热和利用效率较高。然而水较重，当需要将其拖运一定距离时就会构成负担。固体表面因着火燃烧或因暴露于热源而产生的热量被水通过传导、蒸发和对流作用依次地带离而起冷却作用。

2. 稀释氧灭火

"稀释氧"仅应用于气体状态，因为在化合状态下，氧固定在分子结构内，不可能稀释。因此，对于次氯酸盐、氯酸盐、过氯酸盐、硝酸盐、铬酸盐、氧化物和过氧化物等化学品，稀释氧作用是无效的。可用其他气体（如二氧化碳或氮气）人工喷射到含氧空间，降低该空间中氧的百分率，另外火灾中用水灭火产生的水蒸气也可稀释氧气。氧气稀释程度随燃料种类或其混合物而有很大不同。例如，乙炔燃烧时氧气浓度可低于 4%；另一方面，稳定的烃类气体在氧气浓度低于 15% 时，通常不燃烧。

在封闭空间中的火灾会消耗氧气，但不能企图借此来达到自动灭火，因为在缺氧大气中由于燃烧完全可导致产生大量易燃气体，如无意中打开进口或不适当的通风将引起这类空间爆炸，消防人员称此可怕的现象为"逆通风"。

有效利用氧稀释原理的典型例子是喷放二氧化碳气体至封闭或半封闭空间进行全淹没。局部施放二氧化碳的固定装置（以及用手提式二氧化碳灭火器喷射）可抑制另一个火焰特性，即"火焰速度"，它随不同燃料而变化。二氧化碳的喷射气流可吸入周围空气，可动态地改变火焰的速度，通过氧稀释和火焰的"吹灭"这两种共同作用，导致迅速灭火。

3. 移去燃料灭火

移去燃料的方法有：直接移去燃料，通过从有焰燃烧中排除可燃性气体而间接地移走燃料，或者在无焰燃烧中覆盖住灼热燃烧的燃料。

4. 化学抑制火焰的灭火

用化学抑制火焰进行灭火的方法仅应用于有焰燃烧。用冷却、稀释氧气和移去燃料的方式进行灭火，可应用于所有类型的火灾，包括有焰燃烧和灼热燃烧。化学抑制火焰方法的杰出效果是熄灭火焰极其迅速和高效，这是唯一可防止易燃气体/空气混合物引燃后发生爆炸的方法。通过抑制火焰灭火的方法的条件是必须使活性基形式的 OH·、H· 和 O· 等失去维持火焰的作用。

由于火灾是不可预料的，加之发生火灾后环境更加复杂，所以要求消防设施应有自动灭火系统。尤其是在高度危险区、高堆垛储藏区、高层建筑物以及消防人员难以接近的其他地方，自动消防灭火系统是不可缺少的安全措施。这里我们分别介绍水灭火系统、气体灭火系统、泡沫灭火系统。火灾过程与周围环境的影响密不可分，通风与排烟会对火灾的发展产生很大影响。不良的通风或不适当通风会导致"轰燃"及"逆通风"。

二、水灭火系统

水是天然灭火剂，资源丰富，易于获取和储存，其自身在灭火过程中对生态环境没有危害作用。水灭火系统包括室内外消火栓系统、自动喷水灭火系统、水幕和水喷雾灭火系统。

水灭火系统的应用范围十分广泛，除下列情况外，还可应用于各种民用与工业建筑。不适宜用水扑救的火灾有：过氧化物火灾，如钾、钠、钙、镁等的过氧化物，这些物质遇水后发生剧烈化学反应，并同时放出热量、产生氧气而加剧燃烧；轻金属失火，如金属钠、钾，

第九章 火灾参数检测与自动灭火系统

碳化钠、碳化钙、碳化钾、碳化铝等遇水使水分解，夺取水中的氧并与之化合，同时放出热量和可燃气体，引起加剧燃烧和爆炸的后果；高温黏稠的可燃液体失火，发生火灾时如用水扑救会引起可燃液体的沸溢和喷溅现象，导致火灾蔓延；其他用水扑救会使对象遭受严重破坏的火灾还有高温密闭容器失火等。

1. 消防给水系统

（1）分类　给水系统按供水压力的不同有下列分类：高压给水系统、临时高压给水系统、低压给水系统。

① 高压给水系统。管网内经常保持能够满足灭火用水所需的压力和流量，扑救火灾时不需要启动消防水泵加压而直接使用灭火设备进行灭火的消防给水系统。例如，一些能满足建筑物室内外最大消防用水量及水压条件，发生火灾时可直接向灭火设备供水的高位水池等给水系统。高压给水系统所需具备的条件相当苛刻，一般很难做到。城镇、工厂企业有可能利用地势设置高位消防水池，或由于生产需要设置集中高压水泵房，宜充分利用现有条件，但无需刻意追求。

② 临时高压给水系统。管网内最不利点周围平时水压和流量不能满足灭火的需要，在水泵房（站）内设置消防水泵，起火时启动消防水泵，使管网的压力和流量达到灭火时的要求的给水系统。临时高压给水系统是最常用的给水系统，例如消防水池、消防水泵和稳压设施组成的给水系统是常见的临时高压给水系统。采用变频调速水泵恒压供水的生活、生产与消防合用系统，由于启用消防设备时需要消防水泵由变频转换为工频状态或需要启动其他水泵增加管道流量，故属于临时高压给水系统。

③ 低压给水系统。管网内平时的压力较低但不低于 0.1MPa，灭火时要求的水压、流量由消防车或其他方式加压以达到压力和流量要求的给水水位。室外低压供水管道的水压，当生活、生产和消防用水量达到最大时不应小于 0.1MPa（从室外地面算起）。不论高压、临时高压或低压消防给水系统，若生产、生活和消防共用一个给水系统时，均应按生产、生活用水量达到最大时，保证满足最不利点部位消防用水的水压和流量。

（2）水源　不论哪种水灭火系统，都必须有充足、可靠的水源。水源条件的好坏，直接影响火灾的扑救效果。仅以消火栓系统为例，扑救不利的案例大部分与缺水有关。

消防水源，可以是市政或企业供水系统、天然水源或为系统设置的消防水池。其中，天然水源可以是江、河、湖、泊、池、塘等地表水，也可以是地下水。系统采用的天然水源应符合下列要求：

① 水量。确保枯水期最低水位时的消防用水量，也就是说，必须保证常年有足够的水量。

② 水质。对消防用水质量虽无特殊要求，但必须无腐蚀、无污染和不含悬浮杂质，以便保证设备和管道畅通不被腐蚀和污染，被油污染或含其他易燃、可燃液体的水源不能用作消防水源。

③ 取水。必须使消防车易于接近水源，必要时可修建取水码头或回车场等保障设施，同时应保证消防车取水时的吸水高度不大于 6m。

④ 防冻。寒冷地区应有可靠的防冻措施，使冰冻期内仍能保证消防取水。

（3）消防水池　消防水池是储存消防用水的设施，以下情况应设消防水池：当生产、生活用水量达到最大时，市政给水管道、进水管或天然水源不能满足室内外消防用水量；市政给水管道为枝状或只有一条进水管，且消防用水量之和超过 25L/s。消防水池的容量，应满足火灾延续时间内室内、外消防用水总量的要求，当室外消防给水管道不能保证高层建筑室外消防用水量时，其消防水池的有效容量应满足火灾延续时间内室内消防用水量和室外用水量不足部分之和的要求。

建筑物的火灾延续时间见表 9-1。

表 9-1　建筑物的火灾延续时间

建 筑 类 别	火灾延续时间/h
居住区、工厂和丁戊类仓库	2
甲乙丙类物品仓库、可燃气体储罐	3
易燃、可燃材料露天半露天堆场（不包括煤、焦炭露天堆场）	3
甲乙丙类液体储罐	6
浮顶罐、地下和半地下固定顶立式罐	4
覆土储罐，直径不超过 20m 的地下立式固定顶罐	6
直径超过 20m 的地上固定顶罐	6
液化石油气储罐	6
高层建筑：商业楼、展览楼、综合楼、一类建筑的财贸金融楼、图书馆书库、重要的档案楼、科研楼、高级旅馆	3
其他高层建筑	2

消防水池的补水时间不宜超过 48h，缺水地区或独立的石油库可延长到 96h。消防水池容量如超过 1000m³ 时应分设成两个独立使用的消防水池。高层建筑设置的消防水池，当容量超过 500m³ 时，就应分设成两个。高层建筑群可共用消防水池和消防泵房。消防水池的容量应按消防用水量最大的一幢高层建筑计算。供消防车取水的消防水池应设取水井或取水口，取水口与建筑物（水泵房除外）的距离不宜小于 15m，但距高层建筑的外墙距离不宜小于 5m，并不宜大于 100m。与甲、乙、丙类液体储罐的距离不小于 40m，与液化石油气储罐的距离不宜小于 60m，设有防止热辐射保护设施的可减为 40m。供消防车吸水的取水口或取水井，应保证消防车的消防泵的吸水高度不超过 6m。消防用水与其他用水合并使用的水池，应有确保消防用水量不作他用的技术措施。寒冷地区的消防水池应采取防冻措施。

（4）消防水箱　设置高压供水系统的建筑物，如能保证最不利点处消防设施的水量和水压要求，可不设消防水箱。设置临时高压给水系统的建筑物则应设置消防水箱、水塔或气压水罐。

消防水箱应设置在建筑物的最高部位，依靠重力自流供水，是保证扑救初期火灾用水量的可靠供水设施。消防水箱（包括气压罐、水塔、分区给水系统的分区水箱）应储存 10min 的消防用水量。室内消防用水量不超过 25L/s，经计算消防水箱储水量超过 12m³ 的，仍可采用 12m³。室内消防用水量超过 25L/s，经计算消防水箱储水量超过 18m³ 的，仍可采用 18m³。

消防水箱与其他用水合并的水箱，应有保证消防用水不作他用的技术措施。与其他用水合用的消防水箱，由于消防用水不断更新，可以防止水质腐败。水箱中储存的 10min 消防用水，不应被生产、生活使用。具体的保障措施，可将生产、生活出水管管口的位置设在消防储存水量的水位之上，消防用水的出水管则应设在水箱的底部。

由消防水泵供给的消防用水，不应进入水箱。

（5）消防水泵房和消防水泵　消防水泵房一般应采用一级、二级耐火等级的建筑，附设在建筑内的消防水泵房，应用耐火极限不低于 1h 的非燃烧墙体和楼板与其他部位隔开。

消防水泵房是水灭火系统的心脏，在火灾连续时间内保证正常运行。为保证不间断正常供水，一组消防水泵的吸水管和出水管均不应少于两条。当一条出现故障或维修时，其余的吸水管或出水管仍应能够通过全部用水量。对于高压和临时高压给水系统，应保证每一台运行中的消防水泵均有自己独立的吸水管。消防水泵一般应设有备用泵，备用泵的工作性能不应低于同组中能力最大的消防水泵。消防水泵应采用自灌式吸水方式，并宜采用消防水池工作水位高于水泵轴线标高的自灌吸水方式。消防水泵的吸水管上应设阀门，出水管应设试验

第九章　火灾参数检测与自动灭火系统

和检查用压力表和直径 65mm 的防水阀。设有备用泵的消防泵站或泵房，应设有备用动力。采用双电源或双回路，有困难可采用内燃机作动力。消防水泵直接从室外给水管吸水时，水泵的扬程应按室外给水管网最低水压的条件考虑，同时为防止经水泵加压后的供水压力过高，应在室外给水管网最高压力时对消防水泵加压供水的影响进行校核。消防水泵是按最大消防用水量确定选型的，但在灭火过程中实际启用的消防设备往往低于设计值，尤其是自动喷水灭火系统，人为无法控制开放喷头的数量和出水量，成功灭火控火的案例中，自动喷水灭火系统的出水量往往低于设计流量。水泵出水量低于额定值时，其工作点沿曲线左移，导致水泵的压力升高，为此应在设计中采取相应的协调措施：采用多台水泵并联运行；选用流量-扬程曲线平缓的水泵；提高管道和连接件的承压能力；设置泄压阀或回流管；采取分区供水方式；控制竖向供水的压力；合理布置系统和管道。

(6) 消防用水量计算　城镇、居住区室外消防用水量应按同一时间火灾次数和一次灭火用水量确定。同一时间内的火灾次数和一次灭火用水量不应小于表 9-2 的规定。工厂、仓库和民用建筑的室外消防用水量应按同一时间火灾次数和一次灭火用水量确定，工厂、仓库和民用建筑在同一时间内的火灾次数不应小于表 9-3 的规定；建筑物的室外消火栓用水量，不应小于表 9-4 的规定；一个单位有泡沫设备、带架水枪、自动喷水灭火设备以及其他消防用水设备时，其消防用水量应按上述设备所需的全部消防用水量加上表 9-5 规定的室外消火栓用水量的 50%，但采用的水量不应小于表 9-4 的规定。

表 9-2　城镇、居住区室外消防用水量

人数/万人	同一时间的火灾次数/次	一次灭火用水量/(L/s)	人数/万人	同一时间的火灾次数/次	一次灭火用水量/(L/s)
≤1.0	1	10	≤40.0	2	65
≤2.5	1	15	≤50.0	3	75
≤5.0	2	25	≤60.0	3	85
≤10.0	2	35	≤70.0	3	90
≤20.0	2	45	≤80.0	3	95
≤30.0	2	55	≤100.0	3	100

注：城镇的室外消防用水量应包括居住区、工厂、仓库（含堆场、储罐）和民用建筑的室外消火栓用水量。当工厂、仓库和民用建筑的室外消火栓用水量按表 9-4 计算，其值与按表 9-2 计算不一致时，应取其较大值。

表 9-3　同一时间的火灾次数表

名称	占地面积/公顷	现有居住区人数/万人	同一时间的火灾次数	备注
工厂	≤100	≤1.5	1	按需水量最大的一座建筑物（或堆场、储罐）计算
		>1.5	2	
	>100	>1.5	2	按需水量最大的两座建筑物（或堆场、储罐）计算
仓库、民用建筑	不限	不限	1	按需水量最大的一座建筑物（或堆场、储罐）计算

注：采矿、进矿等企业，如分散基地有单独的消防给水系统时，可分别计算。

甲、乙、丙类液体储罐区的消防用水量，应按灭火用水量和冷却用水量之和计算。其冷却用水供给强度应不小于表 9-5 的规定。覆土保护的地下油罐应设有冷却用水。冷却用水量应按最大着火罐罐顶的表面积（卧式罐按投影面积）计算，其供给强度不应小于 0.10L/(s·m²)。当计算出来的水量小于 15L/s 时，仍应采用 15L/s。液化石油气罐区消防用水量应按储罐固定冷却设备用水量和水枪用水量之和计算。

表 9-4　建筑物的室外消火栓用水量

项目			≤1500	1501~3000	3001~5000	5001~20000	20001~50000	>50000
一、二级	厂房	甲、乙	10	15	20	25	30	35
		丙	10	15	20	25	30	40
		丁、戊	10	10	10	15	12	20
	库房	甲、乙	15	15	25	25	—	—
		丙	15	15	25	25	35	45
		丁、戊	15	10	10	15	15	20
	民用建筑		10	15	15	20	25	30
三级	厂房或库房	乙、丙	15	20	30	40	45	—
		丁、戊	10	10	10	20	25	35
	民用建筑		10	15	20	25	30	—
四级	丁戊类厂房或库房		10	15	20	25	—	—
	民用建筑		10	15	20	25	—	—

注：1. 室外消火栓用水量应按消防需水量最大的一座建筑物或一个防火区计算。成组布置的建筑物应按消防需水量较大的相邻两座计算。

2. 火车站、码头和机场的中转库房，其室外消火栓用水量应按相应耐火等级的丙类库房确定。

3. 国家级文物保护单位的重点砖木、木结构的建筑物室外消防用水量，按三级耐火等级民用建筑消防用水量确定。

表 9-5　冷却水的供给范围和供给强度

设备类型	储罐名称		供给范围	供给强度/[L/(s·m²)]
移动式水枪	着火罐	固定顶立式罐(包括保温罐)	罐周长	0.60
		浮顶罐(包括保温罐)	罐周长	0.45
		卧式罐	罐表面积	0.10
		地下立式罐、半地下和地下卧式罐	无覆土罐表面积	0.10
	相连罐	固定顶立式罐 非保温罐	罐周长的一半	0.35
		保温罐		0.20
		卧式罐	罐表面积的一半	0.10
		半地下和地下罐	无覆土罐表面积的一半	0.10
固定式设备	着火罐	立式罐	罐周长	0.50
		卧式罐	罐表面积	0.10
	相连罐	立式罐	罐周长的一半	0.50
		卧式罐	罐表面积的一半	0.10

注：1. 冷却水的供给强度，还应根据实地灭火战术使用的消防设备进行校核。

2. 当相邻罐采用不燃烧材料进行保温时，其冷却水供给强度可按本表减少50%。

3. 储罐可采用移动式水枪或固定式设备进行冷却。当采用移动式水枪进行冷却时，无覆土保护的卧式罐、地下掩蔽室内立式罐的消防用水量，如计算出的水量小于15L/s，仍应采用15L/s。

4. 地上储罐的高度超过15m时，宜采用固定式冷却水设备。

5. 当相邻储罐超过4个时，冷却水量可按4个计算。

第九章 火灾参数检测与自动灭火系统

建筑物内设有消火栓、自动喷水设备灭火时，其室内消防用水量应按需要同时开启的灭火设备用水量之和计算。

2. 室内外消火栓系统

（1）给水管道　室外消防给水管道应布置成环状。建设初期输水干管一次形成环状管道有困难时，允许采用枝状，但应保证在条件成熟时能完成环状布置。室外消防用水量不超过15L/s的室外消防管网，可布置成枝状管道。为了保证向环状给水管的可靠供水，向环状给水管道供水的输水管不应少于两根。当其中一条发生故障或检修时，其余的输水管应能通过消防用水总量。环状给水管道应用阀门分成若干独立段。阀门应设在管道的三通、四通的分水处，阀门的数量应按 $n-1$ 原则设置（三通，$n=3$；四通，$n=4$）。阀门分隔的每个管段内，消火栓的数量不宜超过5个。设置消火栓的消防给水管道，其直径应经计算确定。计算管径小于100mm时，则应用100mm；计算管径大于100mm时，按计算管径确定。

（2）室外消火栓的布置　室外消火栓应沿道路设置，宽度超过60m的道路，为避免水带穿越道路影响交通或被车辆轧坏，宜将消火栓在道路两侧布置。为方便使用，十字路口应设有消火栓。消火栓距路边不应超过2m，距建筑物外墙不宜小于5m。

室外消火栓是供消防车使用的，每个室外消火栓的用水量，就是每辆消防车的用水量。一般情况下一辆消防车出2只口径19mm水枪，其充实水柱长度在15～17m之间，相应的流量在10～15L/s之间，故每个室外消火栓的用水量按10～15L/s计算。室外消火栓的数量按室外消防用水量经计算确定。距离高层建筑外墙40m以内范围的市政消火栓，可计入其室外消火栓的数量。甲、乙、丙类液体储罐区和液化石油气储罐区的消火栓，应设在防火堤外，距离罐壁15m范围内的消火栓，不计入该罐可使用消火栓的数量内。

室外消火栓的最大保护半径不应超过150m，是按消防车的最大供水距离为依据确定的。消防车的最大供水距离是150m，所以消火栓的保护半径也是150m。为节约投资，在市政消火栓保护半径150m范围内，如室外消防用水量不超过15L/s，可不设室外消火栓。

室外消火栓间距不应超过120m，是为了保证沿街建筑能有两个消火栓保护。我国城市内道路之间的距离不超过160m，而消防给水干道则一般沿道路设置，所以两条消防给水干管的间距一般不超过160m。国产消防车的供水能力（指双干线最大供水距离）为180m，火场水枪手需要的水带机动长度为10m，水带在地面上的铺设系数为0.9，则消防车实际的供水距离为：$(180-10) \times 0.9 = 153$m。

地上式室外消火栓应有一直径为150mm或100mm和两个直径为65mm的栓口；地下式室外消火栓应有直径100mm和65mm的栓口各一个，并应有明显的标志。

箱式消火栓是由消火栓、消防水带及多个雾化水枪和箱体等组成的室外消火栓。多用于化工企业的工艺装置内甲类气体压缩机、加热炉等需要重点保护的设备附近，其保护半径为30m。

3. 室内消火栓

（1）给水管道　室内消防给水管道的设置，直接关系到向室内消火栓供水的可靠性。当室内消火栓的数量超过10个，且室内消防用水量大于15L/s时，其给水管道至少有两条进水管与室外环状管道相连。室内给水管道应连成环状，并将进水管与室外给水管道连成环状。当室内环状管道的一条进水发生故障或检修时，其余的进水管应能供给全部的室内消火栓用水量。

七层至九层单元住宅楼与每层不超过八户的通廊式住宅楼，其室内消防给水管道可布置成枝状，并可采用同一条进水管。超过六层的塔式和通廊式住宅，超过五层或体积超过10000m^3的其他民用建筑，超过四层的厂房和库房，如室内消火栓竖管为两条或两条以上，应至少为两根竖管相连组成环状管道，但采用双阀双口消火栓的塔式住宅楼除外。高层工业建筑室内消防竖管应布置成环状。每根消防竖管的直径均应按最不利处消火栓总用水量的规定经计算确定。当计算结果小于100mm时，仍应用100mm直径的管道。

室内环状给水管道应用阀门将环状管道分成若干独立管道，两个阀门之间的消火栓数量不应超过5个。当某独立管道发生故障或检修时，保证停止使用的消火栓数量不超过5个。此外，室内消防给水管道上的阀门布置，应保证当一根消防竖管因故障或检修关闭时，其余的竖管仍能供给室内消火栓的用水量。当布置的竖管超过三根时，可关闭两根竖管。室内消防给水管道上用于分隔管段的阀门应经常保持开启，并应有明显的启闭标志。

高层民用建筑和超过四层的厂房和库房，高层工业建筑，设有室内消防给水管道的住宅及超过五层的其他民用建筑，应为室内消防给水管道设置水泵结合器，水泵结合器的位置应该在距室外消火栓或消防水池15~40m范围内，每个水泵结合器的流量按10~15L/s计算，水泵结合器的数量按室内消火栓用水量计算确定。高层建筑采用竖向分区供水方式的，各分区应分别设置水泵结合器。

消防用水与其他用水合并使用的给水管道，当其他用水量达到最大流量时，仍应能供给全部消防用水量。当其他用水量达到最大值时，市政给水管道仍能供给室内外消防用水量时，消防水泵的进水管宜直接从市政给水管道取水。

寒冷地区不设采暖的厂房与库房的室内消火栓，为防止冰冻，给水管道可采用干式，但应在进水管上设快速启闭装置，管道最高处还应设置排气阀。

高层民用建筑的室内消防给水管道在布置上更为复杂，因此要求室内消防给水管道布置成环状。其供水管或引入管均不应少于两根，同样当其中一根故障或检修时，其余的进水管和引水管应仍能保证消防用水量和水压的要求。

消防竖管的布置应能保证同层相邻两个消火栓的出水压力满足水枪充实水柱达到保护范围内的任何部位的要求，每根消防竖管的直径应按通过的水量经计算确定，但不应小于100mm。十八层及十层以下，每层不超过8户，建筑面积不超过$650m^2$的塔式住宅，当设置两根消防竖管有困难时，可设一根，但室内消火栓必须要双阀、双口消火栓。

室内消防给水管道应采用阀门划分成若干独立管段。阀门的布置，应保证故障和检修时关闭停用的竖管不超过一根。当竖管的数量超过四根可关闭停用不相邻的两根。

（2）室内消火栓的布置 室内消火栓是建筑防火设计中应用最普遍最基本的消防设施，除无可燃物的设备层外，凡设室内消火栓的建筑物，每层均应设置，同一座建筑物内应采用统一规格的消火栓，一般应采用栓口直径65mm的消火栓，喷嘴口径不小于19mm和长度不超过25m的水带，应保证相邻消火栓水枪的充实水柱同时达到室内任何部位，故每个消火栓仍按一支水枪计算。因此，只能采用单栓、单口消火栓，而不能采用单栓、双口消火栓。建筑高度小于或等于24m且体积小于或等于$5000m^3$的库房可采用一只水枪的充实水柱到达室内任何部位。

在灭火中，充实水柱（又称充实水流）的基本概念是：具有充实核心段的水射流。水枪的充实水柱长度应通过水力计算确定，一般建筑不应小于7m；甲乙类厂房、超过四层的厂房和库房，以及超过六层的民用建筑和建筑高度不超过100m的高层民用建筑不应小于10m；高层工业建筑、高架库房和建筑高度超过100m的高层民用建筑不应小于13m。

高层工业建筑、高架仓库、甲乙类厂房和高层民用建筑，室内消火栓的间距不应超过30m；其他单层和多层建筑包括高层民用建筑的裙房，室内消火栓的距离不应超过50m。室内消火栓的安装位置，栓口距离地面的高度为1.1m，其出水方向应向下或与设置消火栓的墙面相垂直。消防电梯前应设消火栓，但不计入消火栓的数量。冷库的室内消火栓应设在常温穿堂或楼梯间内。

室内消火栓栓口的静水压力不应超过0.8MPa，消火栓栓口处静水压力过大时，在扑救火灾过程中开启水枪产生的水锤作用，容易使给水系统中的设备遭受破坏，因此当室内消火栓栓口的静水压力超过 0.8MPa 时应采用分区给水系统。消火栓栓口的出水压力超过 0.5MPa 时，对水枪产生的反作用使一个人很难稳定地操作水枪灭火。为此，要求采取减压措施，控制消火栓栓口的出水压力，并规定不应超过 0.5MPa。减压后的消火栓栓口的出水压力应保证水枪充实水柱长度要求。减压措施一般采取减压孔板或减压阀。

高层工业建筑和采用临时高压给水系统的其他建筑（包括高层民用建筑），每个室内消火栓处应设能直接启动消防水泵的按钮，以便及时由消防水泵向室内消火栓供水，按钮应有防止误启动消防水泵的保护设施。高压消防给水系统由于经常保持能够满足室内消火栓所需压力和流量的状态，因此无须设置远程启动水泵的按钮。采用稳压泵的临时高压给水系统，当启动室内消火栓使给水系统管道压力下降时，能够迅速自动启动消防水泵的，可不设远程启动消防水泵的按钮。

消防软管卷盘（也称消防水喉），是在启用室内消火栓之前供建筑物内一般人员自救初期火灾的消防设施，一般与室内消火栓合并设置在消火栓箱内。当建筑物内设置消防软管卷盘时，其间距应保证有一股水流能达到室内地面任何部位，消防卷盘的安装高度应便于取用。消防软管卷盘的栓口直径为 25mm，配备的胶管的内径不小于 19mm，喷嘴的口径不小于 6mm。

4. 自动喷水灭火系统

自动喷水灭火系统是建筑物最基本的自救灭火措施。除不能用水扑救的场所和部位外，民用与工业建筑均可设置自动喷水灭火系统。由于适用该系统的建筑物种类多、范围广，以及该系统灭火成功率高、造价低廉，其在建筑消防设施中的地位日益提高，正在逐步成为现代建筑不可缺少的消防设施。

（1）系统概述　自动喷水灭火系统的类型，包括湿式、干式、干湿交替式、预作用式和雨淋式自动喷水灭火系统。

湿式自动喷水灭火系统，由湿式报警装置、闭式喷头和管道等组成。该系统在报警阀的上下管道内均经常充满压力水，它是自动喷水灭火系统的基本类型和典型代表。

干式自动喷水灭火系统，由干式报警装置、闭式喷头、管道和充气设备等组成。该系统在报警阀的上部管道内充以有压气体。

预作用自动喷水灭火系统，由火灾探测系统、闭式喷头、预作用阀和充以有压或无压气体的管道组成。该系统的管道中平时无水，发生火灾时，管道内给水通过火灾探测系统控制预作用阀来实现，并设有手动开启阀门装置。

雨淋自动喷水灭火系统由火灾探测系统、开式喷头、雨淋阀和管道等组成。发生火灾时，管道内给水通过火灾探测系统控制雨淋阀来实现，并设有手动开启阀门装置。

（2）系统设计　自动喷水灭火系统的设计，应根据建筑物的功能与特点，正确判断其火灾危险等级，合理选择系统的类型和设计基本数据，做到保障安全、经济合理、技术先进。系统的设计能否做到安全可靠、经济合理、技术先进，主要取决于以下几方面的工作：建筑物火灾危险等级的判定和系统选型及设计基本数据的确定，喷头的布置，系统的配置和设备材料的选型，水力计算等。

室内温度不低于 4℃且不高于 70℃的建筑物，宜采用湿式自动喷水灭火系统；室温低于 4℃或高于 70℃的建筑物，宜采用干式或预作用自动喷水灭火系统；不允许有水渍损失的建筑物，宜采用预作用系统。湿式、干式和预作用系统，应按建筑物的火灾危险等级确定设计基本数据。

5. 水喷雾灭火系统

水喷雾灭火系统是由自动喷水系统派生出来的自动灭火系统，被广泛应用于火灾危险性大、发生火灾后不易扑救或火灾危害严重的重要工业设备与设施。

此外,由于水喷雾系统灭火速度快、灭火用水少、防护冷却效果好,可安全扑救油浸式电气设备火灾和闪点高于60℃的液体火灾。同时,该系统设计灵活,造价低,适合对于工业设备实施立体喷雾保护。

(1) 适用范围　适用于新、改、扩建工程中生产、储存装置或装卸设施设置的水喷雾灭火系统的设计;不适用于运输工具或移动式水喷雾灭火装置的设计。

(2) 系统的特点和组成　消防设计中对火灾危险性大、蔓延速度快、火灾后果严重、扑救困难而需要全方位立体喷水和为消除火灾威胁而进行必要的防护冷却的对象,采用水喷雾灭火系统用水量低,效果好。

水喷雾灭火系统的组成和雨淋自动喷水系统相似,两种系统仅仅是采用的喷头不同。水喷雾系统采用水雾喷头,水雾喷头利用离心或撞击的原理,在较高的水压作用下,将水流分解为呈喷射流态的细小水滴。在水雾喷头的雾化角范围内,喷出的雾状水形成一圆锥体。圆锥体内充满水雾滴,水雾滴的粒径一般在 0.3～1.0mm 的范围内。在水压的作用下,水平喷射的水雾,沿雾化角的角边轨迹运行一段距离后,在水雾滴重力的作用下开始沿抛物线轨迹下落,自喷头喷口至水雾达到的最高点之间的水平距离,称为有效射程。有效射程范围内的喷雾,粒径小而均匀,灭火和防护冷却效率高;超出有效射程的喷雾,部分雾滴的粒径增大,水平喷射时漂移和跌落的水量明显增加。

雨淋阀组的功能为:接通或关闭水喷雾灭火系统的供水;接收电控信号,可液动或气动开启雨淋阀;具有手动应急操作阀;显示雨淋阀启、闭状态;驱动水力警铃;监测供水压力;电磁阀前应设过滤器。

(3) 系统设计　水喷雾系统的设计基本参数包括喷雾强度、持续喷雾时间、水雾喷头的工作压力和系统响应时间。

喷雾强度是系统在单位时间内对被保护对象每平方米保护面积喷射的喷雾水量,其与保护对象的保护面积和持续喷雾时间的乘积是确定系统用水量的依据。水雾喷头工作压力和系统响应时间则是保证水的雾化效果和喷雾的动量与强制开始喷雾时间的主要数据。

系统的组成与雨淋自动喷水系统十分相似,但由于采用水雾喷头,使灭火机理和保护对象发生了质的变化。

三、泡沫灭火系统

泡沫灭火系统系指空气机械泡沫系统。按发泡倍数泡沫灭火系统可分为低倍数泡沫灭火系统、中倍数泡沫灭火系统和高倍数泡沫灭火系统。发泡倍数在 20 倍以下的称低倍数泡沫;发泡倍数在 21～200 倍之间的称中倍数泡沫;发泡倍数在 201～1000 倍之间的称高倍数泡沫。下面分别叙述。

1. 低倍数泡沫灭火系统

(1) 适用范围　低倍数泡沫灭火系统适用于开采、提炼加工、储存运输、装卸和使用甲、乙、丙类液体场所。例如油田(海上、地面)、炼油厂、化工厂、油库(地面库、半地下库、洞库)、长输管线始末站、铁路槽车、汽车槽车的鹤管栈桥、油轮、卸油台、加油站、码头(油化工产品)、汽车库、飞机场、飞机维修库、燃油锅炉房等场所。

低倍数泡沫灭火系统不适用于船舶、海上石油平台以及储存液化烃的场所。如液化石油气,因为其在常温常压情况下属于气体状态,只有加压后才能成为液态。

(2) 泡沫液体的选择　首先要看保护对象是水溶性液态还是非水溶性液体。水溶性液体系指与水混合后可溶于水的液体,如化工产品(甲醇、丙酮、乙醚等)。非水溶性液体系指与水混合后不溶于水的液体,如石油产品(汽油、煤油、柴油等)。

扑救水溶性甲、乙、丙类液体火灾必须选用抗溶性泡沫。其道理是：水溶性液体是一种极性液体。对于极性液体火灾的扑救，关键是要能有效地抑制极性液体强烈的脱水作用并在燃烧的液面上形成一个稳定的泡沫层。因而只能采用抗溶性泡沫。例如凝胶型抗溶泡沫液，它由触变性多糖、氟碳表面活性剂、碳氢表面活性剂、溶剂与降黏剂、泡沫稳定剂等组成。触变性多糖是一种水溶性生物胶，它易溶于水，但不溶于极性液体。这种多糖水溶液遇到醇、酯、醚等极性液体时，立即形成絮状沉淀，形成一层胶膜。这层胶膜可以阻止泡沫与极性液体接触，同时也阻止极性液体向上层泡沫扩散，抑制其脱水作用，从而保证在极性液体上形成一连续性泡沫层，并通过冷却、隔绝空气和抑制液体蒸发等作用而灭火。

扑救水溶性液体火灾，只能采用液上喷射泡沫，不能采用液下喷射泡沫，并且还必须采用软施救，不能使泡沫直接冲击或搅动燃烧的液面，因为泡沫中带有水，通过水溶性流体时，泡沫会遭到破坏，因而不能灭火。

对于水溶性液体火灾，当采用液上喷射泡沫灭火时，选用普通蛋白泡沫、氟蛋白泡沫液或水成膜泡沫液均可。当然选用扑救水溶性液体火灾的抗溶性泡沫或多功能泡沫也可以，但经济上不合理，因为抗溶性泡沫液比普通蛋白泡沫液或氟蛋白泡沫液贵得多。

普通蛋白泡沫灭火的原理：通过泡沫和其析出的液体对燃料的冷却、隔绝空气和抑制液体蒸发等作用而灭火。

对于非水溶性液体火灾，当采用液下喷射泡沫时，必须选用氟蛋白泡沫液或水成膜泡沫液。因为液下喷射泡沫，泡沫通过油层浮升到油面时，在浮升过程中泡沫会挟带一些油。试验证明，普通蛋白泡沫的含油率（液体体积）达到 6.5% 时就会自由燃烧，即使能浮到液面上来也不能灭火；而氟蛋白泡沫的含油率达到 23% 时，泡沫才有可能发生自由燃烧。这是因为氟蛋白泡沫是由水解蛋白、氟碳表面活性剂、碳氢表面活性剂、溶剂以及必要的抗冻剂等成分组成。其中，氟碳表面活性剂的主要作用是大幅度降低泡沫混合液的表面张力，提高泡沫流动性。另外氟蛋白泡沫层与燃料表面的交界处存在一个由氟碳表面活性剂分子定向排列组成的吸附层，这样对燃料有很好的封闭作用，当采用液下喷射方式时氟蛋白泡沫仍然也挟带些燃料，但由于其封闭作用，泡沫不易发生自由燃烧。其次，氟碳基具有强烈的疏油作用，所以氟蛋白泡沫具有很强的抗燃料污染能力。

泡沫液配制成泡沫混合液，应符合一定的要求。蛋白、氟蛋白、抗溶氟蛋白型泡沫液，配制成泡沫混合液，可使用淡水和海水；凝胶型、金属皂型泡沫液，配制成泡沫混合液，应使用淡水；所有类型的泡沫液配制成泡沫混合液时，严禁使用影响泡沫灭火性能的水；泡沫液配制成泡沫混合液用水的温度宜为 4~35℃。泡沫液的储存温度应为 0~40℃，且宜储存在通风干燥的房间或敞棚内。

（3）系统形式的选择　系统形式的选择，一般应根据保护对象的规模、火灾危险性大小、总体布置、扑救难易程度以及消防站的设置情况等因素综合考虑确定。

总储量大于、等于 500m³ 独立的非水溶性甲、乙、丙类液体储罐区，总储量大于、等于 200m³ 的水溶性甲、乙、丙类液体立式储罐区，机动消防设施不足的企业附属非水溶性甲、乙、丙类液体储罐区，宜选用固定式泡沫灭火系统。

固定式泡沫灭火系统是由固定消防泵站、泡沫比例混合器、泡沫液储存设备、泡沫产生装置和固定管道及系统组件组成的灭火系统，一旦保护对象着火，能自动或手动供给泡沫，及时扑救火灾。

机动消防设施强的企业附属非水溶性甲、乙、丙类液体储罐区，石油化工生产装置区火灾危险性大的场所，宜选用半固定式泡沫灭火系统。

半固定式泡沫灭火系统是由固定泡沫产生装置和水源、泡沫消防车或机动消防泵、临时用水带连接组成的灭火系统；或者由固定的泡沫消防车、相应的管道和移动的泡沫产生装置

（泡沫炮、泡沫钩枪）、用水带临时连接组成的灭火系统。

根据国内外的实践经验，企业油库或化工产品原料库、成品库及装置区等场所虽然危险性较大，但这些企业均设有专职消防人员，泡沫、干粉水罐消防车通常配备较强，消防道路和水源完善，再加上可燃气体自动检漏报警设备和通信联络装置齐全，对于像这样条件下的被保护对象，综合考虑，仍宜选用半固定式泡沫灭火系统。

总储量不大于 500m^3，单罐容量不大于 200m^3，且罐壁高度不大于 7m 的地上非水溶性甲、乙、丙类液体立式储罐；总容量不大于 200m^3，单罐容量不大于 100m^3，且罐壁高度不大于 5m 的地上非水溶性甲、乙、丙类液体立式储罐；卧式储罐，因卧式储罐一般容量较小，国内常用 30m^3 或 50m^3，最大也就是 100m^3；甲、乙、丙类液体装卸区易泄漏的场所，如加油站、石化生产装置区可能发生跑、冒、滴、漏；另外装置内由于工艺的要求，一般设置一些中间物料罐或泵，这些设备也易发生液体泄漏。以上这几种情况，采用移动式泡沫灭火系统，使用起来灵活、机动。

移动泡沫灭火系统，即由消防车或机动消防泵、泡沫比例混合器、移动式泡沫产生装置（泡沫炮、泡沫钩枪）、用水带连接组成的灭火系统。

(4) 系统设计　在储罐区泡沫灭火系统的设计中，其泡沫混合液量应满足扑救储罐区内泡沫混合液用量最大的单罐火灾的要求。这里应特别注意的是，泡沫混合液最大用量的储罐容积不一定最大。

泡沫混合液用量，除满足上述要求外，还应加上为扑救该储罐流散液体火灾所设辅助泡沫枪的混合液用量。因为储罐着火原因及现场情况千变万化，尤其是地上拱顶罐，可能先爆炸后着火，也可能先着火后爆炸，或者在着火过程中爆炸。发生爆炸后，罐顶可能全部掀掉，也可能一部分掀掉，或者罐壁被拔起，罐壁和罐底部分脱开，油流散到防火堤内，这时虽然罐顶上泡沫产生器存在，但对流散到防火堤内油火的扑救无能为力，所以还须设辅助泡沫管枪。因此，应把管所需泡沫混合液用量计算进去。

2. 高倍数、中倍数泡沫灭火系统

(1) 灭火机理　高倍数泡沫与火焰相遇时能产生如下作用：大量的高倍数泡沫以密集状态封闭了火灾区域，阻止了连续燃烧所必需的新鲜空气接近火焰，使火焰窒息；火焰的辐射热使高倍数泡沫中的水分蒸发，变成水蒸气，吸收大量的热，产生冷却作用，在蒸汽与空气的混合气体中氧的含量为 7.5%，这个数值大大低于维持燃烧所需的氧浓度。从一定意义上讲，高倍数泡沫是水的载体，如果不使用高倍数泡沫，在大火中是无法将少量的水输送到燃烧着的物体表面上的，由于泡沫表面张力较低，由泡沫产生的没有变成蒸汽的泡沫的混合液对 A 类燃料表面有湿润作用，使其对燃烧物体的冷却深度远超过同体积普通水的作用。

由于上述效应的综合作用，使高倍数泡沫具有良好的灭火效能。

(2) 灭火特点　高倍数泡沫能迅速地充满大面积的火灾区域，以淹没或覆盖的方式扑灭 A 类和 B 类火灾，它不像气体灭火系统那样受到保护面积和空间大小的限制，适用于扑救发生在各种高度的火灾。在高倍数泡沫保持时间内，它还可以消除任何高度上固体的阴燃火灾，这一特点是其他灭火系统所无法比拟的。高倍数泡沫具有良好的"渗透性"，对难以接近或难以找到火源的火灾非常有效。如堆置了大量的物资、器材和设备的场所发生了火灾，其内充满浓烟，找不到火源，如使用高倍数泡沫，则灭火迅速，损失小。水渍损失小，灭火效率高，灭火后高倍数泡沫容易清除，对于扑灭同一火灾，高倍数泡沫灭火剂用量和用水量仅为低倍数泡沫灭火剂用量的二十分之一。如扑救 1000m^3 空间的火灾，仅用 42kg 高倍数泡沫灭火剂和 1.4t 水，而且高倍数泡沫灭火剂类似于清洁剂，灭火后几乎没有水渍损失，而且对所保护对象和环境无污染，故可用来保护贵重物品。美国消防协会编写的《消防官员用灭火指南》推荐将它用于计算机房和图书档案库等处的火灾保护。灭火时被保护区域重量

第九章　火灾参数检测与自动灭火系统

负荷增加极小，由于高倍泡沫灭火时，用水量和灭火剂用量极少，使保护对象增重很小，故可用于船舶甲板下的货舱、机舱、泵舱等处所，不致使船舶因灭火时的增重造成倾覆或沉没。此外，在水源困难的地方，亦采用这种灭火技术。高倍数泡沫可以隔绝火焰，防止火势蔓延到邻近区域，这对于容易引起爆炸和燃烧等连锁反应的场所尤为合适。如某场所一个区域发生了火灾，用高倍数泡沫可以隔断火灾向其他区域蔓延。高倍数泡沫绝热性能好，它能保护人员使之避免陷入炽热的火焰包围中。此外，高倍数泡沫无毒，对于为避免火灾危害而躲入其中的人员及现场灭火人员没有伤害作用，故可为火场中的人员提供避难场所。高倍数泡沫可以排除烟气和有毒气体。需要扑救产生有毒气体和烟气、危及人们生命安全的火灾时，如地下建筑失火，向其中输入高倍数泡沫，置换掉室内的烟气和有毒气体是很有效的。高倍数泡沫可以有效地控制液化气的流淌火灾。

由于高倍数泡沫具有上述灭火特点，所以它的应用范围很广泛，特别适用于有限空间大面积火灾的扑救。

中倍数泡沫的灭火机理和灭火特点基本与高倍数泡沫相同。

（3）适用条件　高、中倍数泡沫可用于扑救下列火灾：汽油、煤油、柴油、工业苯等B类火灾；木材、纸张、橡胶、纺织品等A类火灾；封闭的带电设备场所的火灾；控制液化石油气、液化天然气的流淌火灾。

高、中倍数泡沫不得用于扑救下列物质的火灾：硝化纤维、炸药等在无空气的环境中能迅速氧化的化学物质和强氧化剂；钾、钠、镁、钛和五氧化二磷等活泼性金属和化学物质；未封闭的带电设备。

由于高、中倍数泡沫是导体，所以不能直接与裸露的电器设备的带电部位接触，否则必须在断电后才可喷放泡沫。

（4）系统类型的选择　系统类型的选择应根据防护区的总体布局、火灾的危害程度、火灾的种类和扑救条件等因素，并与综合技术经济比较后确定。

高倍数泡沫灭火系统可分为全淹没灭火系统、局部应用式灭火系统和移动式灭火系统三种类型；中倍数泡沫灭火系统可分为局部应用式灭火系统和移动式灭火系统两种类型。之所以如此划分，主要是基于保护区的大小和火灾发生的不同形式，即有大封闭空间的、较小封闭空间的、火灾危险场所变化的、流淌的或非流淌的形式。但无论是哪种灭火系统，其灭火机理是相同的。用泡沫将燃烧物或燃烧区域全覆盖（或淹没）是高、中倍数泡沫灭火系统的各种系统类型的灭火方式的共同点。

（5）系统的设计原则　应掌握整个工程的特点、防火要求和各种消防力量、消防设施的配备情况，制定合理的设计方案、正确处理局部与全局的关系；其次，还应考虑防护区的具体情况，包括防护区的位置、大小、形状、开口、通风及围挡或封闭状况等情况；以及防护区内可燃物品的性质、数量、分布情况；可能发生的各种火灾类型和起火源、起火部位等情况。只有全面分析防护区本身及其内部的各种特点、扑救条件、投资大小等综合因素，才能合理地选择灭火系统的类型。系统类型确定后，还应考虑全淹没或局部应用式高倍数泡沫灭火系统宜设置的火灾自动报警系统，可组成自动控制高倍数泡沫灭火系统。选择泡沫发生器的种类时，如果在防护区内设置并利用热烟气发泡，应选用水轮机驱动式泡沫发生器：这是一种高倍数泡沫发生器，其下面放的泡沫液桶应采取防火隔热措施，使泡沫液的温度在发生火灾时也保持在40℃以下。根据防护区的系统类型、各防护区的流量及其变化范围选择泡沫比例混合器的种类及规格型号。泡沫比例混合器宜放置在消防泵房内。根据系统采用的水源的性质、混合比及是否利用热烟气泡等因素选择泡沫液的种类。消防自动控制设备宜与防护区的门窗的关闭装置、排气口的开启装置以及生产、照明电源切断装置等联动。利用防护区外部空气发泡的封闭空间，应设置排风口。排风口在泡沫灭火系统发泡时应能自动或手动开启，其排风速度不宜超过 5m/s。为了有效地控制火势和扑灭火灾，A 类火灾单独使用高倍数泡沫灭火系统时，淹没体积的保持时间应大于 60min；高倍数泡沫灭火系统与自动喷水灭火系统联合使用时，淹没体积的保持时间应大于 30min。控制液化石油气和液化天然气的流淌火灾，宜选用发泡倍数为 300~500 倍的高倍数泡沫发生器；泡沫混合液的供应强度应大于 7.2L/(min·m²)。局部应用式中倍数泡沫灭火系统用于油罐区时，宜选用环泵式比例混合器和中倍数泡沫液。

四、气体自动灭火系统

1. 气体自动灭火系统的适用范围

以气体作为灭火介质的灭火系统称为气体灭火系统。气体灭火系统的适用范围是由气体灭火剂的灭火性质决定的。尽管卤代烷 1211 和 1301 灭火剂与二氧化碳的化学组成、物理性质、灭火机理以及灭火效能都有很大的差别，但在灭火应用中却有很多相同之处：化学稳定性好、耐储存、腐蚀性小、不导电、毒性低、蒸发后不留痕迹、适用于扑救多种类型火灾。因此，这三种气体灭火系统具有基本相同的适用范围和应用限制。

(1) 适用的火灾类型　根据物质的燃烧特性把火灾分为四类：A 类火灾、B 类火灾、C 类火灾、D 类火灾。按照这个分类，气体灭火系统适用于扑救的火灾类别如下。

① A 类火灾一般指固体物质的火灾。这类固体物质往往具有有机物的性质，一般在燃烧时能产生灼热的灰烬，如木材、纤维、纸张以及其他天然与合成的固体有机材料。

卤代烷 1211、1301 和二氧化碳灭火系统都适用于扑救 A 类火灾中一般固体物质的表面火灾。二氧化碳灭火系统还适用于扑救棉、毛、织物、纸张等部分固体的深位火灾。卤代烷在 2010 年以前尚允许在我国使用。

所谓一般固体物质，是指应用限制以外的固体物质。所谓固体表面火灾，是指未发展成深位燃烧的固体火灾。一般固体物质火灾的发生与发展存在两种形式，即表面燃烧与深位燃烧。发生于固体表面的燃烧在初始阶段往往只限于固体材料的表层，由于固体物质尚未被加热到足够的程度，燃烧尚未扩展到固体的纵深部位或在燃烧层中尚未形成灼热的余烬，仍以有焰燃烧为主，处于此阶段的火灾称为表面火灾。发生于固体材料内部的火灾（通常表现为阴燃），或虽发生于固体表面但经过较长时间燃烧已形成大量的灼热余烬，这种火灾称为深位火灾。

目前，国内外对表面火灾和深位火灾的定量判断还没有一个统一的标准。对于卤代烷灭火系统，一般认为：当采用 5% 的灭火剂浓度和 10min 的浸渍时间仍不能将固体火灾扑灭，则认为是深位火灾。

卤代烷 1301 和 1211 灭火剂的灭火机理主要是通过溴和氟等卤素氢化物的化学催化作用和化学净化作用大量扑灭、消耗火焰中的自由基，抑制燃烧的链式反应，迅速将火焰扑灭。因而对扑灭有焰火燃烧非常有效，所需的灭火剂浓度低、灭火快。二氧化碳灭火剂主要是通过稀释氧浓度、窒息燃烧和冷却等物理作用灭火，也可较快地将有焰燃烧扑灭，但所需的灭火剂浓度高。喷放气体灭火剂之后再维持足够的浸渍时间即可把固体表面火彻底扑灭。因此，气体灭火剂扑救 A 类表面火的关键是适时地将灭火剂释放到防护区中，使防护区内尽快达到规定的灭火剂浓度（卤代烷系统的灭火剂喷放时间一般在 10s 以内，最大不超过 15s；二氧化碳系统的灭火剂喷放时间一般不超过 1min），同时在喷放灭火剂后还应注意维持较长的浸渍时间（对于卤代烷系统，不应小于 10min，对于二氧化碳系统，为 10~20min）。

二氧化碳灭火系统用于某些固体的深位火灾，高浓度的灭火剂将燃烧物包围，再经过较长的浸渍时间（一般为 20min 或更长时间），二氧化碳气体扩散到固体内部，可把深位火灾扑灭。二氧化碳灭火系统用于扑救固体的深位火灾时，需要考虑一定的喷放时间（喷放时间

第九章 火灾参数检测与自动灭火系统

不应大于7min且在前2min内使二氧化碳的浓度达到30%)和足够的抑制时间。

试验表明，卤代烷1301和1211虽然也可以扑灭某些固体物质的深位火灾，但需要采用很高的灭火剂浓度和很长的浸渍时间，为此而消耗大量的灭火剂是非常不经济的，因此不推荐将这两种灭火系统用于扑救固体的深位火灾。

② B类火灾是指液体火灾以及在燃烧时可熔化的某些固体的火灾。B类火灾中最常见的有汽油、煤油、柴油等烃类液体的火灾，醇、酯、醚、酮等有机溶剂的火灾以及石蜡、沥青等一些燃烧时可熔化的固体物质的火灾。

卤代烷1211、1301和二氧化碳灭火系统都可用于扑救常见的液体火灾。

③ C类火灾是指气体火灾，常见的可燃气体有烷烃、烯烃、炔烃等烃类气体，以及一氧化碳或煤气、氢等。

卤代烷1211、1301和二氧化碳灭火系统都可用于扑救常见的气体火灾，但同时应具备能够在灭火前切断可燃气源或在灭火后能够立即切断气源的可靠措施。及时切断可燃气源，一方面有利于迅速灭火，另一方面可以防止发生二次火灾或爆炸。

卤代烷1301和1211灭火剂对B、C类火灾的灭火机理主要是化学作用，效果极佳。二氧化碳的灭火机理主要是物理作用，对B、C类火灾的灭火效果一般，需要高浓度。

带电设备与电气线路的火灾，是由于带电设备及电气线路的过热、短路引发的火灾。根据统计，电气火灾约占火灾总数的一半。因而在气体灭火系统设计规范中都把电气危险作为一类特殊的火灾来考虑。气体灭火系统都适用于扑救带电设备与电气线路的火灾，这是气体灭火剂优良的电气绝缘性能所决定的。

(2) 应用限制　气体灭火系统不适用于扑救下列类型物质的火灾：强氧化剂、含氧化剂的混合物以及能够自身提供氧而且在无空气的条件下仍能迅速氧化、燃烧的物质，如氯酸钠、硝酸钠、氮的氧化物、氟、火药、炸药、硝化纤维等；活泼金属（D类火灾），如钠、钾、镁、钛、钠钾合金、镁铝合金等；金属氢化物，如氢化钠、氰化钾等；能自动分解的物质，如某些有机过氧化物、联氨等；能发生自燃的物质，如白磷、某些金属有机化合物等。

由于卤代烷1211灭火剂具有较高的沸点（-3.4℃），较低的环境温度将不利于它的汽化，影响灭火剂在防护区的分布。因此规定卤代烷1211灭火系统防护区的最低环境温度不得低于0℃。

卤代烷1301灭火剂具有很低的沸点（-57.75℃），适用的防护区最低环境温度可达-30℃。二氧化碳灭火系统适用的防护区环境温度范围也很宽，在-20~100℃的温度范围内可正常设计。当防护区的环境温度超过上述范围时，应对二氧化碳的设计用量进行补偿。

2. 系统的分类及应用条件

气体灭火系统按其对保护对象的保护形式可以有全淹没系统和局部应用系统两种；按其装配形式又可分为管网灭火装置和无管网灭火装置；在管网灭火系统中又可分为组合分配灭火系统和单元独立灭火系统。

(1) 全淹没系统　在规定时间内向防护区喷射一定浓度的灭火剂并使其均匀地充满整个防护区的气体灭火系统称为全淹没灭火系统。卤代烷1301全淹没系统适用于经常有人的防护区；卤代烷1211和二氧化碳全淹没系统适用于无人的防护区。

全淹没系统适用于扑救封闭空间的火灾。全淹没系统的灭火作用是基于在很短时间内使防护区充满规定浓度的气体灭火剂并通过一定时间的浸渍而实现的。因此，要求防护区要有必要的封闭性、耐火性和耐压、泄压能力。保证封闭形式是为了防止在灭火、浸渍过程中灭火剂的流失，要求在防护区的围护构件上不宜开设敞开的孔洞。当必须设置敞开的孔洞时，应设在防护区外墙的上方，且应设置能手动和自动的关闭装置。在施放灭火剂前，防护区的通风机、通风管道中的防火阀以及除泄压口以外的其他开口应自动关闭。一定的耐火性是要求防护区的围护构件及吊顶要有足够的耐火时间，以保证在整个灭火过程中维护构件完整和防护区的封闭性能。耐压能力是要求防护区的围护构件要有承受灭火剂对防护区增压的能力，以防由于灭火剂的增压作用损坏围护构件而影响防护区的封闭性能。全淹没系统对防护区耐压强度的最低要求是其围护构件应能承受 1.2kPa 压力差（防护区内外的压力差）。必要的泄压能力是要求对有完全密闭的防护区（门窗上设有密封条而又没有其他开口的防护区）应设泄压扣，以防灭火剂增压对防护区封闭性的破坏。

（2）局部应用系统　向保护对象以设计喷射强度直接喷射灭火剂，并持续一定时间的气体灭火系统称为局部应用系统。

该类系统在国内的应用，目前仅限于二氧化碳局部应用系统；对于卤代烷局部应用系统，尚未制定相关的设计标准。

二氧化碳局部应用系统的应用条件是：保护对象周围的空气流速不大于 3m/s，必要时应采取挡风措施；在喷头与保护对象之间，喷头喷射角的范围内不应有遮挡物；当保护对象为可燃液体时，液面距容器源口的距离不得小于 150mm；灭火剂喷射时间不应小于 0.5min；对于燃点温度低于其沸点温度的液体（含可燃化固体）喷射时间不应小于 1.5min；局部应用系统的二氧化碳灭火剂储存环境温度不应低于 0℃，且不应高于 49℃。

（3）管网灭火系统　通过管网向防护区喷射灭火剂的气体灭火系统称为管网灭火系统。

卤代烷 1211 和 1301 管网灭火系统（全淹没）所保护的单个防护区面积不宜大于 500m^2，容积不宜大于 2000m^3。

二氧化碳管网灭火系统（全淹没）所保护的最大防护区容积没有明确规定。

（4）组合分配系统　用一套灭火剂储存装置，通过选择阀等控制组件来保护多个防护区的气体灭火系统称为组合分配系统。在气体灭火系统设计中，对于两个或两个以上的防护区往往采用组合分配系统。为保证系统的安全可靠，一方面要保证每个防护区的灭火剂用量都能达到设计用量要求（即灭火剂的设计用量由灭火剂用量最多的防护区确定）；另一方面要注意一个组合分配系统所保护的防护区数目不宜过多，防护区数目超过一定数量时，应配置备用灭火系统。一个卤代烷 1211 和 1301 组合分配系统的防护区数目超过 8 个时，或一个二氧化碳组合分配系统的防护区和保护对象数目为 5 个以上时应配置备用的灭火系统，灭火剂的备用量不应小于设计用量。

（5）单元独立系统　只用于保护一个防护区的气体灭火系统称为单元独立系统。

（6）无管网灭火装置　按一定的应用条件，将灭火剂储存装置和喷嘴等部件预先组装起来的成套气体灭火装置，又称为预制灭火装置。

卤代烷 1211 和 1301 无管网灭火装置用于封闭空间灭火时，一个防护区的面积不宜大于 100m^2，容积不宜大于 300m^3，且设置的无管网灭火装置数不应超过 8 个。

五、干粉灭火系统

干粉灭火系统中灭火剂的类型虽然不同，但其系统灭火原理无非是化学抑制、隔离、冷却与窒息。

1. 干粉灭火剂

干粉灭火剂是由灭火基料（如小苏打、碳酸铵、磷酸的铵盐等）和适量润滑剂（硬脂酸镁、云母粉、滑石粉等）、少量防潮剂（硅胶）混合后共同研磨制成的细小颗粒，是用于灭火的干燥且易于飘散的固体粉末灭火剂。

2. 干粉灭火剂的类型

（1）普通干粉灭火剂　这类灭火剂可扑救 B 类、C 类、E 类火灾，因而又称为 BC 干粉灭火剂。属于这类的干粉灭火剂有：

以碳酸氢钠为基料的钠盐干粉灭火剂（小苏打干粉）。

以碳酸氢钾为基料的紫钾干粉灭火剂。

以氯化钾为基料的超级钾盐干粉灭火剂。

以硫酸钾为基料的钾盐干粉灭火剂。

以碳酸氢钠和钾盐为基料的混合型干粉灭火剂。

以尿素和碳酸氢钠（碳酸氢钾）的反应物为基料的氨基干粉灭火剂（毛耐克斯干粉）。

(2) 多用途干粉灭火剂　这类灭火剂可扑救A类、B类、C类、E类火灾，因而又称为ABC干粉灭火剂。属于这类的干粉灭火剂有：

以磷酸盐为基料的干粉灭火剂。

以磷酸铵和硫酸铵混合物为基料的干粉灭火剂。

以聚磷酸铵为基料的干粉灭火剂。

(3) 专用干粉灭火剂　这类灭火剂可扑救D类火灾，又称为D类专用干粉灭火剂。属于这类的干粉灭火剂有：

石墨类：在石墨内添加流动促进剂。

氯化钠类：氯化钠广泛用于制作D类干粉灭火剂，选择不同的添加剂适用于不同的灭火对象。

碳酸氢钠类：碳酸氢钠是制作BC干粉灭火剂的主要原料，添加某些结壳物料也可制作D类干粉灭火剂。

3. 干粉的灭火机理

(1) 干粉灭火器工作原理　干粉灭火器内充装的是干粉灭火剂。干粉灭火剂是用于灭火的干燥且易于流动的微细粉末，由具有灭火效能的无机盐和少量的添加剂经干燥、粉碎、混合的微细固体粉末组成。灭火剂的组分是干粉灭火剂的核心，能够灭火的物质主要有碳酸氢钠、磷酸铵盐等。其原理为

$$Al_2(SO_4)_3 + 6NaHCO_3 = 3Na_2SO_4 + 2Al(OH)_3 \downarrow + 6CO_2 \uparrow$$

(2) 适用范围　干粉灭火器适用于可燃固体、可燃液体、可燃气体、电器着火等所引起的火灾，也适用于档案资料、纺织品及珍贵仪器着火等，干粉是不导电的，可以用于扑灭带电设备的火灾，是一种高效灭火器。

(3) 系统组成　干粉灭火器是由压把、提把、保险销、压力表、出粉管、筒身、喷嘴组成的。

(4) 使用方法　将灭火器提到起火地点附近站在火场的上风口：①拔下保险销；②一手握紧喷管；③另一手捏紧压把；④喷嘴对准火焰根部扫射。

4. 注意事项

① BC类与ABC类干粉不能兼容。

② BC类干粉与蛋白泡沫或者化学泡沫不兼容。因为干粉对蛋白泡沫和一般合成泡沫有较大的破坏作用。

③ 对于一些扩散性很强的气体，如氢气、乙炔气体，干粉喷射后难以稀释整个空间的气体，对于精密仪器、仪表会留下残渣，不适合用干粉灭火。

④ 干粉灭火系统是重要的灭火设施，但并不是考虑这种灭火手段后，就不必考虑其他辅助设施。例如易燃可燃液体贮罐发生火灾，采用干粉灭火系统扑救火灾的同时，消防冷却用水也是不可少的。其次，在防护区的设置上，应正确划分防护区的范围，确定防护区的位置。根据防护区的大小、形状、开口和通风等情况，以及防护区内可燃物品的性质、数量、分布情况，可能发生的火灾类型和火源、起火部位等情况，合理选择系统操作控制方式、选择和布置系统部件等。

5. 超细干粉自动灭火装置

目前市场上常用的干粉自动灭火装置是超细干粉自动灭火装置，超细干粉灭火剂一般为90%的粒径小于或等于 $20\mu m$ 的固体粉末灭火剂。

(1) 超细干粉自动灭火装置种类

① 超细干粉自动灭火装置。固定安装在防护区，能通过手动启动或自动探测启动，控制装置并能与报警控制系统联动，具有自检报警和释放反馈功能，由惰性气体作为驱动介质来驱动超细干粉灭火剂实施灭火的装置。主要分为微型装置、悬（壁）挂式装置和柜式装置。

② 微型超细干粉自动灭火装置。安装在狭小场所，灭火剂充装量不大于800g的超细干粉自动灭火装置。

③ 悬（壁）挂式超细干粉自动灭火装置。固定安装在保护区域，具有一定抗震能力且灭火效能高，采用顶置悬挂安装、侧墙壁挂等多种方式安装的超细干粉自动灭火装置。

④ 柜式超细干粉灭火自动装置。集超细干粉贮存容器、驱动组件、干粉释放组件和探测、控制器件于一体的柜体式灭火装置。主要分为三类：贮气瓶型柜式超细干粉自动灭火装置、普通贮压型柜式超细干粉自动灭火装置和强力贮压型柜式超细干粉自动灭火装置。

⑤ 贮气瓶型柜式超细干粉自动灭火装置。通过贮存在贮气瓶内的驱动气体驱动储粉罐内超细干粉灭火剂喷放的柜式超细干粉自动灭火装置。

⑥ 普通贮压型柜式超细干粉自动灭火装置。干粉灭火剂与驱动气体贮存在同一容器内，通过驱动气体驱动超细干粉灭火剂喷放的柜式超细干粉自动灭火装置。

⑦ 强力贮压型柜式超细干粉自动灭火装置。干粉灭火剂与驱动气体贮存在同一容器内，并有二次补充驱动气体的柜式超细干粉自动灭火装置。

(2) 相关使用要求　超细干粉自动灭火装置适用于其他不宜用水作为灭火剂的场所，可用于扑灭下列火灾：

① 灭火前可切断气源的气体火灾。

② 易燃、可燃液体和可熔化固体火灾。

③ 可燃固体表面火灾。

④ 变配电设备、发电机组、电缆等带电的设备及电气设备火灾。

超细干粉自动灭火装置不得用于扑灭下列物质的火灾：

① 硝化纤维、炸药等无空气仍能迅速氧化的化学物质与强氧化剂的燃烧。

② 钾、钠、镁、钛、锆等活泼金属及其氢化物的燃烧等。

超细干粉自动灭火装置按应用形式可分为全淹没应用和局部应用。扑灭封闭空间内的火灾应采用全淹没应用方式；扑灭具体保护对象的火灾应采用局部应用方式。

超细干粉自动灭火装置配置场所的危险等级划分，应符合 GB 50140—2005《建筑灭火器配置设计规范》和 GB 50016—2014《建筑设计防火规范》的规定。

对同一防护区或被保护对象安装两具及以上的超细干粉自动灭火装置时，宜设置为自动联动启动方式。

采用全淹没应用方式时，应满足下列要求：

① 防护区不能自动关闭的防护区开口不密封度不应大于15%，且开口不应设在底面。

② 单个防护区净容积不宜大于 $2000m^3$，且防护区建筑面积不宜大于 $500m^2$。

③ 防护区的围护结构及门、窗的耐火极限不应小于0.50h，吊顶的耐火极限不应小于0.25h；围护结构及门、窗的允许压力不宜小于1200Pa。

④ 防护区应设置泄压口。宜设在外墙上，且应位于防护区净高的2/3以上。

⑤ 超细干粉自动灭火装置的布置应使防护区灭火剂分布均匀。

采用局部应用方式时，应满足下列要求：

① 保护对象周围的空气流动速度不应大于 2m/s。

② 超细干粉自动灭火装置的直接保护对象为液态物质时，装置的安装位置应避免喷放超细干粉时液体飞溅。

③ 微型超细干粉自动灭火装置的最大保护高度不宜大于 2m。

④ 悬（壁）挂式超细干粉自动灭火装置的最大保护高度不宜大于 5m。

⑤ 柜式超细干粉自动灭火装置的最大保护高度不宜大于 7m。

⑥ 当被保护物超过超细干粉自动灭火装置最大保护高度时，应采用分层布置保护，其安装高度应按照各类型灭火装置中公布安装高度的最小值进行核算。

当防护区或保护对象有可燃气体，易燃、可燃液体供应源时，启动超细干粉自动灭火装置之前或同时，必须切断气体、液体供应源。超细干粉自动灭火装置的使用环境温度应符合 GB 16668—2010《干粉灭火系统及部件通用技术条件》或 GA 602—2013《干粉灭火器装置》的规定。特殊温度环境下应确保超细干粉自动灭火装置的各部件能适应环境要求。采用超细干粉自动灭火装置的防护区，其灭火设计用量应根据防护区内可燃物相应的设计灭火浓度并取相应的安全系数计算确定。柜式超细干粉自动灭火装置的输送管路长度不宜超过 20m。多具联动启动的超细干粉自动灭火装置的喷射时间不应小于 10s。局部应用时可根据需要适当增加喷射时间。

六、通风排烟

无分隔大面积楼面的灭火问题特别难以对付，因为消防人员必须进入这些楼面，并在建筑物的中心部位灭火。如果消防队员因热和烟的积聚无法进入，则只能在火灾的外围地段低效地使用水枪灭火，中心区域的火仍会继续烧毁建筑物，因而降低了灭火效果。

1953 年美国密歇根州里伏尼亚市通用汽车公司的一场大火大大推动了排烟散热问题的研究。这场大火在无顶棚通风设施、无垂直分隔、面积为 137.6km^2 的金属屋顶下水平蔓延。消防工程师一致认为，如果当时屋顶备有有效通风装置，火情可大幅度减小。

配备喷射系统的建筑物中应用通风技术的悬而未决的问题有：

① 自动喷出的水对排烟散热效果的影响。

② 进入建筑物的新鲜空气对燃烧过程及喷水系统需水量的影响。自动喷出的水将降低可燃气体的温度，从而可能减少排气量，因而也就降低了排气的实际效果。另外，喷出的水会卷吸周围的烟及空气，从而把烟夹带到地面。如果喷嘴靠近通风孔，则还可能从排气口处吸入空气而进一步降低排气效果。除非建筑物很大，否则通风排气口吸入的新鲜空气，取代了该排气口排出的烟，从而增高着火空间的氧气浓度，使火反而烧得更旺，并可能因投入工作的喷头数量增加而供水不足，除了上述的不利后果外，也有一些有利因素，在很多情况下，火场的清晰可见度提高，便于消防队员投入工作；由于通风孔的流动空气产生降温作用，有时也会减少投入工作的自动喷头数。然而，无论是消防实践还是理论研究，都没有对这些悬而未决的问题做出能被普遍接受的结论。

复习思考题

1. 设置火灾探测与控制系统有何意义？
2. 物料燃烧过程中常常伴随哪些现象发生？
3. 简述火灾探测的方法。
4. 简述火灾自动报警系统的组成。
5. 哪些物质的火灾不能用水扑救？

6. 室外消火栓的布置有哪些要求？
7. 哪些场所适宜选用低倍数泡沫灭火系统？
8. 高倍数泡沫灭火系统有什么特点？
9. 气体灭火系统不适用于扑救哪些物质的火灾？
10. 配备喷射系统的建筑物中应用通风技术需要解决的问题有哪些？

第十章
联动控制系统及自动保护

学习目标

1. 了解联动控制系统的重要性。
2. 熟悉自动保护装置的组成。

第一节　联动控制及自我保护的基本概念

一、联动控制

生产系统中的控制对象是共同协作完成同一任务的。因此，它们之中每一控制对象都不能孤立地进行，而是和其他控制对象的工作状态以及系统中各部分的检控参数值有着直接的关系。在人工控制时，值班人员必须密切监视每个控制对象的工作状态和热力系统中各部分的参数值，并且根据它们的工作情况对有关对象进行相应的控制。而大部分控制对象之间的关系又都是相当单纯的，例如水泵出口水压力降低到规定值时要启动备用水泵，水泵启动后应开启泵的出口阀门，转动机械停止后应停止它的轴承润滑油泵，转动机械的润滑油压未建立前不应启动驱动转动机械的电动机等。但是，控制对象数量很大，而且工作情况变化速度也较快，因此控制工作量是相当大的，而且由于人的反应速度有限，只依靠人工监视和控制，很容易出现顾此失彼的情况。此外，人工监控时可能出现的人为失误，对于保证设备的安全是十分不利的。上述例子表明：控制对象之间的关系虽单纯，而影响却可能相当严重。

根据控制对象之间的简单关系，将它们的控制电路通过简单的连接而达到相互之间联系在一起，使这些控制对象相互牵连，形成连锁反应，从而实现自动控制。这种自动控制就叫联动控制，也可以称为联锁控制或联动操作等。

实现联动控制的方法很简单，只要取得表示控制对象之间关系的开关量信息，并将这一信息引入被控制对象的控制电路，就可以实现联动控制。例如，根据水泵出口水压低应启动备用水泵这一关系，就可以在水泵出口母管上安装一个压力开关，用来测量水泵出口水压。压力开关的触点选用常闭触点，它的动作值整定在要求启动备用水泵的水压值。当水压值降低到该点时，触点闭合，送出水压低信息。将这一触点接到备用水泵控制电路的启动回路，即可实现备用水泵低水压自启动的联动控制。当然在选择开关量信息时，必须考虑可能出现的矛盾情况。上述例子就存在着如何保证人工控制停止全部水泵时（不要求备用水泵自启动时）不会自动启动备用水泵的问题，因为此时水压低信息是存在的。此外，对于多台泵并列运行的系统，还有如何区别备用泵的问题。因为在多台泵并列运行时，任何一台泵都是有可能作为备用泵的，水压低联动控制究竟应该控制哪一台泵，是要求电路按某一预定规律自动选择，还是由人预先规定？这些问题都应该事先确定。

既然联动控制仅仅是将成组控制对象的控制电路简单地连接在一起，并不需要设置专门的自动装置，其功能仅仅是执行成组机构的联锁动作指令，因而联动控制本身属执行级。每组联动控制都是执行级的一个大单元。

在联动控制系统中，"联"接到某一控制对象控制电路中使该对象的控制电路"动"作的信息，称为联锁条件，"条件"指的就是信息。在上例中，备用水泵启动的联锁条件就是水泵出口水压低。所有被控制对象都是具有两个控制方向的，如转动机械的启动和停止，阀门的开启和关闭。因此，对于每个控制对象来说，都有接受两类联锁条件的可能，也就是说，对于转动机械来说可以实现联动启动或联动停止，对于阀门来说可以实现联动开启或联动关闭。

除了上面所说的联锁条件之外，在前面所举的例子里还可以看到被控制对象之间的另一类关系：即润滑油压未建立之前不应启动转动机械等。这一类关系和上述联锁条件不同，它们是禁止控制电路动作的条件，是使被控制对象控制电路关"闭"封"锁"起来的条件。这类条件称为闭锁条件。一般闭锁条件在电路中以常闭触点来实现者较多。和联锁条件一样，闭锁条件也是可以引入被控制对象的两个控制方向的。对于转动机械来说，可以实现启动的闭锁和停止的闭锁。对于阀门来说，可以实现开启的闭锁或关闭的闭锁。

从上面所说的联动控制的工作特点可以看出：联动控制不仅可以保证被控制对象的安全，如转动机械启动的轴承润滑油压闭锁等，而且可以提高被控制对象的经济性，如转动机械停止后联动停止转机的润滑油泵等。因此，每个控制对象的联锁条件和闭锁条件都应该直接接在该对象的控制电路中，使被控制对象在任何情况下都接受这些条件的约束。过去由于联动条件和联动电路考虑得不够完善以及联动条件的开关量信息不够可靠，常常要为这些约束条件（联锁条件或闭锁条件）设置人工切投的手段，在控制盘上设多个联锁开关专门切投这些约束条件的任务。事实证明，这种作法不仅使控制盘上的设备过多，从而增加了值班人员的劳动强度，而且也破坏了联动控制对安全的保证作用，有的厂就曾因为切除了联锁条件而造成锅炉炉膛的爆炸。

同时，我们也应看到，为了使联动控制真正发挥实效，保证设备运行的安全和经济，必须深入细致地研究被控制对象的特性、它们的运行方式和它们之间的关系，找出准确反映被控制对象之间关系的联锁条件和闭锁条件。必须慎重考虑联动控制电路的组成，提高电路适应不同工况的能力，以保证电路的工作不出现矛盾。此外，在获取联锁条件和闭锁条件的信息时，必须选择适当的检测手段，以保证这些信息的可靠性。

主要的被控制对象除了转动机械就是阀门。为了全面掌握这些对象的联动控制，在分析转动机械和阀门的联锁条件和闭锁条件之前，下面先介绍一下驱动转动机械的电动机和驱动阀门的电动装置以及气动装置等的控制电路，然后介绍几个常用的联动控制的典型系统。这些系统的电路都属于执行级，我们统称之为执行级的控制电路。

二、自动保护

对于生产是连续性的工厂，在任何条件下都不允许出现哪怕是瞬时的中断。这就决定了对生产运行要保证安全性并兼顾经济性。事实上，经济必须在安全运行的基础上才能实现。为此，通常是层层设防，步步为营的。下面举一个实例来说明这个问题。对于汽包锅炉来说，在锅炉运行过程中必须经常使汽包水位保持在一定范围内，汽包水位过高，会造成汽轮机的水击，有损坏汽轮机的危险；汽包水位过低，会造成锅炉干烧，有损害锅炉的危险；加上汽包水位异常时还会使蒸汽的品质下降，不仅影响机、炉的经济性，还会对机组带来潜在的危险。因此，保证锅炉汽包水位的正常是自动化系统的一项重要任务。

锅炉在正常运行过程中，由于机组的负荷变化和锅炉燃烧情况的变化等原因，汽包水位通常是在不断变化着的，因此由自动调节系统来维持汽包水位稳定。但是，在出现异常情况时，只靠自动调节就不再能保证汽包水位正常了，必须依靠自动保护系统的事故处理回路指挥联动控制系统等执行级单元，用启动备用水泵或直接开启汽包事故放水阀门等措施帮助自动调节系统恢复汽包水位正常。而且，在锅炉运行过程中，自动检测系统不断监视着汽包水位，随时向值班人员提供汽包水位情况的信息。即使值班人员未及时发现汽包水位的异常情况，自动报警系统也能在必要时通过声光信息及时提醒值班人员。因此在自动调节系统和联动控制系统等自动处理水位异常时，值班人员还可以配合采取其他必要措施。只有在所有上述处理措施均未奏效而异常情况又不断发展到可能危及机组设备安全时，自动保护系统的跳闸回路方不得不使用最后一个极端措施——立即停止机组运行以保证设备和人身的安全。

通过这个例子可以看出，自动保护应具备以下特点。

1. 自动保护是保证设备安全的最高手段

自动保护系统一般可以分为两级，即事故处理回路和跳闸回路。事故处理回路以维持机组继续运行不中断为目的。事故处理回路中除了对部分事故设有专用控制设备或电路（如处理锅炉超压的安全阀控制电路）外，大部分是融入其他控制电路的，或者说是通过其他控制系统实现事故处理的。例如，转动机械的轴承润滑油压降低时，会自动启动辅助油泵，以维持润滑的要求。这个过程就是事故处理过程。然而这一事故处理回路却常常是辅助油泵电动机控制电路的局部。

跳闸回路则是以保证机组设备的安全和人身安全为目的。跳闸回路是事故处理回路的后备手段。当事故处理回路以及其他自动控制系统处理事故无效，或者自动系统本身失灵无法处理事故时，跳闸回路才动作，用最极端的手段使机组的局部退出工作或使整套机组停止运行。从自动保护系统的两级来看，自动报警也可以认为是事故处理的一种手段。至于辅机的事故跳闸（如故障泵的切除或泄漏的高压加热器的切除等），对于整套机组来说则是明显的事故处理手段。

2. 自动保护的操作指令是最有权威的

自动保护既然是保证机组设备安全和人身安全的最高手段，它的操作指令就应该是最有权威性的。也就是说，在任何情况下都不允许任何人干扰它的工作，更不允许在机组运行过程中切除自动保护系统。切除自动保护系统，使机组失去保证安全的最后手段而造成的设备、人身事故是屡见不鲜的。因此，自动保护是系统中绝不应该切除的手段。此外，为了保证自动保护的操作指令权威性最高，自动保护系统应尽可能地简单、可靠，不成熟的技术和元件绝对不允许用在自动保护系统中。

3. 自动保护与其他自动控制配合工作

在自动保护动作过程中，有些指令交由联动控制系统去执行（如送风机全停时联动停炉），有些指令则直接由专门的执行机构去独立执行（如汽轮机超速成低真空引起跳闸停机等）。在后一种情况下，常常在跳闸之后还要通过联动控制去完成一系列操作（如汽轮机跳闸后联动关闭各段抽气止逆阀，启动辅助润滑油泵，以及停机后启动盘车装置等）。

各个联动系统之间一般是没有直接控制联系的，通常均须由上一级自动系统的指挥才能协调动作共同完成某一控制任务。自动保护系统属局部自动控制级，它担负着保证机组设备安全的主要任务。这样的任务仅仅依靠执行级的控制电路是无法完成的。自动保护必须有专门的装置（包括部分集中在一起的继电器电路），这些装置具有处理各种信息的能力，它们对各种状态条件进行逻辑判断后才发出保护指令，按照两级保护的原则指挥下一级各自动装置（如联动系统或独立的专门执行机构），专门完成保护机组的安全操作。由于自动保护的指令权威性最高，有时它还会发出指令到同一级自动装置（如自动调节装置或顺序控制装置），闭锁这些装置的指令或指挥这些装置的动作。

4. 保护系统的检测信息可靠性应最高

由于保护系统最终是采用停止机组运行的方法来保证设备安全的，而检测信息的可靠性差将会引起不必要的停机或保护系统拒绝动作等严重后果。因此，用于保护系统的检测的元件的可靠性应极高。转换环节过多的检测元件可靠性相对较低，最好不用于保护系统。应该选用转换环节少而且简单可靠的检测元件。对于某些重要性较高而误动作后产生严重后果的信息，可以采用多个检测元件测量同一信息，并经过优选电路处理后再引入自动保护系统。通常的做法是"三中取二"，即用三个相同的检测元件测量同一个信息，当其中任何两个以上的检测元件同时检测到这一信息时，自动保护系统才随这一信息动作。另一种做法是将表示信息异常的Ⅰ值触点（报警信息）和表示信息危险的Ⅱ触点（事故信息）按逻辑关系连接，当两者同时出现才认为信息可靠，提高自动保护系统动作，这种方法检测元件较少且较简单，但可靠性不及"三中取二"法。

5. 自动保护应具有试验手段

自动保护在机组正常情况下是长期不动作且处于待机状态的，而一旦出现异常情况却又要它能立即动作。因此，为了随时了解自动保护系统是否处于待机状态，自动保护系统应具有必要的监视手段和试验手段。一般的监视方法，通常只能监视控制电路内各元件是否断路或电源是否正常。对于检测元件和执行元件来说，一般的监测手段是很难判断它们是否处于备用状态的。最可靠的办法还是设置试验手段。这些试验手段应能在机组正常运行时对这些设备进行检查，而又不影响机组的安全经济运行。

6. 自动保护系统应自身可靠

在设计自动保护系统时，为了提高其工作的可靠性，采取了上述各种措施。但是，与其他自动化系统一样，自动保护系统也是不能达到绝对可靠的，如何看待这一问题，应该有一个正确的认识。

分析自动控制系统不可靠时可能产生的后果，无非是误动作和拒绝动作两类。误动作指的是不应该停止机组运行时却停止了，而拒绝动作则指的是应该停止机组运行时却没有停止。

机组运行正常时自动保护系统误动作迫使机组停止运行所造成的损失是可以弥补的。这时可以重新启动机组，而一般机组在热态下启动只需十几分钟，当然这也要造成一定的损失，如影响了用户的负荷和增加了运行费用（机组启动费用比运行费用要大得多）等。而机组出现危险工况时自动保护拒绝动作，必然会导致严重的设备或人身事故，造成的损失是相当惊人的。用以下两个实例进行对比：某台250MW机组开始运行时，由于操作不熟练多次造成机组停止运行,仅炉膛压力过高一项保护,就引起停炉43次,但是由于设备未受到损伤,每次停炉后都能及时处理,重新启动;而另一台320MW机组在开始运行时,由于某些原因切除了炉膛压力过高的保护,以致锅炉发生事故时由于人工操作停炉不及时而造成炉膛及烟道炸毁的事故,造成了50多万元的经济损失,并使锅炉停止运行半年之久。

从上面的例子可以很清楚地看出,自动保护系统拒绝动作造成的损失远比误动作要大。因此在设计自动保护系统时,宁可允许系统出现误动作也绝对不允许系统出现拒绝动作。当然,也应该采取必要的措施尽量减少自动保护系统误动作的可能性。

7. 自动保护系统应具有针对性

自动保护系统既然是用来保护机组避免设备事故的,机组的结构和运行特性不同就会对自动保护系统提出不同的要求。因此自动保护系统的组成方式很多,无法一一罗列。这里只能就最典型的和最成熟的保护项目进行分析,至于由机组特性所提出的保护问题,只能结合具体机组的特性来分析。

8. 常用专用保护系统

对于简单的自动保护系统,往往只有独立的控制电路而无独立的自动装置。而随着机组容量的不断增加,处理事故的过程更加复杂,加以自动化技术的发展,目前国外的大型机组上已经设置了越来越多的专用自动保护系统和装置。常见的有如下几类。

(1) 辅助故障减负荷系统　国外称为 Run Back（简称 RB）。当汽轮机和发电机工作正常而锅炉的主要辅机（进风机、引风机和给水泵）由于故障而部分退出工作时,自动保护系统使机组的负荷降低到完好的辅机所能承担的负荷值,继续运行;待辅机故障排除后,还能使机组的负荷恢复正常值。

(2) 机组甩负荷保护系统　国外称为 Fast Cut Back（简称 FCB）。当锅炉运行正常而汽轮机或发电机发生故障,使机组与电网解列或主汽门关闭时,自动保护系统能维持锅炉和汽轮机在空载下运行或带厂用电运行,以利于故障排除后的重新接带负荷。

(3) 锅炉安全监视系统　国外称为 Furance Safety Installation（简称 FSI）。这个系统可以用来完成锅炉点火前和停炉后的炉膛清扫工作,确定点火和点燃主燃料的合适条件并能在机组故障时停止锅炉运行。

(4) 汽轮机安全监视系统　国外称为 Turbine Safety Installation（简称 TSI）。这个系统用来监视汽轮机本体的主要安全参数,包括转速、振动、轴向位移和胀差等,并能在这些参数达到危险时使汽轮机退出运行。

这些专用的自动保护系统均有独立的装置。在工作时,自动保护装置可以通过其他自动装置或者直接控制有关对象实现自动保护功能。

9. 自动保护系统应配备记录器

在自动保护系统动作使机组停止运行后,为了尽快排除故障,要求迅速、准确地掌握机组跳闸的原因。为此,在自动保护系统中必须配备专用的记录器进行记录。记录器应能记录跳闸回路中首先出现的跳闸条件和该条件出现的时间。SJ-24型事故记忆器可以用来监视24个跳闸条件,它能记忆并显示引起机组跳闸的第一个事故原因的内容和出现的时间。

第二节　锅炉自动保护

锅炉的自动保护系统由水位保护、压力保护、温度保护、熄火保护和停电自锁保护组成。锅炉的自动保护系统,它能在锅炉正常工作和启停等各种运行方式下,连续密切地监视燃烧系统的大量参数与状态，必要时发出动作指令，通过种种联锁装置，使燃烧设备中的有关部件严格按照既定的合理程序完成必要的操作或处理未遂事故，以保证锅炉燃烧系统的安全。接下来分别对这几个系统进行说明。

一、超压报警装置

超压报警装置由能发出电信号的压力测量仪表、必要的电气控制线路及音响、灯光、报警信号等部件组成。当锅炉出现超压现象时，能发出警报，并通过联锁装置控制燃烧，如停止供应燃料、停止通风，使锅炉人员能及时采取措施，以免造成锅炉超压爆炸事故。

常用的能发出电信号的压力测量仪表，是一种电接点压力表，它的作用原理、结构和电接点压力式温度计显示系统一样，也有三根针。当我们需要控制一定压力范围时，可把指示针借助专门的钥匙调整到定值位置。当压力发生变化时，使弹簧弯管的自由端发生移动，而使动接点的示值指示针发生转动。当被测介质的压力达到和超过最大（或最小）给定值时，指示针和给定值指示针重合，动接点便和上限接点（或下限接点）相接触导电，发出电的信号，通过电气线路闭合（或断开）控制回路，达到报警和联锁保护的目的。这种装置还可以用在燃油、燃气的燃料供应管路上。当压力低于规定值时，通过执行机构自动切断燃料的供应。

二、水位报警装置

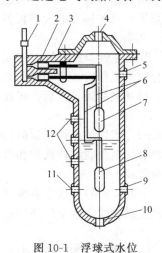

图 10-1 浮球式水位报警器示意图
1—报警汽笛；2—高水位阀；
3—低水位阀；4—与锅筒汽连管接口；5—水位表汽连管接口；
6—连杆；7—高水位浮球；
8—低水位浮球；9—水位表水连管接口；10—放水管接口；
11—与锅筒水连管接口；
12—试水旋塞接口

水位报警装置指在水位不正常、能发生报警信号声响和灯光的装置。

额定蒸发量大于或等于 2t/h 的锅炉，应装设高低水位报警器（高、低水位警报信号，须能区分）及低水位联锁保护装置，以防止缺水事故。为了保证这些装置的灵敏可靠，还须按照运行及维修规程的规定，进行定期试验和检修或校核，以保证其可靠性。

常用的水位报警装置有浮球式、磁铁式和电极式三种。

（1）浮球式水位报警器　是由报警汽笛、高水位针形阀、低水位针形阀、连杆、高水位浮球和低水位浮球等构件组成的，如图 10-1 所示。

当水位正常时，低水位浮球浸没在水中，高水位浮球悬于蒸汽空间，连杆处于水平平衡状态，两个针形阀关闭。如水位低于最低水位线，则低水位浮球所受浮力减小；如水位高于最高水位线，则高水位浮球所受浮力增大，此时均会破坏连杆的平衡，而使针形阀开启发出警报。

（2）磁铁式水位报警器　磁铁式水位报警器的结构主要由永磁钢组、浮球、三组水铁开关和调整箱等构件组成，如图 10-2 所示。

当锅炉内的水位发生变化时，浮球也随之变化，从而带动永磁钢组上升或下降，并接通相应的高水位、低水位或极限低水位开关发出警报信号。为了提高水位报警器的灵敏度和使用寿命，用干簧管继电器取代水银开关，效果较好。

（3）电极式水位报警器　由一组高、低水位电极以及附属的电气部件组成，如图 10-3 所示。

高低水位电极的末端位置分别在锅炉最高、最低安全水位处。当锅内水上升（或下降）至最高（或最低）安全水位时，电极与水接触（或脱开），使接触回路中电源导通（或切

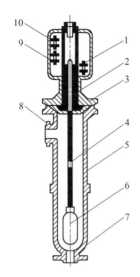
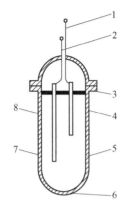

图 10-2 磁铁式水位报警器示意图
1—极限低水位开关；2—永磁钢组；
3—调整箱组件；4—浮球组件；
5—壳体；6—浮球；
7—与锅筒水连管法兰；8—与锅筒汽
连管接口法兰；9—低水位开关；
10—高水位开关

图 10-3 电极式水位报警器示意图
1—高水位电极；2—低水位电极；
3—绝缘衬套；4—水位表汽连管接口；
5—水位表水连管接口；
6—放水管接口；7—与锅筒水连管接口；
8—与锅筒汽连管接口

断），从而发出警报。常用的报警信号有音响、灯光等，并可组成联锁装置，使燃烧停止。

电极式水位报警器使用太久，电极端头可能因附着水垢而失效，因此，应加强锅炉水质处理工作和定期清理电极端头。

三、超温报警装置

超温报警装置指温度超过允许时自动发出音响和光亮警告信号的装置。

在测量温度的仪表盘上，根据需要及设备的重要性可装设超温报警装置，以便使司炉能及时采取相应的措施消除事故。

一般在自动控制的控制盘上，都装有报警盘。凡遇异常情况，警告牌落下，指示出设备的故障情况，例如超温、低水位或气压过高或过低、油温过低等。

四、熄火保护装置

熄火保护装置是指联锁保护装置中的一种超置式自动控制装置。发生熄火异常情况时，立即超越正常的自动控制机能，而自动切断燃料供应装置。

用煤粉、油或气体做燃料的锅炉应装设点火程序控制和熄火保护装置。要经常维护和定期试验，以保证它的灵敏、准确、可靠。

五、停电自锁装置

锅炉的停电自锁装置主要是应对突发停电的一种自动控制装置。在突发电源中断情况下，锅炉运行立即停炉自锁，若电流恢复通电，随时启动，必须复位解除自锁，才能重新点火启动。

复习思考题

1. 生产系统中为什么要建立联动控制系统?
2. 举例说明如何建立联动控制系统?
3. 自动保护为什么应具有试验手段?
4. 锅炉的自动保护装置有哪些?

参 考 文 献

[1] 赵建华编著. 现代安全检测技术. 合肥：中国科学技术大学出版社. 2006.
[2] 张乃禄主编. 安全检测技术. 西安：西安电子科技大学出版社. 2012.
[3] 陈海群，陈群等主编. 安全检测与监控技术. 北京：中国石化出版社. 2013.
[4] 黄仁东，刘敦文主编. 安全检测技术. 北京：化学工业出版社. 2011.
[5] 赵汝林主编. 安全检测技术. 天津：天津大学出版社. 1999.
[6] 董文庚主编. 安全检测与监控. 北京：中国劳动社会保障出版社. 2011.
[7] 常太华，苏杰，田亮编著. 检测技术与应用. 北京：中国电力出版社. 2003.
[8] 李良福编著. 易燃易爆场所防雷抗静电安全检测技术. 北京：气象出版社. 2006.
[9] 姜红文，王英健主编. 化工分析. 北京：化学工业出版社. 2008.
[10] 马中飞编著. 工业通风与防尘. 北京：化学工业出版社. 2007.
[11] 张锦柱等编著. 工业分析化学. 北京：冶金工业出版社. 2008.
[12] 路乘风，崔正斌编著. 防尘防毒技术. 北京：化学工业出版社. 2004.
[13] 王英健，杨永红主编. 环境监测. 北京：化学工业出版社. 2009.
[14] 高洪亮编著. 安全检测监控技术. 北京：中国劳动社会保障出版社. 2009.
[15] 虞汉华，朱兆华编著. 安全检查手册. 南京：东南大学出版社. 2010.
[16] 刘子龙主编. 安全检测与控制. 北京：中国矿业大学出版社. 2010.
[17] 教育部高等学校安全工程学科教学指导委员会组织编写. 安全检测与控制. 北京. 中国劳动社会保障出版社. 2011.
[18] 强天鹏主编. 射线检测. 北京：中国劳动社会保障出版社. 2007.
[19] 刘元林，梅晨，唐庆菊，芦玉梅. 红外热成像检测技术研究现状及发展趋势 [J]. 机械设计与制造，2015 (06)：260.
[20] 汤彬等著. 核辐射测量原理. 哈尔滨：哈尔滨工程大学出版社. 2011.
[21] 崔玉波，刘丽敏主编. 环境检测实训教程. 北京：化学工业出版社. 2017.